《石材装饰工程检测与验收》

编委会

主　　编　周俊兴

副 主 编　顾孝同　张志刚

主　　审　李山丽

编　　委　王晓明　王程程　李　彬

胡云林　蒋　悦　赫延明

建设行业专业技术人员培训教材

石材装饰工程检测与验收

周俊兴　主编

黄河水利出版社
·郑州·

内 容 提 要

本书主要介绍了石材装饰工程所用的材料分类、质量控制和相关检测技术，石材应用领域以及石材工程设计、生产加工、施工安装、工程验收和日常维护等方面的技术要求，从技术标准、施工实践和经验教训等方面做了全面系统的介绍。

本书可作为工程建设、施工、监理、石材企业等单位从事石材生产和检测验收人员的实用手册。

图书在版编目(CIP)数据

石材装饰工程检测与验收/周俊兴主编．—郑州：黄河水利出版社，2011.8

建设行业专业技术人员培训教材

ISBN 978-7-5509-0077-6

Ⅰ．①石…　Ⅱ．①周…　Ⅲ．①石料-建筑装饰-工程质量-质量检验-教材②石料-建筑装饰-工程质量-工程验收-教材　Ⅳ．①TU767

中国版本图书馆CIP数据核字(2011)第130691号

组稿编辑：王　琦　　电话：0371-66023343　　E-mail：wq3563@163.com

出 版 社：黄河水利出版社

地址：河南省郑州市顺河路黄委会综合楼14层　　邮政编码：450003

发行单位：黄河水利出版社

发行部电话：0371-66026940、66020550、66028024、66022620(传真)

E-mail：hhslcbs@126.com

承印单位：河南地质彩色印刷厂

开本：787 mm×1092 mm　1/16

印张：16.5

字数：380千字　　印数：1—3 000

版次：2011年8月第1版　　印次：2011年8月第1次印刷

定价：48.00元

编者的话

石材装饰是随着国民经济的发展和人民生活水平的提高逐渐出现的一个新兴产业。经过20多年的快速发展，我国已发展成为世界石材工业大国，是世界石材的加工基地、生产中心，石材年产量、消费量和进出口量均排世界第一位。在石材应用方面，我国吸收了国外先进的干挂技术和干粘技术，并不断改进干挂件，出现了背栓式、背挂式、SE型等新型挂件，石材幕墙最大高度已达230 m，最大风载已达12 kPa；粘结材料逐渐使用先进的专用水泥基胶粘剂、树脂胶粘剂等，湿挂湿粘工艺逐步取消传统的水泥砂浆材料。石材防护技术从20世纪90年代引入我国，经过10多年的快速发展，逐渐形成石材防护、保养、清洗、晶硬以及石材病症治理等方面的新技术、新产品和新工艺，形成了一个专门的石材服务产业。

在石材大量应用于工程，逐步走进百姓家装的同时，因石材质量问题引发纠纷、造成各方经济损失以及工程中存在的安全问题等不容忽视。因加工质量引发的以次充好，因品种繁多引发的以假乱真，因应用不当、加工工艺有限或护理不当造成的石材坚固性差，以及石材幕墙出现的种种安全隐患等问题困扰行业的健康发展。因此，加强石材装修工程质量的监控，加大有关石材标准和规范的宣传力度，培养专业化的石材检验技术人员，有利于提高石材工程质量，保障建筑物的安全，促进石材应用和技术水平的健康有序发展。

为及时了解和普及石材新标准内容，掌握石材标准、检测、应用和施工质量控制的技术精髓，吸收国际石材业先进的生产和应用技术，培养专业的技术人才，提高我国石材工程应用技术水平，保障工程的安全性和装饰装修效果；同时也为适应国内外石材加工、应用、安装和贸易发展的需要，加强对建筑工程中天然石材产品的质量控制和应用技术指导，保障石材工程安全，专门组织专家编写了这本书。本书主要介绍了石材装饰工程所用的材料分类、质量控制和相关检测技术，石材应用领域以及石材工程设计、生产加工、施工安装、工程验收和日常维护等方面的技术要求，从技术标准、施工实践和经验教训等方面做了全面系统的介绍。本书可作为工程建设、施工、监理、石材企业等单位从事石材生产和检测验收人员的实用手册。

本书由全国工商联石材业商会、河南省石材协会组织专家编写，国家石材质量监督检验中心、全国石材标准化技术委员会周俊兴担任主编，河南省建设工程质量监督总站顾孝同、河南省质量技术监督局张志刚担任副主编，全国工商联石材业商会李山丽担任主审。

由于编者水平有限，加上时间仓促，书中难免会有缺点或错误，恳请读者给予批评指正，同时对参考文献的作者表示由衷的感谢！

编　者

2011年5月

目　录

第二篇　石材装饰工程应用与验收

第一篇　石材装饰工程材料检测

第一章　检测基础

第一节　石材行业标准质量状况及产品分类

一、石材行业发展概况

天然石材因其独具的美观、高雅和耐久性，一直受到建筑界的青睐。人们崇尚自然，构建和谐社会，天然石材可以实现回归自然返璞归真的人文环境，因此天然石材产品越来越受到建筑装饰行业和家庭的青睐。天然石材不仅经久耐用，而且取材方便，在天然石材的生产中，仅在矿山开采和石材加工方面需要消耗少量能源，产生的废料又可成为人造石材、砌块、混凝土的原材料，符合我国节能、节材和可持续发展战略。天然石材主要应用在建筑地基和外围幕墙、室内墙面和地板装饰、广场路面、步道、路缘、桥梁等方面。近年来，随着城市建设步伐的加快以及居民生活质量的提高，建筑装修越来越多地采用无公害的天然石材，因此国内石材的需求非常强劲，这极大地推动了我国石材行业的快速发展。

建筑装饰石材应用在国外已经有100多年的历史，我国石材的应用历史悠久，但现代化开采加工仅有50多年的历史，高速发展是在近20年期间。虽然我国石材现代化开采加工起步较晚，但是在引进国外先进的开采加工技术和设备后，依靠丰富的资源和低廉的开采加工成本优势，迅速占领了国际市场，使得世界石材加工重心逐渐移向我国。特别是改革开放后，在市场经济条件下，原国有、集体石材企业进行了大的转制，股份制企业、合资企业、私营企业纷纷成立，涌现出了一批诸如冠鲁、康利、环球、溪石、高时、东成、广汇等跨国经营的大型龙头石材企业，同时也形成一批诸如福建水头、山东莱州、广东云浮、北京西直河等石材加工、生产、销售集散地，每个市场都聚集了上千家大大小小的石材企业。我国石材行业在消化吸收国外先进技术的基础上，通过不断创新，逐渐形成了完善的石材产业体系，出现了石材加工机械产业，合金钢砂、锯片和磨料磨具等辅助材料产业，人造石、马赛克、石材护理剂、石材干挂件、石材用胶粘剂等附属产业。开采加工技术不断创新，出现了矿山绳锯和圆盘锯、数控加工中心、水刀、超薄石材加工设备等，技术水平达到甚至超过国际先进水平，使得石材加工精度和技术含量进一步提高。

经过20多年的快速发展，我国已发展成为世界石材工业大国，是世界石材的加工基地、出口基地，石材年产量、消费量和进出口量均居世界第一位。2008年中国石材进出口总额超过50亿美元，出口超过40亿美元，连续13年蝉联全国建材行业单一产品进出口数量、金额第一。国内天然石材板材消费量超过3亿 m^2，并且每年以20%以上的速度增长。石材产品从最初的花岗石和大理石地面、墙面规格板材发展成了如今各种规格的工程板、圆弧板，各种形状的球体、柱体、线条；出现了厚板、薄板、超薄石材复合板、墓碑石、文化石、石材马赛克、蘑菇石、广场路面石、石雕石刻制品以及各种人造石等；表面加工出现了火烧面、荔枝面、仿古面、喷砂面、水蚀面等。石材划分为花岗石、大理石、板石、石灰石、砂岩、次宝石等几大类一系列产品。石材品种数量达到 1 500 余种,市场上的进口石材数量达 200 余种;新产品、新工艺在不断开发利用并推广。

在石材应用方面,我国吸收了国外先进的干挂技术和干粘技术,并不断改进干挂件,出现了背栓式、背挂式、SE 型等新型挂件;幕墙结构也正在向生态型、舒适型和智能型方向发展,石材幕墙最大高度已达 230 m,最大风载已达 12 kPa;粘结材料逐渐使用先进的水泥基胶粘剂、乳液状胶粘剂、树脂胶粘剂等,湿挂湿粘工艺逐步取消传统的水泥砂浆材料。石材防护技术从 20 世纪 90 年代引入我国,经过 10 多年的快速发展,石材应用护理水平有了很大的提高,在石材防护、保养、清洗以及石材病症治理等方面出现了许多新产品和新工艺,也积累了丰富的经验,形成了一个专门的石材服务产业。

石材行业的巨大发展,也细化了生产组织结构,实现了社会化大生产。现已衍生出了石材荒料、毛板、毛光板、工程板等产品,出现了矿山开采、生产加工、机械设备、辅助化工产品、设计施工和安装、护理等一系列领域。现代化仓储式生产和销售的需求,给石材行业又带来一次革命,不仅解决了大板仓储占地大的问题,同时提高了生产效率和板材出材率,降低了成本,节约了资源,成为下一步行业推广和发展的趋势。

二、石材标准综述

石材技术标准或规范主要是对石材材料与工程建设的质量、规格及其检验方法等所做的技术规定,是从事生产、建设、科学研究工作与商品流通的一种共同的技术依据。

(一)技术标准的等级

根据发布单位与适用范围,目前我国石材技术标准分为:国家标准、行业标准、地方标准和企业标准 4 个等级。

(1)国家标准:是指需要在全国范围内统一的技术标准。国家标准由国家标准主管部门委托有关部门起草,视其性质与涉及的范围,报请国家质量监督检验检疫总局和国家标准化管理委员会会同各部委审批,一般由国家质量监督检验检疫总局和国家标准化管理委员会发布。

国家标准由国家标准代号、编号、制订或修订年份、标准名称等四部分组成。强制性国家标准代号为 GB,推荐性国家标准在 GB 后加"T"。以花岗石建筑板材为例表示如下:

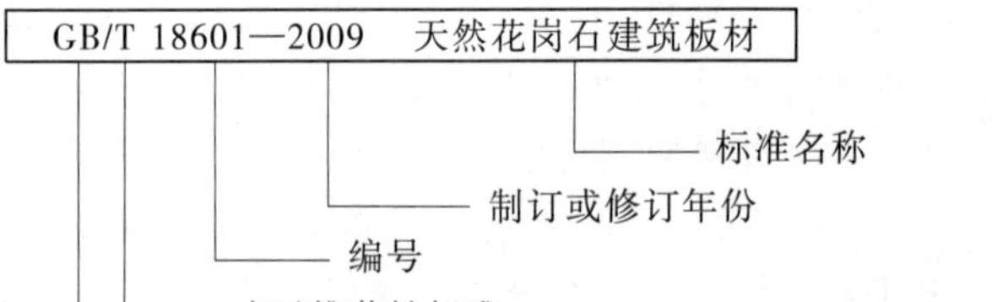

(2)行业标准:是指需要在全国某行业范围内统一的技术标准。石材行业标准由中国建筑材料联合会和有关标准机构(研究院、所、工厂)提出或联合提出,报请国务院有关主管部门审批、发布,并报国家质量监督检验检疫总局备案。在公布国家标准之后,相同

行业标准即行废止。

行业标准由行业标准代号、编号、顺序号、制订或修订年份、标准名称等部分组成，例如：JC/T 847.2—1999 异型装饰石材 第 2 部分：花线。

（3）地方标准：没有国家标准和行业标准，而又需要在省、自治区、直辖市范围内统一要求的，可以制订地方标准。例如：DB11/T 512—2007 建筑装饰工程石材应用技术规程。

（4）企业标准：凡未颁发国家标准和行业标准的产品与工程等，由企业制订的技术标准，或生产厂家为了保证产品质量能符合已颁布的有关标准，制订要求较已颁布标准更高的标准，均属企业标准。这类标准由工厂、公司、研究单位起草提出，报请本省、市有关主管机构审批执行。

各级技术标准，在必要时可以分为试行与正式标准两类。标准按其特征分为基础标准、方法标准、原材料标准、安全与环境保护标准、包装标准、产品标准等。表 1-1 列出了我国国家标准及与建筑材料有关的行业或地方标准代号。

表 1-1　我国国家标准及与建筑材料有关的行业或地方标准代号

代号(汉语拼音)	标准名称
GB	中华人民共和国国家标准
GBJ	中华人民共和国国家工程建设标准
GB/T	中华人民共和国推荐性国家标准
ZB	中华人民共和国专业标准
JC	中华人民共和国建材行业标准
JGJ	中华人民共和国住房和城乡建设部建筑工程行业标准
YB	中华人民共和国冶金工业部行业标准
AQ	中华人民共和国安全生产行业标准
HJ	中华人民共和国环境保护行业标准
QB	中华人民共和国轻工行业标准
HG	中华人民共和国化工行业标准
SL	中华人民共和国水利部行业标准
JTJ	中华人民共和国交通运输部行业标准
CECS	中华人民共和国工程建设标准化协会标准
JJG	中华人民共和国国家计量局计量检定规程
DB	地方标准
Q/××	××企业标准

（二）国外标准

国际性的标准化机构甚多，其中 ISO 是国际上范围与作用最大的标准组织之一，它的宗旨是在世界范围内促进标准化工作，以便于国际物资交流与互助，并扩大在知识、科学、技术与经济方面的合作。其主要任务是制订国际标准,协调世界范围内的标准化工作,报道国际标准化的交流情况以及与其他国际性组织合作研究有关标准化问题。我国是国际标准化组织(ISO)常任理事国,当前我国各项技术标准都正在向国际标准靠拢,以便于科学技术的交流与提高。表1-2列出了国际标准和国外几个主要国家的标准代号。

表1-2 国际标准和国外几个主要国家的标准代号

标准名称	缩写(全名)
国际标准	ISO(International Standard Organization)
美国国家标准	ANS(American National Standard)
美国材料与试验学会标准	ASTM(American Society for Testing and Materials)
英国标准	BS(British Standard)
德国工业标准	DIN(Deutsche Industrie Normen)
日本工业标准	JIS(Japanese Industrial Standard)
法国标准	NF(Norme Francais)

三、石材试验基本技能

(一)测试技术

1. 抽样

在进行试验之前首先要选取试样,试样必须具有代表性。取样原则为随机抽样,即在若干堆(捆、包)材料中,对任意堆材料随机抽取试样。取样方法视材料而定,不能理解为随意抽样,应按一定规律随机抽取,或采用抛硬币、抓阄等随机办法。

2. 仪器的选择

试验中有时需要称取试件或试样的质量,称样时要求具有一定的精度,如试样称量精度要求为0.1 g,则应选用感量为0.1 g的天平,一般称量精度大致为试样质量的0.1%。例如放射性核素试验中,试样称量为500 g,则其称量精度为500 g×0.1% =0.5 g,故选用最大称量值为1 000 g、感量为0.5 g的天平就能满足要求了。但有时还需考虑最后运算结果的精度来选用称量设备的精度。另外,测量试件的尺寸,同样有精度要求。一般对边长大于50 mm的精度可取1 mm,对边长小于50 mm的精度可取0.1 mm。对试验机吨位的选择,应根据试件荷载吨位的大小,以使指针停在试验机度盘的第二、三象限内为好。

3. 试验

将取得的试样处理、加工或成型,以满足试验所要求的试样或试件。制备方法随试验项目而异,应严格按照各个试验所规定的方法进行。测试时,如是标准试验,必须按照标准所规定的步骤与方法实施;如属于新产品或研究性试验,也需要拟定一定的试验方案与方法,并且应相对稳定,否则测试结果无法比较与评定。

4. 结果计算与评定

对各次试验结果进行数据处理,一般取几次平行试验结果的算术平均值作为试验结果。试验结果应满足精度与有效数字的要求。

当试验结果经计算处理后，应按其是否满足标准要求，评定等级；或对试验结果进行分析，得出结论。

（二）试验条件

同一材料在不同的试验条件下，会得出不同的试验结果，如试验时的温度、湿度、加荷速率、试件制作情况等都会影响试验数据的准确性。

1. 温度

试验时的温度对某些试验结果影响很大，例如石材胶粘剂材料试验，一定要在规定的温度下进行。又如测定粉状材料密度试验，在测定其体积时，比重瓶与液体温度应控制在20 ℃，否则影响所测体积值的准确性。通常材料的强度也会随试验时温度的升高而降低。

2. 湿度

试验时试件的湿度也明显地影响着试验数据。通常，试件的湿度愈大，测得强度愈低，例如含水的砖、木材及混凝土，因为水分会使材料软化或起尖劈作用产生裂缝而使强度降低，所以干燥试件的强度要比潮湿的高。但是，脆性材料的弯曲强度可能出现相反的现象，这是由于不均匀的干燥收缩引起的拉应力，会导致干燥试件强度低于潮湿试件强度的结果。所以，在试验时试件的湿度应控制在规定的范围内。

3. 试件尺寸与受荷面平整度

当试件受压时，沿加荷方向发生纵向变形的同时，按泊松比效应产生横向变形，但由于试件与试验机承压板变形不同，在支撑面周界产生摩擦阻力，对试件横向扩张起约束作用，提高试件的测试强度。周界与承压面积的比值愈大，摩擦阻力愈大，强度愈高，故对于同一材料，小试件强度比大试件强度为高；同时这种摩擦阻力的影响范围随着与接触面间的距离而变化，距离愈远，影响愈小，故相同受压面积的试件，高度大的比高度小的测试强度小。如试件表面涂上石蜡，这种影响就消除了。所以，不同材料的试件尺寸大小都有规定。由于小试件内部薄弱环节存在的概率小，故通常大尺寸试件测得的强度总比小尺寸试件测得的强度低。

试件受荷面的平整度也大大影响着测试强度，如受荷面粗糙不平整，会引起应力集中而使强度大为降低。在混凝土强度测试中，不平整度达到 0.25 mm 时，强度可能降低1/3。上凸比下凸引起应力集中更甚，强度下降更大。所以，受压面必须平整，如为成型面受压，必须用适当强度的材料找平；通常要求用与成型面垂直的侧面作为受压面。

4. 加荷速率

施加于试件的荷载速度对强度试验结果有较大的影响。加荷速率较快时，材料变形的增长速度落后于应力增长速度，破坏时的强度值偏高；反之，强度值偏低。因此，对各种材料的力学性能测试，都有加荷速率的规定。

（三）试验报告

试验的主要内容都应在试验报告中反映。试验报告的形式可以不尽相同，但其内容都应该包括：

（1）试验名称、内容。

（2）目的与原理。

(3)试验编号、测定数据与计算结果。

(4)结果评定与分析。

(5)试验条件与日期。

(6)试验班组号、试验者等。

试验报告是经过数据整理、计算、编制的结果,而不是原始记录,也不是计算结果的罗列。经整理计算后的数据可用图、表表示,达到一目了然的效果。为了编写出符合要求的试验报告,在整个试验过程中必须做好有关现象与原始数据的记录,能再现试验过程和各种条件,以便于分析、评定测试结果。

四、石材标准化体系

(一)石材标准发展状况

我国石材标准经过不断的修订和补充,在主要的产品标准方面已经比较完善并达到国际先进水平,许多产品标准是我国独创的,如异型石材、干挂石材、墓碑石、文化石、石材马赛克、复合石材、微晶石、石材防护剂等。但是在许多方面还存在不足,主要有:①石材的施工安装技术、应用技术、既有幕墙安全性能检验技术和评价方面的标准还存在很大的空白;②石材矿山开采技术规范和管理规范存在巨大空白,开采技术普遍落后,造成乱采滥伐,资源浪费巨大;③石材企业的生产管理、质量管理、环保节材方面的标准缺乏,直接套用 ISO 9000 系列标准并没有解决石材行业实际的管理问题,造成普遍存在管理混乱的局面;④产品标准不够细化,尤其是不断出现的新产品、新种类、新工艺标准没有及时跟上;⑤材料性能深层次的技术研究和方法标准与国外发达国家还存在较大差距。

目前没有出台石材国际标准,主要的标准体系有美国 ASTM 石材标准、欧洲 EN 石材专业标准。我国的石材基础、产品和试验方法标准主要是采用美国 ASTM 石材标准,与其基本相同。而欧洲标准体系中的一些更深层次的试验方法是我国所缺乏的,如盐结晶强度、岩相分析、激冷激热、动力弹性模数、耐盐雾老化强度、耐断裂能量、静态弹性模数、线性热膨胀系数、毛细吸水系数等,增加这些项目的试验方法标准以及实际应用项目标准有利于我国石材基础性标准的丰富和科学研究,争取起草石材国际标准对我国参与国际标准化工作具有积极的意义。

(二)石材标准化工作取得的主要进展

我国石材标准化工作是随着我国石材行业的快速发展逐步完善起来的,尤其是 2008 年全国石材标准化技术委员会(SAC/TC460)成立后,分别成立了下设的 3 个分技术委员会,即管理规范和应用技术及规范分技术委员会(SAC/TC460/SC1)、产品及辅助材料分技术委员会(SAC/TC460/SC2)、专用机械分技术委员会(SAC/TC460/SC3),同时着手筹建成立人造石工作组。石材标准化工作组织机构全面建立,开始系统化、规范化地开展石材标准化工作。通过查询翻译美国 ASTM、欧洲 EN 等先进的石材专业标准,调查了解国外企业石材生产和安装方面的先进技术和经验,结合我国目前的标准情况和国情,在"十一五"期间初步建立健全了我国石材标准化质量体系。"十二五"期间重点要完成石材开采加工时环境保护、资源节约和合理利用、石材应用、石材工程安全方面的规范和标准,补充完善天然石材结构和理化性能试验方法标准、人造石材的术语分类以及试验方法标准和石材定型产品的有关标准。目前已提出计划和申报的国家行业标准制定项目达40多项，逐步完成这些标准将初步建立起我国石材标准化管理体系。同时，我国申报了组织承担石材国际标准起草任务，这对提高我国国际地位具有深远的影响。

（三）现有石材标准

1. 基础及试验方法标准

GB 6566—2001《建筑材料放射性核素限量》

GB/T 9966.1—2001《天然饰面石材试验方法 第1部分：干燥、水饱和、冻融循环后压缩强度试验方法》

GB/T 9966.2—2001《天然饰面石材试验方法 第2部分：干燥、水饱和弯曲强度试验方法》

GB/T 9966.3—2001《天然饰面石材试验方法 第3部分：体积密度、真密度、真气孔率、吸水率试验方法》

GB/T 9966.4—2001《天然饰面石材试验方法 第4部分：耐磨性试验方法》

GB/T 9966.5—2001《天然饰面石材试验方法 第5部分：肖氏硬度试验方法》

GB/T 9966.6—2001《天然饰面石材试验方法 第6部分：耐酸性试验方法》

GB/T 9966.7—2001《天然饰面石材试验方法 第7部分：检测板材挂件组合单元挂装强度试验方法》

GB/T 9966.8—2001《天然饰面石材试验方法 第8部分：用均匀静态压差检测石材挂装系统结构强度试验方法》

GB/T 13890—2008《天然石材术语》

GB/T 13891—2008《建筑饰面材料镜向光泽度测定方法》

GB/T 17670—2008《天然石材统一编号》

JC/T 1050—2007《地面石材防滑性能等级划分及试验方法》

2. 石材产品标准

GB/T 18600—2009《天然板石》

GB/T 18601—2009《天然花岗石建筑板材》

GB/T 19766—2005《天然大理石建筑板材》

GB/T 23452—2009《天然砂岩建筑板材》

GB/T 23453—2009《天然石灰石建筑板材》

GB/T 23454—2009《卫生间用天然石材台面板》

JC/T 202—2001《天然大理石荒料》（已修订，报批中）

JC/T 204—2001《天然花岗石荒料》（已修订，报批中）

JC/T 507—1993《建筑水磨石制品》

JC 830.1—2005《干挂饰面石材及其金属挂件 第1部分：干挂饰面石材》

JC/T 847.1—1999《异型装饰石材 第1部分：弧面板》（修订中，改名为球体）

JC/T 847.2—1999《异型装饰石材 第2部分：花线》

JC/T 847.3—1999《异型装饰石材 第3部分：实心柱体》

JC/T 872—2000《建筑装饰用微晶玻璃》

JC 908—2002《实体面材》(修订中,改名为人造石标准)

JC/T 972—2005《天然花岗石墓碑石》

JC/T 1049—2007《超薄天然石材型复合板》

《石材马赛克》(行标,报批中)

《建筑装饰用仿自然面艺术石》(行标,报批中)

《石雕石刻制品》(行标,制定中)

《广场路面用天然石材》(行标,报批中)

3. 石材相关辅助标准

GB 24264—2009《饰面石材用胶粘剂》

GB/T 23261—2009《石材用建筑密封胶》

JC 830.2—2005《干挂饰面石材及其金属挂件 第2部分:金属挂件》

JC/T 887—2001《干挂石材幕墙用环氧胶粘剂》

JC/T 973—2005《建筑装饰用天然石材防护剂》

JC/T 989—2006《非结构承载用石材胶粘剂》

4. 石材开采加工机械及磨料磨具标准

GB 3883.18—2009《手持式电动工具的安全 第2部分:电动石材切割机的专用要求》

《GB 3883.18—2009〈手持式电动工具的安全 第2部分:电动石材切割机的专用要求〉国家标准第1号修改单》

GB/T 11270.1—2002《超硬磨料制品 金刚石圆锯片 第1部分:焊接锯片》

GB/T 11270.2—2002《超硬磨料制品 金刚石圆锯片 第2部分:烧结锯片》

GB/T 16457.1—2009《超硬材料锯片基体尺寸 第1部分:用于建筑物和土木工程材料的机械切割》

GB/T 16457.2—2009《超硬材料锯片基体尺寸 第2部分:用于建筑物和土木工程材料的手持切割》

GB/T 22664—2008《手持式电动工具 石材切割机》

JC/T 340—1992(1996)《加工非金属硬脆材料用节块式金刚石圆锯片》

JC/T 470—1992(1996)《加工非金属硬脆材料用节块式金刚石框架锯条》

JC/T 612—1995《天然饰面石材连续磨机》

JC/T 827—2000《石材工业用圆盘切锯机技术条件》

JC/T 828—2000《石材工业用摆式砂锯机技术条件》

《石材砂锯用合金钢砂》(行标,报批中)

5. 石材管理及应用技术标准

JCG/T 60001—2007《天然石材装饰工程技术规程》

JC/T 1081—2008《装饰石材露天矿技术规范》

(四)今后要制定出台的石材新标准

《超薄石材复合板》(国标)

《干挂石材用金属挂件》(强制性国标)
《干挂饰面石材》(强制性国标)
《天然石材护理剂》(国标)
《金刚石圆锯片基体》(国标)
《装饰石材产品有毒有害物质限量》(强制性国标)
《石材工业用设备术语和分类及型号编制方法》(推荐性国标)
《天然石材试验方法—盐结晶强度的测定》(国标)
《天然石材试验方法—岩相分析》(国标)
《天然石材试验方法—激冷激热加速老化强度测定》(国标)
《天然石材试验方法—(通过测量共振基本频率)测定动力弹性模数》(国标)
《天然石材试验方法—耐盐雾老化强度测定》(国标)
《天然石材试验方法—耐断裂能量的测定》(国标)
《天然石材试验方法—静态弹性模数的测定》(国标)
《天然石材试验方法—线性热膨胀系数的测定》(国标)
《天然石材试验方法—毛细吸水系数的测定》(国标)
《天然石材试验方法—挂件组合单元抗震性能的测定》(国标)
《人工合成石材术语及分类》(国标)
《人工合成石材试验方法—密度和吸水率的测定》(国标)
《人工合成石材试验方法—弯曲强度的测定》(国标)
《人工合成石材试验方法—防滑性能的测定》(国标)
《人工合成石材试验方法—耐磨性能的测定》(国标)
《人工合成石材试验方法—抗冻融性能的测定》(国标)
《人工合成石材试验方法—抗热激变性能的测定》(国标)
《人造合成石材试验方法—耐老化的测定》(国标)
《人造合成石材试验方法—挂装强度的测定》(国标)
《人工合成石材试验方法—冲击强度的测定》(国标)
《人工合成石材试验方法—耐化学侵蚀的测定》(国标)
《人工合成石材试验方法—线性热膨胀系数的测定》(国标)
《人工合成石材试验方法—尺寸稳定性的测定》(国标)
《人工合成石材试验方法—抗电学性能的测定》(国标)
《人工合成石材试验方法—表面硬度的测定》(国标)
《人工合成石材试验方法—抗压强度的测定》(国标)
《人工合成石材试验方法—规格板材尺寸、几何性能和表面质量的测定》(国标)
《人工合成石材试验方法—耐生物性能的测定》(国标)
《人工合成石材试验方法—耐污染性能的测定》(国标)
《人工合成石材试验方法—耐高温性能的测定》(国标)
《石材企业清洁生产技术规范》(行标)
《石材加工安全技术标准》(行标)

《天然石材壁炉》(行标)
《天然石材墙地砖》(行标)
《石材加工厂设计规范》(国标)

五、石材产品分类

我国目前装饰石材主要分为天然石材、人造石材和复合石材三大类。

(一)天然石材

天然石材是指经选择和加工而成的特殊尺寸或形状的天然岩石。按照材质主要分为花岗石、大理石、石灰石、砂岩、板石以及一些亚宝石级的石材品种,按照商业名称和产地有上千个石材品种,按照用途主要分为天然建筑石材和天然装饰石材等。天然石材在加工期间使用水泥或合成树脂密封石材的天然空隙和裂纹,未改变石材材质和内部结构,仍属于天然石材范畴。

天然石材按产品形式主要分为建筑板材、干挂板材、异型石材、墙地砖、马赛克、台面板、墓碑石、壁炉、石雕石刻制品、广场路面石等。天然石材表面因不同的加工工艺呈现不同的颜色特征,即使同一品种由于不同采矿点或不同的地质层面也有不同的花纹和特性,有的石材不同的切割方向也会产生不同的花纹特征。

1. 花岗石

花岗石,商业上指以花岗岩为代表的一类石材,包括岩浆岩和各种硅酸盐类变质岩石材。一般是粒状火成岩,颜色通常从粉红到浅灰或深灰,主要由石英和长石组成,并伴有少量黑色矿物,纹理一般均匀,有些呈片麻岩或斑岩结构。一些黑色小粒状火成岩,虽不是地质学上的花岗岩,但也包含在这个商业定义中。

黑色的火成岩被地质学家定义为玄武岩、辉绿岩、辉长岩、闪长岩、斜长岩,被开采用做建筑石料、饰面材料、纪念碑和其他特殊目的,也作为黑色花岗石出售。这种岩石的化学和矿物学成分与真实的花岗岩有相当大的不同,但是黑色花岗石在一些方面可以让人满意地用于如同商业花岗石一样的目的。它们含有一种联锁的结晶结构,但是不像花岗岩,它们含有少量或不含有石英或碱长石。相反,黑色花岗石主要由介质及钙长石组成,伴有一种或多种常规黑色岩石,黑色岩石由辉石、角闪石和黑云母等矿物形成。这类岩石,因为它们的铁和镁含量较高,常被作为铁镁矿或铁镁介质。斜长岩例外,虽然普遍为黑色,但主要或完全由钙斜长岩组成。

2. 大理石

大理石,商业上指以大理岩为代表的一类石材,包括结晶的碳酸盐类岩石和质地较软的其他变质岩类石材。大理石类所有石材必须能被抛亮,这类石材的组成和结构类型变化较大,范围从纯碳酸盐到碳酸盐含量很低的岩石,在商业上统称为大理石(例如蛇纹石大理石)。大部分大理石拥有联锁结构,晶体颗粒尺寸从隐晶质到5 mm。

大理石的主要类型有:

方解石白云石大理石——碳酸盐岩石通过重结晶而形成特有的晶质结构,主要在变质期通过温度压力形成,由碳酸盐矿物方解石和白云石组成,单独或化合。

石灰石大理石——致密密集的石灰石若能抛亮,按商业惯例归为大理石类。石灰石大理石既可以按石灰石销售，也可以按大理石销售。

玛瑙条纹大理石——半透明，通常分层，带有彩色阴影的隐晶方解石，一般是黄色、褐色和绿色。

3. *石灰石*

石灰石，商业上指主要由方解石、白云石或两者混合经化学沉积形成的石灰华类石材。再结晶石灰石、致密的微晶石灰石和石灰华若能抛亮，则也包含在商业大理石类范畴，既可以按石灰石销售，也可以按大理石销售。

商业石灰石的特殊种类有：

灰屑岩——主要由碎屑状的方解石沙粒组成的石灰石，或含有极少的文石，通常含有微小的化石、贝壳碎片或其他化石残骸。

壳灰岩——主要由未变的（完整的）贝壳或贝壳碎片被方解石松散地粘结而成的石灰石。

白云岩——沉积碳酸盐（石灰石的一种）主要或完全由白云石矿物组成。

微晶石灰石——主要或完全由晶体结构组成的石灰石，结晶体很小，只有在放大条件下可辨认。如果它能够被抛亮，在商业上归入大理石类。

鲕状灰岩——主要由被称为鱼卵石或鲕粒的球体或半球体颗粒组成的石灰石。

再结晶石灰石——石灰石中新的结晶模式普遍代替原有的碎屑颗粒、化石或化石碎片、空隙接合剂的晶体取向。新晶体的产生，包含碎片和矩阵材料，延伸过以前晶体分界线。新的晶体通常比最初岩石要大。最初质地的迹象可能或不可能被保有。

石灰华——多孔的局部分层结晶的方解石岩石，起源于化学堆积。

4. *砂岩*

砂岩，商业上指矿物成分以石英和长石为主，含有岩屑和其他副矿物的机械沉积岩类石材。

砂石主要有以下三类：

杂砂岩——主要由矿物和岩石碎片组成的沉积岩，沙粒尺寸范围为0.06～2 mm，而且至少有50%的自由硅，通过硅石或多种硅酸盐粘结或结合成更大或更小尺寸，有时带有氧化铁和硅土，压缩强度超过28 MPa。

石英砂岩——砂岩至少包含90%的自由硅（石英颗粒加硅土接合剂），压缩强度超过69 MPa。

石英岩——高度坚硬，主要变质砂岩至少包含95%的自由硅，压缩强度超过117 MPa。

5. *板石*

板石，商业上指易沿流片理产生的劈理面裂开成薄片的一类变质岩类石材。

微晶变质岩通常大部分源于页岩，主要由云母、亚氯酸岩和石英组成。所含的云母矿物有近似平行的走向，可沿层理面劈开形成薄而坚硬的石板。

6. *其他类*

有一些石材不太常用，一些半珍贵的石材像玉石被锯切当做石材使用，它们通常用在石材的连接处起对照或突出重点作用。

这类石材主要包括：

雪花石膏——由石膏形成(硫酸钙)，柔软，易雕刻，经常易弄脏和褪色。带状石笋方解石也被称为雪花石膏。

绿岩——基性或超基性组成的变质岩，有非常完好的粒度，颜色从中等绿到微黄绿再到几乎黑色。

片岩——由石英-长石组成的片状变质岩，特点是像云母或亚氯酸盐这类扁平或棱镜型矿物形成的薄片。片岩很容易沿着页面劈开。这种岩石存在许多分级。一些进入到片麻岩。

蛇纹石——主要或完全由蛇纹岩(水合硅酸镁)组成的岩石，一般呈绿色，但也可能是黑色、红色或其他颜色，通常有脉纹源于方解石、白云石或菱镁矿（碳酸镁）或一个组合。

皂石(滑石)——富含云母的岩石，有感觉光滑的特性。皂石开采是为了特殊目的，如用于壁炉和实验室柜台顶，因为其耐高温和耐酸。

(二)人造石材

人造石主要有：以无机材料作为胶粘剂的，如水磨石、文化石；熔融无机矿石的，如微晶石；以有机树脂材料为粘结材料的，如人造大理石、人造花岗石、实体面材。

人造石材如建筑水磨石，是以水泥、石渣和砂为主要原料，经搅拌、振动或压制成型、养护、研磨等工序预制成的饰面石材，用于室内地面和室外人行便道。可以选择水泥基胶粘剂参照石材粘结法进行施工。

建筑装饰用仿自然面艺术石(俗称文化石)是以白水泥为胶粘剂，以陶粒或浮石等轻质材料为骨料，配以不同的颜料而成的。其可以模仿大自然的各种形状，克服了天然石材厚度大、质量重、不易安装、成本高、加工造型单一的缺点，是室内外墙面装修改造、个性道路铺设、凸显历史沧桑、兼容现代风尚装饰效果的新型装饰材料。

微晶石是由适当组成的玻璃颗粒经烧结和晶化，制成由结晶相和玻璃相组成的质地坚实、致密均匀的复相材料，用做建筑物的装饰。微晶石因颜色一致性和可选择性的特点被广泛应用于石材装饰行业。由于微晶石耐磨性差等特点，其更多地适用于墙面装饰，参照采用干挂法安装。

人造大理石是以天然大理石粉为主要原料，采用不饱和树脂胶为胶粘剂，经真空搅拌制成的饰面石材。大理石粉的含量一般超过90%，不饱和树脂胶的含量一般为8%。

人造花岗石是以天然石英砂为主要原料，采用不饱和树脂胶为胶粘剂，经真空搅拌制成的饰面石材。石英砂的含量一般超过90%，不饱和树脂胶的含量最少可达到6%。

实体面材的学名为矿物填充型高分子复合材料，它是以甲基丙烯酸甲酯(MMA，又称亚克力)或不饱和聚酯树脂(UPR)为基体，以天然大理石或花岗岩石块、少量有色金属、贝壳等为补充料，经专用设备充分搅拌后，加入颜料及其他辅助剂，经浇铸成型或真空模塑或模压成型的复合材料。该复合材料无孔均质，贯穿整个厚度的组成具有均一性，可以制成难以察觉接缝的连续表面，并可通过维护和翻新使产品表面回复如初。实体面材产品不耐磨，更多地适用于台面装饰，安装时可以选择反应型树脂胶粘剂、乳液胶粘剂，并参照采用石材粘结法施工。

(三)复合石材

复合石材主要是以天然石材超薄板为面材,复合其他的无机或有机材料以及金属材料,如陶瓷、石材、玻璃、铝蜂窝、塑料等,制成的新型饰面材料。

复合石材板材厚度加工成低于 8 mm 时必须复合背衬以增加强度,方可用于装饰施工。根据背衬的种类复合石材分为陶瓷基复合板、石材基复合板、铝蜂窝基复合板、玻璃基复合板、塑料基复合板等。复合石材不仅节约了石材资源,而且有效地降低了石材重量,节约了建筑载重方面的投入,使石材可以方便地安装在地面、墙面或屋顶,是我国石材行业的发展趋势。安装时可根据基材种类选择干挂或粘结法进行施工。

第二节　数据处理知识

石材试验通常包括取样、测试及试验数据的整理、运算与分析等环节。本节将要叙述有关这方面的基本技能,介绍试验设计与分析、测量误差等常用数理统计的初步知识。

一、数值修约规则

(一)有效数字

有效数字是各种测量和计算中一个很重要的概念。试验测量和试验的最后结果是要用数字来表示的。正确而有效地表示测量和试验结果的数字称有效数字,它由准确数字和一位欠准确数字构成。例如,用卷尺来量一试样长度为 5.83 cm。其中数字 5.8 是从卷尺上读出来的,是准确数字,而数字 3 是估计得来的,是欠准确数字,但它又不是臆造的,所以记录时应保留它,所记录的这三位数字都是有效数字。

(二)有效数字位数的确定方法

0、1、2、3、4、5、6、7、8、9,这 10 个数码称为数字。单一数字或多个数字组合起来就构成数值。在一个数值中每一个数字所占的位置称为位数。

(1)一个数据位数的多少是不能任意增减的(包括 0 在内)。

有效数字反映了测量结果的精度。前例中 5.83 cm 不能写成 5.830 cm,因为两者的意义不同。前者说明数字 3 以后不能再测出,数字 3 是欠准确数字;而后者则说明数字 0 是测出的,这时数字 0 是欠准确数字。同样,如果我们用一种可测四位有效数字的仪器测出读数为 5.830 cm,也不可任意把数字 0 删去而写成 5.83 cm。

(2)有效数字位数的多少和小数点的位置无关,小数点的位置由单位来决定。

例如 5.83 cm 与 0.058 3 m 或 58.3 mm 具有同样的意义,它们都只有三位有效数字。显然单位愈大,小数点愈向前移;反之,愈向后退。另外,在把大单位化成小单位时应注意有效数字。例如 32 kg 要写成 mg 时,必须写成 3.2×10^{7} mg,而不能写成 32 000 000 mg,因为两者的含义不同。

(3)数字“0”在数值中所处的位置不同,可以是有效数字,也可以不是有效数字。

①“0”在数字前仅起指示小数点的位数的作用,不是有效数字,例如 0.039 8 m,“3”前两个“0”,均不是有效数字,它们只与所取的单位有关,而与测量的精度无关,若单位改为 mm,则该数值为 39.8 mm,有效数字只有三位。再例如 0.39%,可看成是 0.003 9,所

以有两位有效数字。

②“0”在数字中间是有效数字，例如3.009 8 中间的两个“0”、301 中间的一个“0”都是有效数字，所以3.009 8 有五位有效数字，而301 有三位有效数字。

③“0”在小数数字后与测量准确程度有关，是有效数字，例如3.980 0 中，“8”后面的两个“0”均为有效数字，所以该数值的有效数字有五位。

④“0”在整数后可能是有效数字，也可能不是有效数字，应根据测试结果的精度确定。如5 200，有效数字位数不确定，可能是两位、三位或者四位。遇到这种情况，应根据实际测试结果的精度把数据改写成指数形式。5 200 若写成5.2×10^3，表示此数有两位有效数字；若写成5.20×10^3，表示此数有三位有效数字；若写成5.200×10^3，表示此数有四位有效数字。

总之，有效数字位数的多少决定于被测对象的大小、测量仪器的精度、测量条件的好坏和所采用的测量方法。

（三）数值修约规则

数值修约是一种数据处理方式，实际测量或计算后得到各种数据，对在确定的精确范围（有效数字的位数）以外的数字，应加以取舍，进行修约。

1. 修约间隔

修约间隔是确定修约保留位数的一种方式。修约间隔的数值一经确定，修约值即应为该数值的整数倍。若指定修约数间隔为0.1，修约值即应在0.1 的整数倍中选取；若指定修约数间隔为100，修约值即应在100 的整数倍中选取。

2. 进舍规则

（1）在拟舍弃的数字中，若左边第一个数字小于5（不包括5），则舍弃。

例1：将15.245 2 修约到只保留一位小数，得15.2。

例2：将3.141 516 修约成五位有效位数，得3.141 5。

（2）在拟舍弃的数字中，若左边第一个数字大于5（不包括5），则进一。

例1：将1 263 修约到百位数，得13×10^2。

例2：将26.482 4 修约到只保留一位小数，得26.5。

（3）在拟舍弃的数字中，若左边第一个数字等于5，则按以下规则：

①若5 右边有并非全部为0 的数字，则进一。

②若5 右边无数字或5 右边数字皆为0，所拟保留的末位数字为奇数，则进一；为偶数（包括0），则舍弃。

例1：将5.225 1 修约为三位有效位数，得5.23。

例2：将0.350 0 修约为只保留一位小数，得0.4。

例3：将0.250 0 修约为只保留一位小数，得0.2。

以上规则可概括为如下口诀：“四舍六入遇五要考虑，五后非零则进一，五后皆零视奇偶，五前为偶则舍去，五前为奇则进一”，简称“四舍六入五成双”。

3. 不允许连续修约

拟修约数字应在确定修约位数后一次修约获得结果，而不得连续修约。

例：将15.454 6 修约成整数。不应按15.454 6→15.455→15.46→15.5→16 的做法

修约。正确的修约是 15.454 6→15。

4. 负数修约

先将负数的绝对值按上述规则进行修约，然后在修约值前面加上负号。

5. 0.5 单元修约与 0.2 单元修约

1）0.5 单元修约

将拟修约数值乘以 2，按指定位数依照修约规则进行修约，所得数值再除以 2。

例：将下列数值修约到个位数的 0.5 单元（或修约间隔为 0.5）。

拟修约数值 （k）	乘 2 （$2k$）	$2k$ 修约值 （修约间隔为 1）	k 修约值 （修约间隔为 0.5）
60.38	120.76	121	60.5
60.25	120.50	120	60.0

2）0.2 单元修约

将拟修约数值乘以 5，按指定位数依照修约规则进行修约，所得数值再除以 5。

例：将下列数值修约到百位数的 0.2 单元（或修约间隔为 20）。

拟修约数值 （k）	乘 5 （$5k$）	$5k$ 修约值 （修约间隔为 100）	k 修约值 （修约间隔为 20）
842	4 210	4 200	840
830	4 150	4 200	840

二、有效数字的运算规则

（一）记数规则

在测试结果的记录、运算和报告中，记录的数值应遵循以下规则：

（1）记录测试数据时，只保留一位欠准确数字。

（2）表示精度时，通常只取一位有效数字，只有测量次数很多时，方可取两位有效数字，且最多只取两位。

（3）在数值计算中，当有效数字位数确定之后，其余数字应按修约规则一律舍去。

（4）在数字计算中，常数（如 π、e 等）以及非检测所得的计算因子（倍数或分数，如 4、$\sqrt{2}$、$\frac{1}{3}$等）的有效数字，可视为无限有效，需要几位就取几位。

（5）计算有效数字位数时，若第一位数字等于 8 或 9，则有效数字可多取一位。例如，0.956 可视为四位有效数字，80.47 可视为五位有效数字。

（6）测量结果的有效数字所能达到的最后一位应与误差处于同一位上，重要的测量结果可多取一位估读数。例如，$L=0.002\ 37$，$\Delta=1/2\times10^{-4}$。其中 7 为估读数，一般应记为 $L=0.002\ 4$。

（二）运算规则

1. 加法和减法

几组小数相加或相减时，以小数位数最少的数值为准，其余各数均修约成比该数多一位，最后结果的有效数字位数应与小数位数最少的数值相同。

例 1:251. 3 +24. 45

$$\begin{array}{r} 251.3 \\ +24.45 \\ \hline 275.75 \end{array} \quad 记作275.8$$

例 2:583. 5 −41. 26

$$\begin{array}{r} 583.5 \\ -41.26 \\ \hline 542.24 \end{array} \quad 记作542.2$$

2. 乘法和除法

以有效数字位数最少者为准,其余参加运算的各数先修约至比有效数字最少者多保留一位,所得最后结果的有效数字位数与有效数字最少者相同,与小数点的位数无关。

例 1:35. 2 ×28

$$\begin{array}{l} 35.2 \\ \times 28 \\ \hline 2816 \\ 704 \\ \hline 985.6 \end{array} \quad 记作9.9\times 10^2$$

例 2:528 ÷121

$$\begin{array}{r} 4.363 \\ 121\overline{)528} \\ 484 \\ \hline 440 \\ 363 \\ \hline 770 \\ 726 \\ \hline 440 \\ 363 \end{array} \quad 记作 4.36$$

3. 乘方和开方

计算结果的有效数字位数与原数值相同,若要继续参与运算,则结果可比原数值多保留一位。

例 1:$6.54^2 = 42.7716 \approx 42.8$

例 2:$\sqrt{7.39} = 2.718455444 \approx 2.72$

4. 几组数的算术平均值

计算结果的有效数字位数可比小数位数最少的数值多保留一位。

例:求平均值:

$$\frac{3.77 + 3.70 + 3.80 + 3.72}{4} = 3.7475 \approx 3.748$$

5. 对数和反对数

在对数和反对数计算中,所取对数的小数点后的位数应与真数的有效数字相同。

例 1:求$[H^+] = 7.98 \times 10^{-2}$ mol/L 溶液的 pH 值。

解:$pH = -\lg[H^+] = -\lg 7.98 \times 10^{-2} = 1.097997109 \approx 1.098$

例 2:求 pH =11. 02 溶液的$[H^+]$。

解:因为 $pH = -\lg[H^+] = 11.02$

所以$[H^+] = 10^{-11.02} = 9.549\ 925\ 861 \times 10^{-12} = 9.5 \times 10^{-12}$ mol/L

说明:在多次运算时,每一步计算过程中对中间结果不做修约,但最后结果需按上述规则修约到要求的位数。

(三)常用的统计特征数

统计特征数是用以表达随机变量波动规律的统计量,即数据的集中程度和离散程度。

1. 算术平均值$\bar{x}$

$$\bar{x} = \frac{x_1 + x_2 + x_3 + \cdots + x_n}{n} \tag{1-1}$$

式中 $\bar{x}$——算术平均值;

$x_1, x_2, x_3, \cdots, x_n$——各个试验数据;

n——试样个数。

2. 加权平均值m

加权平均值是各个试验数据与它对应数的算术平均值。

$$m = \frac{x_1g_1 + x_2g_2 + x_3g_3 + \cdots + x_ng_n}{g_1 + g_2 + g_3 + \cdots + g_n} = \frac{\sum x_ig_i}{\sum g_i} \tag{1-2}$$

式中 m——加权平均值;

x_i——第$i(i = 1,2,3,\cdots,n)$个试验数据;

g_i——与第$i(i = 1,2,3,\cdots,n)$个试验数据相对应的数量,也叫权值。

3. 中位数$\tilde{x}$

把数据按大小顺序排列,排在正中间的一个数即为中位数。当数据的个数n为奇数时,中位数就是正中间的数值;当n为偶数时,则中位数为中间两个数的算术平均值。

$$\tilde{x} = \begin{cases} x_{\frac{n+1}{2}} & (n\text{为奇数}) \\ \dfrac{1}{2}\left(x_{\frac{n}{2}} + x_{\frac{n}{2}+1}\right) & (n\text{为偶数}) \end{cases} \tag{1-3}$$

式中 $\tilde{x}$——中位数;

$x_{\frac{n}{2}}, x_{\frac{n+1}{2}}, x_{\frac{n}{2}+1}$——第$\frac{n}{2}, \frac{n+1}{2}, \frac{n}{2}+1$个试验数据。

4. 极差R

极差就是数据中最大值和最小值的差。

$$R = x_{max} - x_{min} \tag{1-4}$$

式中 R——极差;

x_{max}——数据中的最大值;

x_{min}——数据中的最小值。

5. 绝对偏差d

绝对偏差是指各个试验数据与算术平均值的偏差。

$$d_i = x_i - \bar{x} \tag{1-5}$$

式中　d_i——第 i 个试验数据的绝对偏差；

x_i——第 i 个试验数据。

6. 相对偏差 d_r

相对偏差是绝对偏差在算术平均值中所占的百分率。

$$d_r = \frac{d_i}{\bar{x}} \times 100\% \tag{1-6}$$

式中符号意义同前。

7. 平均偏差 $\bar{d}$

平均偏差是所有数据绝对偏差绝对值的平均值。

$$\bar{d} = \frac{|x_1 - \bar{x}| + |x_2 - \bar{x}| + \cdots + |x_n - \bar{x}|}{n} = \frac{\sum_{i=1}^{n} |x_i - \bar{x}|}{n} \tag{1-7}$$

式中符号意义同前。

8. 标准偏差（又称标准差、均方差、标准误差）

标准偏差是表示绝对波动大小的指标，标准偏差越小，波动性（离散性）越小，测量精度越高；反之，离散性越大，测量精度越低。我们从总体中抽取一个样本，得到一批数据（子样）$x_1, x_2, x_3, \cdots, x_n$，在处理这批数据时，标准偏差用 s 来表示，此时，n 是有限个子样的个数；若对总体进行数据统计，标准偏差用 σ 来表示，试样个数 n 为无限个。计算式如下：

$$s = \sqrt{\frac{\sum_{i=1}^{n} (x_i - \bar{x})^2}{n-1}} \tag{1-8}$$

$$\sigma = \sqrt{\frac{\sum_{i=1}^{n} (x_i - \bar{x})^2}{n}} \tag{1-9}$$

式中符号意义同前。

标准偏差反映了数据中各值偏离平均值的大小，如果标准偏差比较小，表示这批数据集中在平均值附近，说明质量比较均匀、稳定；如果标准偏差比较大，表示这批数据离开平均值的距离较大，较分散，说明质量波动大，不稳定。

9. 变异系数 C_v

用极差、标准差只能反映数据波动的绝对大小，用变异系数可以表示相对偏差，便于不同项目之间有关试验精度的比较。

$$C_v = \frac{\sigma}{\bar{x}} \times 100\% \quad \left(\text{或 } C_v = \frac{s}{\bar{x}} \times 100\%\right) \tag{1-10}$$

式中符号意义同前。

第三节　误差理论

由于所使用的测量设备、所采用的测量方法以及人们对测量环境的控制受到科学技术水平的限制，因此测量结果同被测对象的客观实际存有一定的差异，即测量结果与真值之间存在差异，称为误差。分析过程中，误差是客观存在的，因此需对误差进行全面系统的研究，查出产生误差的原因，尽量减小误差，以提高分析结果的准确程度。

一、误差的分类

根据误差的性质，误差可分为系统误差、偶然误差（又称为随机误差）和粗大误差（又称为过失误差）三类。

（一）系统误差

1. 按系统误差值是否变化来分

（1）定值系统误差：在整个测量过程中，误差大小和方向始终不变。如测定量具刻度的偏差、计算器具的零位偏差等。

（2）变值系统误差：在整个测量过程中，误差大小和方向按确定的规律变化，又分为线性系统误差、周期性系统误差和复杂规律变化的系统误差。

2. 按系统误差产生的原因来分

（1）方法误差：由于分析方法本身不完善而引入的误差。

（2）仪器误差：由于仪器本身不精密而造成的误差。

（3）主观误差：因操作者某些生理特点所引起的误差。

（二）偶然误差

这种误差的特点是服从或然率的规律，是由一些难以控制的偶然因素，譬如人类感官的限制所造成的误差。同一观测者，在同一条件下，测量同一物理量，各次结果常有不同，这是因为调节仪器和估计读数时观测者的判断不可能完全正确。例如，用水银温度计测量温度，温度计的标度是刻在毛细管的外表面上的。在读取温度时，应将眼睛放在水银柱顶的切面上读出温度的值。如果眼睛放得过高，则读出的值比真值小；反之，比真值大。每个观察者都尽量想把眼睛放在正确的位置，但这一点不可能做得绝对准确，由于这个原因，从温度计上读出的温度经常带有偶然误差。偶然误差因素可以采用多次测量，用概率论与数理统计方法对测量数据进行分析和处理，以获得可靠的测量值。

（三）粗大误差

产生粗大误差的原因可能是由于测量人员工作上粗枝大叶，如测错、读错、记错或算错而造成，或者是由于测量人员过度疲劳或缺乏操作经验而造成的。这一类误差会严重歪曲测量结果，应予剔除，不能参与计算。

二、处理偶然误差的几个问题

（一）偶然误差的分布规律

通过试验可以找出偶然误差的分布规律。先找出频数分布，画出频数分布直方图，随着组分得越细，直方图的形状逐渐趋于一条曲线，数据波动的规律不同，曲线的形状也不一样。在实际中按正态分布曲线的最多，应用也最广，本节介绍的也是基于正态分布。正态分布的偶然误差有以下性质：

（1）单峰性：绝对值小的误差比绝对值大的误差出现次数多。

(2)对称性:绝对值相等、符号相反的误差出现的机会相等。

(3)有界性:所有误差的绝对值不超过某一固定常数。

(4)抵偿性:所有误差之和趋于零。

(二)怎样减少偶然误差的影响

(1)算术平均值。因为偶然误差具有对称性,所以采用多次测量值的算术平均值比单个测量值更可能接近真值,即:

$$\overline{N}=\frac{N_1+N_2+N_3+\cdots+N_k}{k} \tag{1-11}$$

(2)绝对误差。算术平均值仍非真值,其准确程度可用每次测量值与平均值之差的绝对值来估计,称为该次量度的绝对误差,即:

$$\Delta N_1=|N_1-N|,\Delta N_2=|N_2-N|,\cdots,\Delta N_k=|N_k-N| \tag{1-12}$$

(3)平均绝对误差。每一系列量度的绝对误差的平均值,即:

$$\Delta N=\frac{\Delta N_1+\Delta N_2+\Delta N_3+\cdots+\Delta N_k}{k} \tag{1-13}$$

根据或然率的理论可以证明:如果测量重复很多次,真值与平均值之差超过 ΔN 的机会是很少的,即可以认为真值在 $N-\Delta N$ 与 $N+\Delta N$ 之间,所以把试验结果写成 $N\pm\Delta N$。

(4)平均相对误差。平均绝对误差与平均值的百分比,即:

$$E=\frac{\Delta N}{N}\times 100\% \tag{1-14}$$

试验是否准确不决定于绝对误差,而决定于相对误差的大小。

例:若有甲、乙两物体,甲物体称得质量为1.265 0 g,其真实质量为1.265 1 g;乙物体称得质量为0.126 5 g,其真实质量为0.126 6 g,则:

甲物体:

$$\text{绝对误差}=|1.265\,0-1.265\,1|=0.000\,1(\text{g})$$

$$\text{相对误差}=\frac{0.000\,1}{1.265\,1}\times 100\%=0.007\,9\%$$

乙物体:

$$\text{绝对误差}=|0.126\,5-0.126\,6|=0.000\,1(\text{g})$$

$$\text{相对误差}=\frac{0.000\,1}{0.126\,6}\times 100\%=0.079\%$$

从误差的计算可看出,对于相同的被测量,绝对误差可评定不同测量方法的测量精度高低;但当绝对误差相同时,被测量的真值越大,测量的精度越高。

(三)试验最后结果的误差

在实际工作中,由测量立刻可以得到所需的结果并不是常见的。常见的是由测量所得到的量,经过适当的计算才得到所求的量,这种方法叫间接测量。这样就出现了直接测量各个量时所产生的不可避免的误差对最后结果的准确度影响的问题。

(1)和、差、积、商的绝对误差在形式上与各函数的微分相似,只是为了考虑可能出现的最大误差,很多情况只需把函数微分中的负号改成正号。推广到复杂函数也是如此。

(2)商、积的相对误差等于各因子的相对误差之和。因此,不难推知:多因子单项式所表示的物理量的相对误差等于各因子相对误差之和。

计算误差时一般先求相对误差 E,然后通过 $\Delta N = EN$ 求出 ΔN,最后将试验结果写成下列形式:

$$N \pm \Delta N$$

ΔN 在一般试验中只取一位有效数字,N 的最后一位数字应与 ΔN 同数量级。

表 1-3 列出常用函数的误差公式。

表 1-3　常用函数的误差公式

数学运算法	误差	
	绝对	相对
$N = A + B + C$	$\Delta A + \Delta B + \Delta C$	$\frac{\Delta A + \Delta B + \Delta C}{A + B + C}$
$N = A - B + C$	$\Delta A + \Delta B + \Delta C$	$\frac{\Delta A + \Delta B + \Delta C}{A - B + C}$
$N = A \cdot B \cdot C$	$BC\Delta A + AC\Delta B + AB\Delta C$	$\frac{\Delta A}{A} + \frac{\Delta B}{B} + \frac{\Delta C}{C}$
$N = A^n$	$nA^{n-1}\Delta A$	$n\frac{\Delta A}{A}$
$N = \sqrt[n]{A}$	$\frac{1}{n}A^{\frac{1}{n}-1}\Delta A$	$\frac{1}{n}\frac{\Delta A}{A}$
$N = \frac{A}{B}$	$\frac{B\Delta A + A\Delta B}{B^2}$	$\frac{\Delta A}{A} + \frac{\Delta B}{B}$
$N = \sin A$	$\cos A\Delta A$	$\cot A\Delta A$
$N = \cos A$	$\sin A\Delta A$	$\tan A\Delta A$
$N = \cot A$	$\frac{\Delta A}{\sin^2 A}$	$\frac{2\Delta A}{\sin 2A}$
$N = \tan A$	$\frac{\Delta A}{\cos^2 A}$	$\frac{2\Delta A}{\sin 2A}$

三、判别粗大误差的方法

常用的判别方法有以下几种。

(一)"4d"检验法

对一组有 n 个数据的数列,按大小顺序排列,首先找到可疑值,除去可疑数据后,计算出其余数据的算术平均值 $\bar{x}$,平均偏差 $\bar{d}$,若可疑数据与算术平均值 $\bar{x}$ 差的绝对值大于平均偏差 $\bar{d}$ 的 4 倍,则可疑数据应舍弃。

例:若有 11 个石材抗压强度测定值:30.28,30.33,30.31,30.25,30.38,30.41,30.66,30.42,30.48,30.45,30.29,单位为 MPa,问 30.66 这个数据是否要舍弃?

解:(1)将测值从小到大按顺序排列:

序号	1	2	3	4	5	6	7	8	9	10	11
测值(MPa)	30.25	30.28	30.29	30.31	30.33	30.38	30.41	30.42	30.45	30.48	30.66

(2)计算除30.66外的10个数据的算术平均值$\bar{x}$:

$$\bar{x}=\frac{(30.25+30.28+30.29+30.31+30.33+30.38+30.41+30.42+30.45+30.48)}{10}$$

$$=30.36(\text{MPa})$$

(3)求平均偏差$\bar{d}$:

$$\bar{d}=\frac{(0.11+0.08+0.07+0.05+0.03+0.02+0.05+0.06+0.09+0.12)}{10}$$

$$=0.068(\text{MPa})$$

(4)求可疑数据与算术平均值$\bar{x}$差的绝对值D:

$$D=d_{11}=|30.66-30.36|=0.30(\text{MPa})$$

(5)将D与$4\bar{d}$比较:

$$D=0.30\ \text{MPa}>4\bar{d}=4\times0.068=0.27(\text{MPa})$$

所以,30.66这一数据应舍弃。

说明:

(1)“4d”检验法的优点是计算简单,不需要计算标准差,也不需要查表。

(2)当试验组数较多,即$n>10$时,判定标准是$D>4\bar{d}$。

(3)当试验组数较少,即$n=5\sim10$时,判定标准是$D>2.5\bar{d}$。

(4)当$n<5$时,用该法就不能将误差较大的可疑数据舍弃了。

(二)莱因达法(又称“3s”法)

以标准偏差的3倍作为确定可疑数据的标准。当某个试验数据与试验结果的算术平均值之差大于3倍标准差时,该数据应舍弃;当测值与试验结果的算术平均值之差大于2倍标准差时,该数据应保留,但须存疑。若发现生产(施工)、试验过程中有可疑的变异,该试验值应予舍弃。

例:对某恒温室温度测量15次($n=15$),测试结果为:20.42,20.43,20.40,20.43,20.42,20.43,20.39,20.30,20.40,20.43,20.42,20.41,20.39,20.39,20.40,单位为℃,试用“3s”法决定数据的取舍。

解:(1)将15个测值从小到大按顺序排列:

序号	1	2	3	4	5
测值(℃)	20.30	20.39	20.39	20.39	20.40
序号	6	7	8	9	10
测值(℃)	20.40	20.40	20.41	20.42	20.42
序号	11	12	13	14	15
测值(℃)	20.42	20.43	20.43	20.43	20.43

(2)求出平均值$\bar{t}_{(15)}$及标准差$s_{(15)}$:

$$\bar{t}_{(15)}=20.404\ ℃$$

$$s_{(15)} = 0.033\ ℃$$

(3)求出最小的测值 t_1 与平均值 $\bar{t}_{(15)}$ 之差:

$$|t_1 - \bar{t}_{(15)}| = |20.30 - 20.404| = 0.104(℃) > 3s_{(15)} = 3 \times 0.033 = 0.099(℃)$$

所以,$t_1 = 20.30$ ℃应舍弃。

(4)求出剩余 14 组测值的平均值 $\bar{t}_{(14)}$ 和标准差 $s_{(14)}$:

$$\bar{t}_{(14)} = 20.411\ ℃$$

$$s_{(14)} = 0.016\ ℃$$

(5)求出最大的测值 t_{15} 与平均值 $\bar{t}_{(14)}$ 之差:

$$|t_{15} - \bar{t}_{(14)}| = |20.43 - 20.411| = 0.019\ ℃ < 3s_{(14)} = 3 \times 0.016 = 0.048(℃)$$

求出最小的测值 t_2 与平均值 $\bar{t}_{(14)}$ 之差:

$$|t_2 - \bar{t}_{(14)}| = |20.39 - 20.411| = 0.021\ ℃ < 3s_{(14)} = 3 \times 0.016 = 0.048(℃)$$

所以,不再有需舍弃的测值。

说明:莱因达法简单方便,不需查表。当试验组数较多或需求不高时可以应用;当试验组数较少($n < 10$)时,就无法判别出异常值。

(三)肖维纳特法

若对某一量进行 n 次测试,当某测值 t_i 的绝对偏差大于 $k_n s$,即 $d_i = |t_i - \bar{t}| \geqslant k_n s$ 时,就意味着该测值 t_i 是可疑的,应予舍弃。k_n 是肖维纳特系数,与试验组数 n 有关,见表 1-4。

表 1-4　肖维纳特系数 k_n

n	3	4	5	6	7	8	9	10	11	12
k_n	1.38	1.53	1.65	1.73	1.80	1.86	1.92	1.96	2.00	2.03
n	13	14	15	16	17	18	19	20	21	22
k_n	2.07	2.10	2.13	2.15	2.17	2.20	2.22	2.24	2.26	2.28
n	23	24	25	30	40	50	75	100	200	500
k_n	2.30	2.31	2.33	2.39	2.49	2.58	2.71	2.81	3.02	3.20

例:将上例用肖维纳特法进行判别。

解:(1)由 $n = 15$ 查表 1-4 得 $k_{15} = 2.13$

$$平均值\ \bar{t}_{(15)} = 20.404\ ℃$$

$$标准差\ s_{(15)} = 0.033\ ℃$$

$$|t_1 - \bar{t}_{(15)}| = |20.30 - 20.404| = 0.104(℃) > k_{15}s_{(15)} = 2.13 \times 0.033 = 0.0703(℃)$$

所以,$t_1 = 20.30$ ℃应剔除。

(2)对剩余 14 个测值再进行判断。

由 $n=14$ 查表 1-4 得 $k_{14}=2.10$

$$\text{平均值 } \bar{t}_{(14)} = 20.411\ ℃$$

$$\text{标准差 } s_{(14)} = 0.016\ ℃$$

$$|t_2 - \bar{t}_{(14)}| = |20.39 - 20.411| = 0.021(℃) < k_{14}s_{(14)} = 2.10 \times 0.016 = 0.034\ (℃)$$

$$|t_{15} - \bar{t}_{(14)}| = |20.43 - 20.411| = 0.019(℃) < k_{14}s_{(14)} = 2.10 \times 0.016 = 0.034\ (℃)$$

所以,剩余的 14 组测值中,不再存在粗大误差。

(四)格鲁布斯法

进行 n 次重复试验,试验结果 $t_1, t_2, \cdots, t_n$ 服从正态分布。

(1)为了检验 t_i 中是否有可疑值,把试验所得数据从小到大按顺序排列:

$$t_1 \leqslant t_2 \leqslant t_3 \cdots \leqslant t_n$$

(2)选定显著性水平 α(一般取 $\alpha=0.05$)。根据试验组数 n 及 α,查表 1-5 可得格鲁布斯系数 g_0。

(3)计算统计量 g 值:当最小值 t_1 为可疑时,$g_{(1)}=\dfrac{\bar{t}-t_1}{s}$;当最大值 t_i 为可疑时,$g_{(n)}=\dfrac{t_n-\bar{t}}{s}$。

(4)当统计量 $g \geqslant g_0$ 时,则该测值为粗大误差,应予舍弃。

表 1-5　格鲁布斯系数 $g_0(\alpha, n)$

n	显著性水平 α				n	显著性水平 α			
	0.05	0.025	0.01	0.005		0.05	0.025	0.01	0.005
3	1.153	1.155	1.155	1.155	30	2.745	2.908	3.103	3.236
4	1.463	1.481	1.492	1.496	31	2.759	2.924	3.119	3.253
5	1.672	1.715	1.749	1.764	32	2.773	2.938	3.135	3.270
6	1.822	1.887	1.949	1.973	33	2.786	2.952	3.150	3.286
7	1.938	2.020	2.097	2.139	34	2.799	2.965	3.164	3.301
8	2.032	2.126	2.221	2.274	35	2.811	2.979	3.178	3.316
9	2.110	2.215	2.323	2.387	36	2.823	2.991	3.191	3.330
10	2.176	2.290	2.410	2.482	37	2.835	3.003	3.204	3.343
11	2.234	2.355	2.485	2.564	38	2.846	3.014	3.216	3.356
12	2.285	2.412	2.550	2.636	39	2.857	3.025	3.228	3.369
13	2.331	2.462	2.607	2.699	40	2.866	3.036	3.240	3.381
14	2.371	2.507	2.659	2.755	41	2.877	3.046	3.251	3.393

续表 1-5

n	显著性水平 α				n	显著性水平 α			
	0.05	0.025	0.01	0.005		0.05	0.025	0.01	0.005
15	2.409	2.549	2.705	2.806	42	2.887	3.057	3.261	3.404
16	2.443	2.585	2.747	2.852	43	2.896	3.067	3.271	3.415
17	2.475	2.620	2.785	2.894	44	2.905	3.075	3.282	3.425
18	2.504	2.651	2.821	2.932	45	2.914	3.085	3.292	3.435
19	2.532	2.681	2.854	2.968	46	2.923	3.094	3.302	3.445
20	2.557	2.709	2.884	3.001	47	2.931	3.103	3.310	3.455
21	2.580	2.733	2.912	3.031	48	2.940	3.111	3.319	3.464
22	2.603	2.758	2.939	3.060	49	2.948	3.120	3.329	3.474
23	2.624	2.781	2.963	3.087	50	2.956	3.128	3.336	3.483
24	2.644	2.802	2.978	3.100	60	3.025	3.199	3.411	3.560
25	2.663	2.822	3.009	3.135	70	3.082	3.257	3.471	3.622
26	2.681	2.841	3.029	3.157	80	3.130	3.305	3.521	3.673
27	2.698	2.859	3.049	3.178	90	3.171	3.347	3.563	3.716
28	2.714	2.876	3.068	3.199	100	3.207	3.383	3.600	3.754
29	2.730	2.893	3.085	3.218					

例：上例用格鲁布斯法进行判别。

解：(1)由 $n=15$，$\alpha=0.05$ 查表 1-5 得 $g_{0(15)}=2.409$

$$平均值\ \bar{t}_{(15)}=20.404\ ℃$$

$$标准差\ s_{(15)}=0.033\ ℃$$

$$统计量\ g_{(1)}=\frac{\bar{t}_{(15)}-t_1}{s_{(15)}}=\frac{20.404-20.30}{0.033}=3.152(℃)>g_{0(15)}=2.409\ ℃$$

所以，$t_1=20.30$ ℃为粗大误差，应予剔除。

(2)判断剩余 14 组测值中是否存在粗大误差。

由 $n=14$，$\alpha=0.05$ 查表 1-5 得　$g_{0(14)}=2.371$

$$平均值\ \bar{t}_{(14)}=20.411\ ℃$$

$$标准差\ s_{(14)}=0.016\ ℃$$

统计量 $g_{(2)} = \frac{\bar{t}_{(14)} - t_2}{s_{(14)}} = \frac{20.411 - 20.39}{0.016} = 1.312(℃) < g_{0(14)} = 2.371$ ℃

统计量 $g_{(15)} = \frac{t_{15} - \bar{t}_{(14)}}{s_{(14)}} = \frac{20.43 - 20.411}{0.016} = 1.188(℃) < g_{0(14)} = 2.371$ ℃

所以,剩余的 14 组测值中,不再存在粗大误差。

第四节　石材测量不确定度的评价

测量不确定度是说明测量结果好坏的一个重要参数,它表述的是被测量值的分散性,反映的是整个测量过程的系统效应。在测量不确定度的评定过程中有一些分量是通过对测量结果的统计分布估算出来的,有一些分量是靠实际工作的经验和相关信息概率分布估算出来的,这也就使得测量不确定度的评定变得复杂,既要考虑到可能影响测量结果的所有分量,还需要具备一定的数理统计基础知识。

天然石材产品的物理性能是表述石材材质好坏的一个重要技术性能指标,对其测量过程进行不确定度的评定可以分析出不确定度的主要来源,提高测量结果的可靠性,为石材产品的应用和选择提供科学的技术依据。但是由于天然石材产品的不均一性较大,要求全面考虑不确定度的影响因素,建立适宜的数学模型才能做好不确定度的评定工作,以下以某一天然大理石的干燥压缩强度为例说明测量不确定度的评价过程。

一、测量过程

测量对象:某天然大理石产品。

测量依据:GB/T 9966.1—2001《天然饰面石材试验方法 第 1 部分:干燥、水饱和、冻融循环后压缩强度试验方法》。

测量仪器:YES-2000A 数显液压式压力试验机,游标卡尺。

测量环境:室温。

测量方法:按标准要求将样品干燥冷却后测量边长,测量精确到 0.5 mm,计算受力面积,然后将样品置于试验机下压板的中心部位,匀速施加载荷直至样品破裂,记录最大破坏载荷,计算压缩强度。

二、数学模型

压缩强度以试验过程中最大破坏力除以受压面积表示(在温度和其他条件不变时):

$$P = \frac{F}{L \times B}$$

式中　P——压缩强度,MPa;

F——最大破坏力,kN;

L——试样的长度,mm;

B——试样的宽度,mm。

因此,模型如下:

$$u_{crel}^2 = u_{rel}^2(P) + u_{rel}^2(F) + u_{rel}^2(L) + u_{rel}^2(B)$$

式中 $u_{rel}(P)$——重复性试验所引起的不确定度；

$u_{rel}(F)$——最大破坏力的测量不确定度；

$u_{rel}(L)$——长度的测量所引起的不确定度；

$u_{rel}(B)$——宽度的测量所引起的不确定度。

三、计算测量不确定度的分量

测试数据见表 1-6。

表 1-6 测试数据

序号	长度 L(mm)	宽度 B(mm)	破坏力 F(kN)	压缩强度 P(MPa)
1	50.0	50.5	204.2	80.87
2	50.0	50.5	255.8	101.31
3	50.0	50.0	172.4	68.96
4	50.5	50.0	219.4	86.89
5	50.0	50.5	223.4	88.48
6	50.5	50.0	230.4	91.25
7	50.0	50.0	189.8	75.92
8	50.0	50.0	196.2	78.48
9	50.5	50.5	240.4	94.27
10	50.0	50.5	234.6	92.91
平均值 $\bar{x}$	50.2	50.2	216.7	85.93
标准偏差 s	—	—	—	9.77
标准不确定度 u_1	—	—	—	3.09
相对不确定度 u_{rel}(%)	—	—	—	3.60

(一)重复性试验所引起的不确定度 $u_{rel}(P)$

10 个样品的压缩强度 P 的平均值为 $\bar{x} = 85.93$ MPa

$$\text{标准偏差 } s = \sqrt{\frac{1}{n-1}\sum_{i=1}^{n}(x_i - \bar{x})^2} = 9.77 \text{ MPa}$$

以上述试验的平均值为测量结果，其测量结果的标准不确定度为：

$$u_1 = \frac{9.77}{\sqrt{10}} = 3.09(\text{MPa})$$

因此，由测量重复性引入的相对不确定度为：

$$u_{rel}(P) = u_1/\bar{x} = 3.09/85.93 = 3.60\%$$

（二）最大破坏力的测量不确定度 $u_{rel}(F)$

最大破坏力 F 的测量不确定度来源于仪器的测量不确定度、仪器的校准不确定度和读数不确定度三个方面。

1. 仪器的测量不确定度 $u_{1rel}(F)$

若仪器的测量不确定度为 $u_{95} = 1.0\%$，以正态分布估计，于是相对不确定度为：

$$u_{1rel}(F) = 1.0\%/1.960 = 0.51\% \quad (k_{95} = 1.960)$$

2. 仪器的校准不确定度 $u_{2rel}(F)$

查证书知仪器的校准不确定度为 $u_{95} = 0.3\%$，以正态分布估计，于是相对不确定度为：

$$u_{2rel}(F) = 0.3\%/1.960 = 0.15\% \quad (k_{95} = 1.960)$$

3. 读数不确定度 $u_{3rel}(F)$

仪器的最大刻度为 1 000 kN，读数精确为 0.1 kN。测试范围一般选在仪器量程的 20% ~90%，以矩形分布估计，故相对不确定度为：

$$u_{3rel}(F) = 0.1/1\,000/\sqrt{3} = 0.005\,8\% \quad (k = \sqrt{3})$$

因此，最大破坏力 F 的测量不确定度为：

$$u_{rel}(F) = \sqrt{u_{1rel}^2(F) + u_{2rel}^2(F) + u_{3rel}^2(F)} = 0.53\%$$

（三）长度的测量所引起的不确定度 $u_{rel}(L)$

（1）根据标准规定，长度的测量值精确到 0.5 mm，以矩形分布估计，则：

$$u_1(L) = 0.5/\sqrt{3} = 0.288\,6\ (\text{mm}) \quad (k = \sqrt{3})$$

（2）根据经验估计，由操作者引入的测量误差为 ±0.5 mm，以矩形分布估计，则：

$$u_2(L) = 0.5/\sqrt{3} = 0.288\,6(\text{mm}) \quad (k = \sqrt{3})$$

两者合成得长度测量的标准不确定度为：

$$u(L) = \sqrt{0.288\,6^2 + 0.288\,6^2} = 0.408\,1(\text{mm})$$

因此，相对不确定度为：

$$u_{rel}(L) = 0.408\,1/50.2 = 0.81\%$$

（四）宽度的测量所引起的不确定度 $u_{rel}(B)$

（1）根据标准规定，宽度的测量值精确到 0.5 mm，以矩形分布估计，则：

$$u_1(B) = 0.5/\sqrt{3} = 0.288\,6(\text{mm}) \quad (k = \sqrt{3})$$

（2）根据经验估计，由操作者引入的测量误差为 ±0.5 mm，以矩形分布估计，则：

$$u_2(B) = 0.5/\sqrt{3} = 0.288\ 6(\text{mm}) \quad (k = \sqrt{3})$$

两者合成得长度测量的标准不确定度为：

$$u(B) = \sqrt{0.288\ 6^2 + 0.288\ 6^2} = 0.408\ 1(\text{mm})$$

因此，相对不确定度为：

$$u_{\text{rel}}(B) = 0.408\ 1/50.2 = 0.81\%$$

（五）不确定度分量汇总表

不确定度分量汇总如表 1-7 所示。

表 1-7　不确定度分量汇总表

测量不确定度来源		误差限	分布	$u(x)$ (mm)	$u_{\text{rel}}(x)$ (%)	c_i	$u_{i\text{rel}}(y)$ (%)
1	重复性				3.60	1	3.60
2	压力测量				0.53	1	0.53
	仪器测量	1.0%	正态		0.51		
	仪器校准	0.3%	正态		0.15		
	测量读数	0.01%	矩形		0.005 8		
3	长度测量				0.81	1	0.81
	标准规定	0.5	矩形	0.288 6			
	人员测量	0.5	矩形	0.288 6			
4	宽度测量				0.81	1	0.81
	标准规定	0.5	矩形	0.288 6			
	人员测量	0.5	矩形	0.288 6			
合成不确定度：$u_{\text{crel}} = 3.81\%$ $u_c = 3.27$ MPa							

四、合成测量不确定度

合成测量不确定度为：

$$u_{\text{crel}} = \sqrt{u_{\text{rel}}^2(P) + u_{\text{rel}}^2(F) + u_{\text{rel}}^2(L) + u_{\text{rel}}^2(B)} = 3.81\%$$

五、测量结果

测量结果为：

$$P(x) = 85.93\ \text{MPa}$$

合成标准不确定度为：

$$u_c = P(x)u_{\text{crel}} = 85.93\ \text{MPa} \times 3.81\% = 3.27\ \text{MPa}$$

六、扩展不确定度

取包含因子 $k=2$，置信概率为95%，则：

$$u = ku_c = 2 \times 3.27\ \text{MPa} = 6.54\ \text{MPa}$$

七、测量不确定度的报告

干燥压缩强度：

$$P = (85.93 \pm 6.54)\ \text{MPa}$$

其中扩展不确定度 $u=6.54$ MPa 是由合成标准不确定度 $u_c=3.27$ MPa 乘以包含因子 $k=2$ 得到的。

第五节　石材压缩强度的检测

本节主要介绍天然石材干燥、水饱和、冻融循环后压缩强度试验所用的设备及量具、试样、试验步骤、结果计算和试验报告，适用于天然石材压缩强度的检测。

一、设备及量具

（一）材料试验机

具有球形支座并能满足试验要求，示值相对误差不超过±1%。试样破坏载荷应在示值的20%～90%范围内。

（二）游标卡尺

读数值为0.10 mm。

（三）万能角度尺

精度为2′。

（四）电热鼓风干燥箱

温度可控制在（105±2）℃范围内。

（五）冷冻箱

温度可控制在（－20±2）℃范围内。

二、试样

（一）试样尺寸

边长50 mm的正方体或 ϕ50 mm×50 mm的圆柱体；尺寸偏差±0.5 mm。

（二）试样数量

每种试验条件下的试样取5个为一组。若进行干燥、水饱和、冻融循环后的垂直和平行层理的压缩强度试验需制备试样30个。

（三）标记

有层理方向的试样应标明层理方向。

有些石材，如花岗石，其分裂方向可分为下列三种：

(1)裂理(rift)方向:最易分裂的方向。

(2)纹理(grain)方向:次易分裂的方向。

(3)源粒(head - grain)方向:最难分裂的方向。

如需要测定此三个方向的压缩强度,则应在矿山取样,并将试样的裂理方向、纹理方向和源粒方向标记清楚。

(四)试样制作要求

试样两个受力面应平行、光滑,相邻面夹角应为90°±0.5°,试样上不得有裂纹、缺棱和缺角。

三、试验步骤

(一)干燥状态压缩强度

将试样在(105±2)℃的干燥箱内干燥24 h后,放入干燥器中冷却至室温。用游标卡尺分别测量试样两受力面的边长或直径并计算其面积,以两个受力面面积的平均值作为试样受力面面积,边长测量值精确到0.5 mm。

将试样放置于材料试验机下压板的中心部位,施加载荷至试样破坏并记录试样破坏时的载荷值,读数值准确到500 N。加载速率为(1 500±100)N/s或压板移动的速率不超过1.3 mm/min。

(二)水饱和状态压缩强度

将试样放置于(20±2)℃的清水中,浸泡48 h后取出,用拧干的湿毛巾擦去试样表面水分。用游标卡尺分别测量试样两受力面的边长或直径并计算其面积,以两个受力面面积的平均值作为试样受力面面积,边长测量值精确到0.5 mm。

将试样放置于材料试验机下压板的中心部位,施加载荷至试样破坏并记录试样破坏时的载荷值,读数值准确到500 N。加载速率为(1 500±100)N/s或压板移动的速率不超过1.3 mm/min。

(三)冻融循环后压缩强度

用清水洗净试样,并将其置于(20±2)℃的清水中浸泡48 h,取出后立即放入(-20±2)℃的冷冻箱内冷冻4 h,再将其放入流动的清水中融化4 h。反复冻融25次后用拧干的湿毛巾将试样表面水分擦去。用游标卡尺分别测量试样两受力面的边长或直径并计算其面积,以两个受力面面积的平均值作为试样受力面面积,边长测量值精确到0.5 mm。

将试样放置于材料试验机下压板的中心部位,施加载荷至试样破坏并记录试样破坏时的载荷值,读数值准确到500 N。加载速率为(1 500±100)N/s或压板移动的速率不超过1.3 mm/min。

四、结果计算

压缩强度按下式计算:

$$P = \frac{F}{S}$$

式中 P——压缩强度,MPa;

F——试样破坏载荷,N;

S——试样受力面面积,mm^2。

以每组试样压缩强度的算术平均值作为该条件下的压缩强度,数值修约到1 MPa。

五、试验报告

试验报告应包含以下内容:

(1)该组试样压缩强度的平均值和标准偏差。

(2)试样名称、品种、编号及数量。

(3)试样层理方向、状态等。

第六节　石材弯曲强度的检测

本节主要介绍天然石材干燥、水饱和、冻融循环后弯曲强度试验所用的设备及量具、试样、试验步骤、结果计算和试验报告,适用于天然石材弯曲强度的检测。

一、设备及量具

(一)材料试验机

示值相对误差不超过±1%,试样破坏载荷在示值的20%~90%范围内。

(二)游标卡尺

读数值为0.10 mm。

(三)万能角度尺

精度为2′。

(四)电热鼓风干燥箱

温度可控制在(105±2)℃范围内。

(五)冷冻箱

温度可控制在(−20±2)℃范围内。

二、试样

试样厚度(H)可按实际情况确定。当试样厚度≤68 mm时宽度为100 mm;当试样厚度>68 mm时宽度为1.5H。试样长度为10H+50 mm。长度尺寸偏差±1 mm,宽度、厚度尺寸偏差±0.3 mm。例如,试样厚度为30 mm时,试样长度为10×30 mm + 50 mm = 350 mm;宽度为100 mm。

试样上应标明层理方向,试样两个受力面应平整且平行,正面与侧面夹角应为90°±0.5°。试样不得有裂纹、缺棱和缺角。在试样上下两面分别标记出支点的位置(见图1-1)。

每种试验条件下的试样取5个为一组。若进行干燥、水饱和、冻融循环后的垂直和平行层理的弯曲强度试验应制备30个试样。

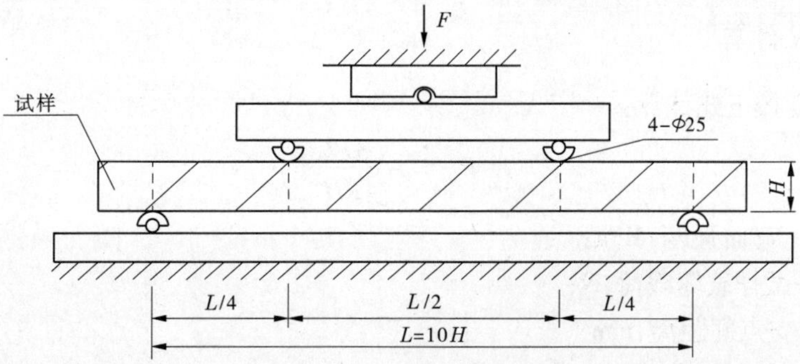

图 1-1　石材弯曲强度的检测

三、试验步骤

(一) 干燥状态弯曲强度

在(105 ± 2)℃的干燥箱内将试样干燥 24 h 后,放入干燥器中冷却至室温。

调节支架下支座之间的距离($L = 10H$)和上支座之间的距离($L/2$),误差在 ±1.0 mm 内。按照试样上标记的支点位置将其放在上下支架之间,一般情况下应使试样装饰面处于弯曲拉伸状态,即装饰面朝下放在下支架支座上(见图 1-1)。以每分钟(1 800 ± 50) N 的速率对试样施加载荷至试样破坏,记录试样破坏载荷值(F),精确到 10 N。

用游标卡尺测量试样断裂面的宽度(K)和厚度(H),精确至 0.1 mm。

(二) 水饱和状态弯曲强度

将试样放在(20 ± 2)℃的清水中浸泡 48 h 后取出,用拧干的湿毛巾擦去试样表面水分,立即进行试验。

调节支架下支座之间的距离($L = 10H$)和上支座之间的距离($L/2$),误差在 ±1.0 mm 内。按照试样上标记的支点位置将其放在上下支架之间,一般情况下应使试样装饰面处于弯曲拉伸状态,即装饰面朝下放在下支架支座上(见图 1-1)。以每分钟(1 800 ± 50) N 的速率对试样施加载荷至试样破坏,记录试样破坏载荷值(F),精确到 10 N。

用游标卡尺测量试样断裂面的宽度(K)和厚度(H),精确至 0.1 mm。

(三) 冻融循环后弯曲强度

用清水洗净试样,并将其置于(20 ± 2)℃的清水中浸泡 48 h,取出后立即放入(−20 ± 2)℃的冷冻箱内冷冻 4 h,再将其放入流动的清水中融化 4 h。反复冻融 25 次后用拧干的湿毛巾将试样表面水分擦去,立即进行试验。

调节支架下支座之间的距离($L = 10H$)和上支座之间的距离($L/2$),误差在 ±1.0 mm 内。按照试样上标记的支点位置将其放在上下支架之间,一般情况下应使试样装饰面处于弯曲拉伸状态,即装饰面朝下放在下支架支座上(见图 1-1)。以每分钟(1 800 ± 50) N 的速率对试样施加载荷至试样破坏,记录试样破坏载荷值(F),精确到 10 N。

用游标卡尺测量试样断裂面的宽度(K)和厚度(H),精确至 0.1 mm。

四、结果计算

弯曲强度按下式计算：

$$P_w = -\frac{3FL}{4KH^2}$$

式中 P_w——弯曲强度，MPa；

F——试样破坏载荷，N；

L——支点间距离，mm；

K——试样宽度，mm；

H——试样厚度，mm。

以每组试样弯曲强度的算术平均值作为弯曲强度，数值修约到0.1 MPa。

五、试验报告

试验报告应包含以下内容：

(1)该组试样弯曲强度的平均值和标准偏差。

(2)试样名称、品种、编号及数量。

(3)试样层理方向、状态等。

第七节 石材体积密度和吸水率的检测

本节主要介绍天然石材体积密度、吸水率试验所用的设备及量具、试样、试验步骤、结果计算和试验报告，适用于天然石材体积密度、吸水率的检测。

一、设备及量具

(一)电热鼓风干燥箱

温度可控制在(105±2)℃范围内。

(二)天平

最大称量1 000 g，感量10 mg。

二、试样

试样为边长50 mm的正方体或直径、高度均为50 mm的圆柱体，尺寸偏差±0.5 mm。每组5块。试样不允许有裂纹。

现场抽样如不能提供50 mm的正方体，可使用50 mm×50 mm×实际厚度的试样代替，并在报告中注明。

三、试验步骤

将试样置于(105±2)℃的干燥箱内干燥至恒重，连续两次质量之差小于0.02%，放入干燥器中冷却至室温。称其质量(m_0)，精确至0.02 g。

将试样放在(20±2)℃的蒸馏水中浸泡48 h后取出,用拧干的湿毛巾擦去试样表面水分。立即称其质量(m_1),精确至0.02 g。

立即将水饱和的试样置于网篮中并将网篮与试样一起浸入(20±2)℃的蒸馏水中,称试样在水中质量(m_2),精确至0.02 g。称量装置见图1-2。注意在称量时须先小心除去附着在网篮和试样上的气泡,并去除网篮在水中的质量。图1-2为最基本的天平装置,可使用同等或更高精度的电子天平。

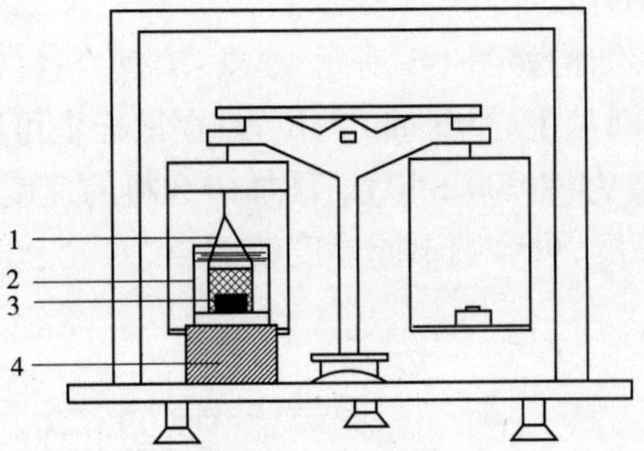

1—网篮;2—烧杯;3—试样;4—支架

图1-2　称量装置

四、结果计算

体积密度ρ_b(g/cm³)按下式计算:

$$\rho_b = \frac{m_0 \rho_w}{m_1 - m_2}$$

吸水率W_a(%)按下式计算:

$$W_a = \frac{m_1 - m_0}{m_0} \times 100\%$$

式中　m_0——干燥试样在空气中的质量,g;

m_1——水饱和试样在空气中的质量,g;

m_2——水饱和试样在水中的质量,g;

ρ_w——室温下蒸馏水的密度,g/cm³。

计算每组试样体积密度、吸水率的算术平均值作为试验结果。体积密度取三位有效数字,吸水率取两位有效数字。

五、试验报告

试验报告应包含以下内容:

(1)该组试样体积密度、吸水率的平均值和标准偏差。

(2)试样名称、品种、编号及数量。

第八节 石材耐磨性的检测

本节介绍一种用于评定石材抗脚踏磨损的试验方法，适用于石材耐磨性的检测。

一、试验设备

(一)石材耐磨试验机

石材耐磨试验机外形结构如图1-3所示，要求：磨盘直径(254±1) mm，转速(45±1) r/min；4个试样放置在距圆盘中心90 mm的位置；在试样上可以调节载重，载重调节装置合计总重(含样品夹重量)为(2 000±50) g；添加研磨料的速度为60~70 g/min；垂直轴在垂直方向可以自由调整高度，可容纳不同厚度的试样。

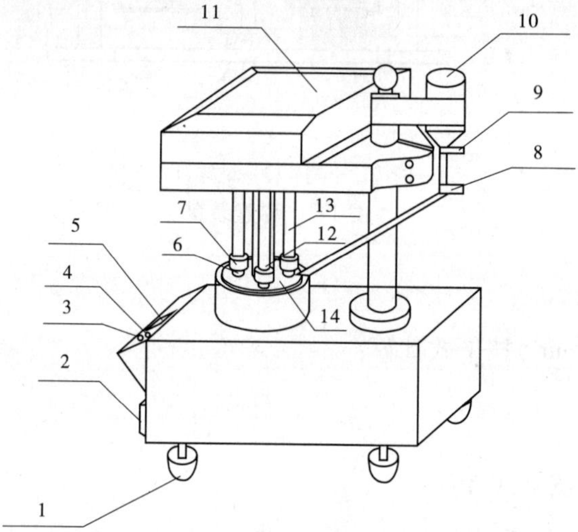

1—地脚螺钉；2—电源开关；3—停止按钮；4—启动按钮；5—光电计数器；6—试样；7—试样夹；8—磨料流量调节器；9—开关阀门；10—磨料漏斗；11—盒盖(内含传动齿轮)；12—转动套；13—垂直轴；14—磨盘

图1-3 石材耐磨试验机外形结构

(二)电热鼓风干燥箱

温度可控制在(105±2)℃范围内。

(三)天平

最大称量1 000 g，感量10 mg。

二、试样

选取具有代表性的石材样品，所采样品大小应可供制作4个(50±0.5) mm的试样，样品必须有一面为镜面或细面。

每组试样为4个，长度、宽度为(50±0.5) mm，厚度为15~55 mm，试样被磨损面的棱应进行适当倒角。

三、试验步骤

将试样置于温度(105 ±5)℃的电热鼓风干燥箱中干燥 24 h 后,置于干燥器中冷却至室温。称干燥试样的质量,准确至 0.02 g。

将试样安装在耐磨试验机中,以符合 GB/T 2479 标准要求的粒度为 0.25 mm 的白刚玉作为研磨料。试验前在磨盘上均匀撒一层研磨料,支空试样,然后在磨盘上连续研磨 225 转。取出试样刷清粉尘,称其质量,准确至 0.02 g。

将试样放在水中 1 h,然后按上一节规定的方法测量计算试样的体积密度。

四、结果计算

按以下公式计算每一试样的耐磨性(耐磨度):

$$H_a = \frac{10G(2\,000 + W_s)}{2\,000W_a}$$

式中 H_a——耐磨性,1/cm³;

G——试样的体积密度,g/cm³;

W_s——试样的平均质量(研磨前后的质量之和除以 2),g;

W_a——研磨后质量损失,g。

以各试样测定结果的平均值,作为报告耐磨性值,并给出试验结果的最大值和最小值作为参考,结果取两位有效数字。

五、试验报告

试验报告应包含以下内容:

(1)该组试样耐磨性的平均值和标准偏差。

(2)该组试样耐磨性的最大值和最小值。

(3)试样名称、品种、编号及数量。

第九节 石材防滑性的检测

本节介绍地面石材防滑性能等级划分及试验方法,适用于实验室和现场石材防滑性的检测,进行防滑处理后的石材也可参照采用。本节内容不适用于工业劳动区域及被污染的区域。

一、定义和等级划分

(一)定义

防滑系数(Coefficient of slip-resistance):物体克服最大静摩擦力,刚好产生滑动时的切向力与垂直力的比值。

(二)等级划分

按照防滑系数的不同,将石材防滑性能划分为三个等级,见表 1-8。

表 1-8　石材防滑性能等级划分

防滑等级	不安全	安全	非常安全
防滑系数	<0.50	0.50~0.79	≥0.80

二、试验区域及样品

试验区域及样品不能小于 100 mm×100 mm。每次试验前样品表面应保持清洁。

试验区域及样品应分别进行湿态和干态试验，每组试验至少进行 3 个试验样品的测试。

现场检测时，同一个地面、同种石材、同种石材加工饰面进行一组测试。

三、仪器和材料

防滑性试验使用如下仪器设备和材料：

(1)水平拉力计，最小分度 0.1 N。

(2)一个 50 N 的重块。

(3)聚氨酯耐磨合成橡胶，IRD 硬度 90±2。

(4)400 号碳化硅耐水砂纸，符合 JB/T 7499 标准要求。

(5)软毛刷。

(6)P220 号碳化硅砂，应符合 GB/T 9258 标准要求。

(7)一块 150 mm×150 mm×5 mm 和一块 100 mm×100 mm×5 mm 的浮法玻璃板。

(8)蒸馏水。

四、试验步骤

(一)滑块制作

由一块 75 mm×75 mm×3 mm 的聚氨酯耐磨合成橡胶(IRD 硬度 90±2)粘在一块 200 mm×200 mm×20 mm 的木块中央位置，组成滑块组件，木块侧面中心位置固定一个环首螺钉，用于与拉力计连接。

(二)滑块的处理

把一张 400 号碳化硅砂纸平铺在工作平台上，沿水平方向拉动滑块组件直至橡胶表面失去光泽，用软毛刷刷去碎屑，备用。

(三)校正

将 150 mm×150 mm×5 mm 的玻璃板放在一个工作平台上，在其表面撒上少量碳化硅砂并滴几滴水，以 100 mm×100 mm×5 mm 的玻璃板为研磨工具，以圆周运动进行研磨直至大玻璃板表面完全变成半透明状态。

用清水洗净大玻璃板表面，擦净，在空气中干燥，作为校正板备用。

将准备好的校正板放在一个水平的工作台上，将滑块组件放在糙面上，水平拉力计挂钩挂在滑块组件的环首螺钉上，在滑块组件上面的中心位置放置一个 50 N 的重块，固定校正板，使拉力计的拉杆和环首螺钉保持在同一条水平线上，立即缓慢拉动拉力计至滑块组件恰好发生移动，记录下此时的拉力值，准确至0.1 N。总共拉动4次，每次与上次拉动方向在水平面上呈90°角。

防滑系数校正值计算公式：

$$C = \frac{R_d}{nG}$$

式中 C——防滑系数校正值；

R_d——4次拉力读数之和，N；

n——拉动次数，取4次；

G——滑块组件加上50 N重块的总重力，N。

如果橡胶面打磨均匀，4个拉力读数应该基本一致，且校正值应在0.75 ±0.05范围内。在测试3个样品之前和之后均应重复校正过程并记录结果。如果前后的校正值不在0.75 ±0.05范围内，则应重新测试。

（四）干态表面测试

将测试面擦拭干净，必要时用清水洗净并干燥。将测试样品放在一个水平的工作台上，将滑块组件放在测试面上，水平拉力计挂钩挂在滑块组件的环首螺钉上，在滑块组件上面的中心位置放置一个50 N的重块，固定测试样品，使拉力计的拉杆和环首螺钉保持在同一条水平线上（见图1-4），3 s内立即缓慢拉动拉力计至滑块组件恰好发生移动，记录下此时的拉力值，准确至0.1 N。一个测试面上要拉动4次组件，每次与上次拉动方向在水平面上呈90°角，每进行一次拉动前就要用400号碳化硅砂纸对耐磨合成橡胶表面进行一次打磨并保持表面平整。记录所有读数。

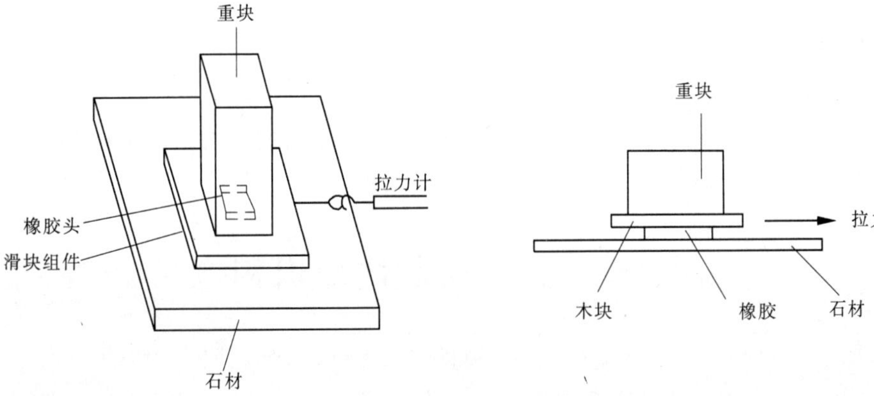

图1-4 石材防滑性的检测

（五）湿态表面测试

用蒸馏水将测试面和耐磨合成橡胶表面打湿。将测试样品放在一个水平的工作台上，将滑块组件放在测试面上，水平拉力计挂钩挂在滑块组件的环首螺钉上，在滑块组件上面的中心位置放置一个50 N的重块，固定测试样品，使拉力计的拉杆和环首螺钉保持在同一条水平线上（见图1-4），3 s内立即缓慢拉动拉力计至滑块组件恰好发生移动，记录下此时的拉力值，准确至0.1 N。一个测试面上要拉动4次组件，每次与上次拉动方向在水平面上呈90°角，每进行一次拉动前就要用400号碳化硅砂纸对耐磨合成橡胶表面进行一次打磨并保持表面平整。记录所有读数。

五、结果计算

用下列公式计算单个测试面或试验样品的防滑系数。

干态表面测试：

$$C_d = \frac{R_d}{nG}$$

湿态表面测试：

$$C_w = \frac{R_w}{nG}$$

式中 C_d——干态表面测试的防滑系数值；

C_w——湿态表面测试的防滑系数值；

R_d——干态表面测试4次拉力读数之和，N；

R_w——湿态表面测试4次拉力读数之和，N；

n——拉动次数，取4次；

G——滑块组件加上50 N重块的总重力，N。

以一组试验的平均值作为试验结果，保留两位有效数字。

六、试验报告

试验报告应包含以下内容：

(1)样品名称、尺寸、数量、种类。

(2)干态和湿态的单个测试面的防滑系数和一组试验的平均防滑系数。

(3)判定极限值时，采用修约值比较法。

第十节　石材放射性知识和检测

在自然界中，凡原子核不稳定，过一些时间自发地变成其他原子核的元素，称为放射性元素。放射性元素在衰变过程中放出一种特殊的射线，根据其不同的性质而被称为α、β、γ射线。放射性物质是一种不断衰变放出射线的特殊物质，它在地球形成时就已经存在了。随着科学技术的进步，环境中的放射性物质种类越来越多地被发现。对人类而言，放射性物质既是一种有前景的有用物质，又是一种潜在的有害物质。

一、石材中的放射性元素

石材是物质世界的组成部分，也是各种建筑材料的原料来源，同其他建筑材料一起构筑我们生存的空间。人类在具有放射性的环境中繁衍了几十万年,时时刻刻受到外来射线的辐射,已经是很正常、很自然的事情。建材产品的放射性水平属低剂量辐射,不可能在短期内很快导致确定性效应,有关夸大石材放射性的报道和传言是缺少理论与实践依据的。我们应以科学的观点正确对待石材的放射性问题,进而适当合理地选用石材,达到既美化家居,又能保证人身健康和安全的目的。

在天然石材中,主要的原生放射性核素是^{40}K(钾)、^{232}Th(钍)、^{226}Ra(镭)等,这也是所有建筑和装饰材料都含有的放射性物质,只是含量有所不同。所以说放射性不是只有石材才有的,所有建筑材料,包括水泥、砖瓦、砂石、陶瓷等都具有放射性,表1-9中列举了几种常用的建筑和装饰材料放射性物质含量。

表1-9　几种常用的建筑和装饰材料放射性物质含量

序号	样品名称	^{226}Ra (Bq/kg)	^{232}Th (Bq/kg)	^{40}K (Bq/kg)	内照射指数 (I_{Ra})	外照射指数 (I_{γ})
1	西班牙米黄大理石	2.46 ±1.61	1.08 ±0.89	0.00 ±0.00	0.01	0.01
2	银线米黄大理石	13.46 ±4.13	2.05 ±1.38	0.00 ±0.00	0.06	0.04
3	雅士白大理石	10.49 ±3.72	14.40 ±4.42	112.60 ±11.94	0.05	0.11
4	树挂冰花花岗石	99.20 ±9.74	98.00 ±9.71	1 568.80 ±157.04	0.50	1.01
5	丰镇黑花岗石	12.41 ±1.07	17.64 ±1.34	834.52 ±49.82	0.06	0.30
6	黑珍珠花岗石	27.98 ±5.17	15.89 ±3.92	60.30 ±5.96	0.14	0.15
7	桂林红花岗石	239.62 ±25.16	229.85 ±17.56	1 204.97 ±107.24	1.20	1.82
8	大啡珠花岗石	254.31 ±26.22	320.38 ±21.21	1 843.23 ±153.73	1.27	2.36
9	板岩P014	6.29 ±2.77	4.25 ±2.11	78.24 ±13.57	0.03	0.05
10	碎石	13.12 ±4.17	15.54 ±4.12	268.17 ±32.56	0.07	0.16
11	河砂	15.35 ±4.54	17.90 ±4.42	383.94 ±42.69	0.08	0.20
12	小型混凝土空心砌砖	13.24 ±4.19	24.26 ±5.19	538.70 ±19.33	0.07	0.26
13	硅酸盐墙体保温材料	46.24 ±9.15	55.26 ±7.35	304.52 ±33.35	0.23	0.41
14	瓷砖	34.29 ±7.26	72.15 ±9.31	465.12 ±49.58	0.17	0.48

二、放射性对人体的危害

建筑材料的放射性对人体的伤害，主要通过两个方面进行：一个是外照射，主要是 γ 射线电离辐射；另一个是内照射，主要是通过吸入放射性气体——氡，在体内近距离释放 α 射线，分解体内细胞而破坏生理平衡，对人体造成损坏。γ 射线能量较低，穿透能力很强，因为人类对地球的辐射长期适应而具有一定的免疫能力，所以外照射对人类的危害不是很明显，许多放射性较高的石材矿区祖祖辈辈生活着的人们并没有感到不适，而且寿命并不短，原因是已经适应了这种高辐射的环境。原生放射性核素 ^{238}U 在衰变过程中变成镭，镭不稳定衰变成氡，氡继续衰变，放出射线。氡是一种比空气更重的放射性气体，容易沉积在屋内低处，在不通风或人类长时间停留的环境中，很容易吸到体内从而危害人体健康。内照射对人类的危害程度最大，预防的唯一办法就是室内多通风，减少氡的吸入量。

大量的检验数据分析说明，常规大理石的放射性指标在 0.06 以下，远远低于标准规定的最大技术指标，与农田土壤的放射性指标类似，完全达到绿色产品的范围。除个别品种外，国产花岗石放射性绝大部分属于 A 类产品，而且大多要比标准指标低得多，放射性安全系数是足够大的。黑色花岗石放射性水平普遍比较低，接近大理石的放射性水平。带有黑色云母杂质的石材放射性水平较高，多见于部分粉红色石材；其他颜色的石材中，色斑、色线或黑色斑点密集的地方，放射性水平比正常要高。进口石材中，也只有少数品种放射性水平偏高。石材的放射性水平也存在不均匀性，同一块板材，外观花纹、色调有差异的地方放射性水平是不同的；不同批次的荒料之间放射性水平也会有差异，有些品种差异会非常大，例如进口品种“红钻”、“细啡珠”、“印度红”等花岗石，不同的批次分别出现了 A 类、B 类、C 类和大于 C 类的不同结果，类似的现象在其他少数品种中也存在。我国产的花岗石目前还未发现有 C 类以上的品种，多是 A 类，个别品种有时偏向 B 类。

虽然放射性标准中对花岗石的放射性规定了严格的分类控制指标，但并不是说 A 类石材就绝对安全，B 类石材就绝对不安全，这其中也有一个剂量的尺度；也不能说哪个石材品种就绝对绿色，哪种石材就绝对不安全，因为有些花岗石根据矿物成分变化，放射性从 A 类到 C 类都有。所以，实际使用中应针对该批量产品到有资质的检测单位进行检测，确定其确切的放射性含量，再根据其用途和用量采用灵活的防范意识。例如，内照射指数为 0.9 的 A 类花岗石用在室内一定要注意多通风，最好是不用在卧室等长期封闭使用的室内；对于用量不大的 B 类石材，例如内照射指数为 1.1 的花岗石作为窗台板或茶几板等用途放在卧室内也是未尝不可的。即使用了放射性水平较低的石材，也应对室内多通风，原因是墙地面等其他建筑装修材料同样会放出氡气。另外说明一点，建筑材料所含放射性物质的半衰期长达上亿年，是一个漫长的释放过程，不像家具中的甲醛、VOC 等有毒物质通过一段时间的挥发会降低浓度和毒害性，放射性是永远存在的。

总之，花岗石放射性并不可怕，正确使用和积极预防石材及其他建筑材料的放射性，会使我们的生活更加多彩。

三、花岗石放射性标准

我国 2002 年 1 月 1 日实施的 GB 6566—2001《建筑材料放射性核素限量》标准，对以水泥、砖瓦、砂石等为代表的建筑主体材料规定了严格的内照射和外照射指标，对以花岗石和建筑陶瓷为代表的装饰材料规定了内照射和外照射指标及相应的适用范围，具体内容见表1-10。标准中未提及大理石、石灰岩和板岩产品的放射性要求，原因是这类产品的放射性水平很低，远远低于标准指标要求，对人类是非常安全的。该标准对石材的放射性要求比原建材行业标准 JC 518—1993(96)《天然石材产品放射防护分类控制标准》要宽松，采用了原 GB 6566—2000《建筑材料放射卫生防护标准》内容，说明从卫生安全方面对石材的放射性要求并不高。2008 年，对 GB 6566—2001 标准进行了修订，从各方面总结了标准实施 6 年多的经验，再一次对装修材料的放射性要求进行了放宽：取消了石膏等装修材料的放射性要求，仅对建筑陶瓷、花岗石等装饰材料提出了分类要求，并且取消了花岗石大于 C 类的分类，原因是没有实际意义，同时对检测仪器设备的精度提高了要求。新修订的 GB 6566—2010 标准已经发布，定于 2011 年 7 月 1 日起实施。

表 1-10　装饰材料放射性分类控制指标

装饰材料	A 类	放射性比活度同时满足 $I_{Ra}\leq1.0$ 和 $I_{\gamma}\leq1.3$ 要求的为 A 类装饰材料。A 类装饰材料产销与使用范围不受限制
	B 类	不满足 A 类装饰材料要求但同时满足 $I_{Ra}\leq1.3$ 和 $I_{\gamma}\leq1.9$ 要求的为 B 类装饰材料。B 类装饰材料不可用于Ⅰ类民用建筑的内饰面，但可用于Ⅰ类民用建筑的外饰面及其他一切建筑物的内、外饰面
	C 类	不满足 A、B 类装饰材料要求但满足 $I_{\gamma}\leq2.8$ 要求的为 C 类装饰材料。C 类装饰材料只可用于建筑物的外饰面及室外其他用途
	大于 C 类	$I_{\gamma}>2.8$ 的花岗石只可用于碑石、海堤、桥墩等人类很少涉足的地方

(一)标准中有关术语和定义

建筑物(building)：供人类进行生产、工作、生活或其他活动的房屋或室内空间场所。根据建筑物用途不同，标准中将建筑物分为民用建筑物与工业建筑物两类。

民用建筑物(civil building)：供人类居住、工作、学习、娱乐及购物等的建筑物。标准中将民用建筑分为以下两类。

Ⅰ类民用建筑物：如住宅、老年公寓、托儿所、医院和学校等。

Ⅱ类民用建筑物：如商场、体育馆、书店、宾馆、办公楼、图书馆、文化娱乐场所、展览馆和公共交通等候室等。

工业建筑物(industrial building)：供人类进行生产活动的建筑物。如生产车间、包装车间、维修车间和仓库等。

内照射指数(internal exposure index)：标准中内照射指数是指建筑材料中天然放射性核素镭 - 226 的放射性比活度除以标准规定的限量而得的商。表达式为：

$$I_{Ra}=\frac{C_{Ra}}{200}$$

式中　I_{Ra}——内照射指数；

C_{Ra}——建筑材料中天然放射性核素镭－226的放射性比活度，Bq/kg；

200——仅考虑内照射情况下，标准规定的建筑材料中放射性核素镭－226的放射性比活度限量，Bq/kg。

外照射指数(external exposure index)：标准中外照射指数是指建筑材料中天然放射性核素镭－226、钍－232和钾－40的放射性比活度分别除以其各自单独存在时标准规定的限量而得的商之和。表达式为：

$$I_{\gamma} = \frac{C_{Ra}}{370} + \frac{C_{Th}}{260} + \frac{C_{K}}{4\ 200}$$

式中 I_{γ}——外照射指数；

C_{Ra}、C_{Th}、C_{K}——建筑材料中天然放射性核素镭－226、钍－232和钾－40的放射性比活度，Bq/kg；

370、260、4 200——仅考虑外照射情况下，标准规定的建筑材料中天然放射性核素镭－226、钍－232和钾－40在其各自单独存在时的放射性比活度限量，Bq/kg。

放射性比活度(specific activity)：指物质中的某种核素放射性活度除以该物质的质量而得的商。表达式为：

$$C = \frac{A}{m}$$

式中 C——放射性比活度，Bq/kg；

A——核素放射性活度，Bq；

m——物质的质量，kg。

(二)标准规定的花岗石技术指标

标准中规定陶瓷和花岗石等装饰材料按放射性水平大小划分为三类，分别适用于不同的建筑物，如表1-10所示。

(三)放射性检测

主要检测仪器使用低本底多道γ能谱仪，配备碎样机和天平。

随机抽取样品两份，每份不少于3 kg。一份密封保存，另一份作为检验样品。

将检验样品破碎，磨细至粒径不大于0.16 mm。将其放入与标准样品几何形态一致的样品盒中，称重(精确至1 g)，密封待测。

当检验样品中天然放射性衰变链基本达到平衡后，在与标准样品测量条件相同情况下，采用低本底多道γ能谱仪对其进行镭－226、钍－232和钾－40放射性比活度测量。

当样品中镭－226、钍－232、钾－40放射性比活度之和大于37 Bq/kg时，标准规定的试验方法要求测量不确定度(扩展因子 $K=1$)不大于20%。

第二章　石材产品检测及控制

第一节　花岗石建筑板材

一、花岗石定义和分类及等级

(一)定义

花岗石:商业上指以花岗岩为代表的一类石材,包括岩浆岩和各种硅酸盐类变质岩石材。花岗石按材质的物理性能分为一般用途和功能用途。

一般用途花岗石:用于一般性的装饰场合,对理化性能要求较宽松的花岗石。

功能用途花岗石:用于具有承载或传递载荷等方面要求的场合,对理化性能要求较高的花岗石。

(二)分类

(1)按照建筑装饰用途分为:

建筑板材:用于建筑装饰用的天然石材板。通常厚度低于 50 mm,厚度大于 12 mm 的称为厚板,厚度在 8 ~ 12 mm 的称为薄板,厚度小于 8 mm 的称为超薄板。

广场路面石:用于广场地面、路面或路缘铺设用的天然石材。通常使用花岗石,厚度大于 50 mm。

异型石材:加工成特殊的非平面外形的石材。通常有球体、花线和实心柱体。

(2)按照表面加工分为:

粗面板(CM):表面平整粗糙的板材。通常采用斧剁、锤击、烧毛、机刨、酸蚀、仿古、喷砂、水喷、劈裂等工艺形成。

细面板(亚光板)(YG):表面平整光滑的板材。

镜面板(抛光板)(JM):表面平整,具有镜面光泽的板材。

(3)按加工形状分为:

毛光板(MG):有一面经抛光具有镜面效果的毛板。

普型板(PX):正方形或长方形的建筑板材。规定尺寸的普型板称为规格板,石材规格板尺寸见表 2-1。

圆弧板(HM):装饰面轮廓线的曲率半径处处相同的建筑板材。

异型板(YX):普型板和圆弧板以外的其他形状建筑板材。

表 2-1　石材规格板尺寸　　(单位:mm)

边长系列	300[a]、305[a]、400、500、600[a]、800、900、1 000、1 200、1 500、1 800
厚度系列	10[a]、12、15、18、20[a]、25、30、35、40、50

注:a 表示常用规格。

(4)按照安装工艺分为：

干挂石材：采用金属挂件将石材牢固悬挂在结构体上形成饰面的石材。

湿贴石材：使用水泥基或树脂基胶粘剂直接粘贴在结构体上形成饰面的石材。

(三)等级

优等品(A)。

一等品(B)。

合格品(C)。

二、花岗石建筑板材技术要求

(一)一般技术要求

天然花岗石建筑板材的岩矿结构应符合商业花岗石的定义范畴，规格尺寸一般选用规格板或推荐规格，可大大提高生产效率和出材率，降低成本和价格。圆弧板、异型板和特殊要求的普型板规格尺寸由供需双方协商确定，并在合同或加工图纸中明确。

(二)加工质量

毛光板平面度公差和厚度偏差应符合表 2-2 的规定。

表 2-2　毛光板平面度公差和厚度偏差　　(单位：mm)

项目		技术指标					
		镜面和细面板材			粗面板材		
		优等品	一等品	合格品	优等品	一等品	合格品
平面度		0.80	1.00	1.50	1.50	2.00	3.00
厚度	≤12	±0.5	±1.0	+1.0 -1.5	—		
	>12	±1.0	±1.5	±2.0	+1.0 -2.0	±2.0	+2.0 -3.0

普型板规格尺寸允许偏差应符合表 2-3 的规定。

表 2-3　普型板规格尺寸允许偏差　　(单位：mm)

项目		技术指标					
		镜面和细面板材			粗面板材		
		优等品	一等品	合格品	优等品	一等品	合格品
长度、宽度		0 -1.0		0 -1.5	0 -1.0		0 -1.5
厚度	≤12	±0.5	±1.0	+1.0 -1.5	—		
	>12	±1.0	±1.5	±2.0	+1.0 -2.0	±2.0	+2.0 -3.0

圆弧板壁厚最小值应不小于 18 mm，规格尺寸允许偏差应符合表 2-4 的规定。圆弧板各部位名称及尺寸标注如图 2-1 所示。

表 2-4　圆弧板规格尺寸允许偏差　　（单位：mm）

<table>
<tr><th rowspan="3">项目</th><th colspan="6">技术指标</th></tr>
<tr><th colspan="3">镜面和细面板材</th><th colspan="3">粗面板材</th></tr>
<tr><th>优等品</th><th>一等品</th><th>合格品</th><th>优等品</th><th>一等品</th><th>合格品</th></tr>
<tr><td>弦长</td><td colspan="2" rowspan="2">0
-1.0</td><td rowspan="2">0
-1.5</td><td>0
-1.5</td><td>0
-2.0</td><td>0
-2.0</td></tr>
<tr><td>高度</td><td>0
-1.0</td><td>0
-1.0</td><td>0
-1.5</td></tr>
</table>

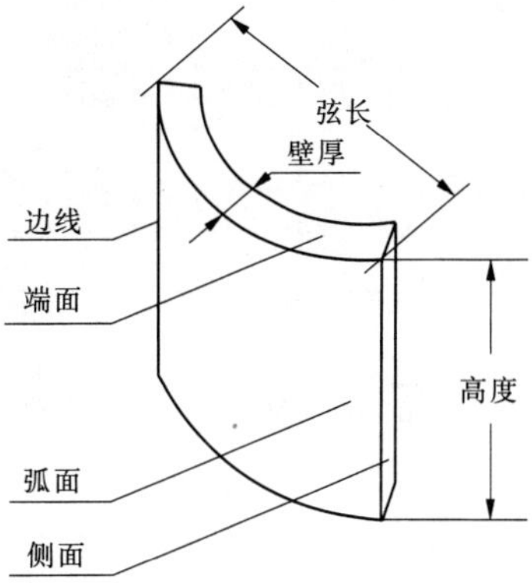

图 2-1　圆弧板部位名称及尺寸标注

普型板平面度允许公差应符合表 2-5 的规定。

表 2-5　普型板平面度允许公差　　（单位：mm）

<table>
<tr><th rowspan="3">板材长度（L）</th><th colspan="6">技术指标</th></tr>
<tr><th colspan="3">镜面和细面板材</th><th colspan="3">粗面板材</th></tr>
<tr><th>优等品</th><th>一等品</th><th>合格品</th><th>优等品</th><th>一等品</th><th>合格品</th></tr>
<tr><td>L≤400</td><td>0.20</td><td>0.35</td><td>0.50</td><td>0.60</td><td>0.80</td><td>1.00</td></tr>
<tr><td>400 < L≤800</td><td>0.50</td><td>0.65</td><td>0.80</td><td>1.20</td><td>1.50</td><td>1.80</td></tr>
<tr><td>L >800</td><td>0.70</td><td>0.85</td><td>1.00</td><td>1.50</td><td>1.80</td><td>2.00</td></tr>
</table>

圆弧板直线度与线轮廓度允许公差应符合表 2-6 的规定。

表 2-6　圆弧板直线度与线轮廓度允许公差　　　(单位:mm)

项目		技术指标					
		镜面和细面板材			粗面板材		
		优等品	一等品	合格品	优等品	一等品	合格品
直线度（按板材高度）	≤800	0.80	1.00	1.20	1.00	1.20	1.50
	>800	1.00	1.20	1.50	1.50	1.50	2.00
线轮廓度		0.80	1.00	1.20	1.00	1.50	2.00

普型板角度允许公差应符合表 2-7 的规定。

表 2-7　普型板角度允许公差　　　(单位:mm)

板材长度(*L*)	技术指标		
	优等品	一等品	合格品
$L \leqslant 400$	0.30	0.50	0.80
$L > 400$	0.40	0.60	1.00

圆弧板端面角度允许公差:优等品为 0.40 mm,一等品为 0.60 mm,合格品为 0.80 mm。圆弧板侧面角 α 应不小于 90°。

普型板拼缝板材正面与侧面的夹角不得大于 90°。镜面板材的镜向光泽度应不低于 80 光泽单位,圆弧板光泽度和其他特殊需要由供需双方协商确定。

(三)外观质量

同一批板材的色调应基本调和,花纹应基本一致。板材正面的外观缺陷应符合表 2-8的规定,毛光板外观缺陷不包括缺棱和缺角。

表 2-8　板材正面的外观缺陷规定

<table>
<tr><th rowspan="2">缺陷名称</th><th rowspan="2">规定内容</th><th colspan="3">技术指标</th></tr>
<tr><th>优等品</th><th>一等品</th><th>合格品</th></tr>
<tr><td>缺棱</td><td>长度≤10 mm,宽度≤1.2 mm(长度<5 mm,宽度<1.0 mm 不计),周边每米长允许个数(个)</td><td rowspan="5">0</td><td rowspan="3">1</td><td rowspan="3">2</td></tr>
<tr><td>缺角</td><td>沿板材边长,长度≤3 mm,宽度≤3 mm(长度≤2 mm,宽度≤2 mm 不计),每块板允许个数(个)</td></tr>
<tr><td>裂纹</td><td>长度不超过两端顺延至板边总长度的 1/10(长度<20 mm 不计),每块板允许条数(条)</td></tr>
<tr><td>色斑</td><td>面积≤15 mm×30 mm(面积<10 mm×10 mm 不计),每块板允许个数(个)</td><td rowspan="2">2</td><td rowspan="2">3</td></tr>
<tr><td>色线</td><td>长度不超过两端顺延至板边总长度的 1/10(长度<40 mm 不计),每块板允许条数(条)</td></tr>
</table>

注:干挂板材不允许有裂纹存在。

（四）物理性能

天然花岗石建筑板材的物理性能指标应符合表 2-9 的规定；工程对石材物理性能项目及指标有特殊要求的，按工程要求执行。天然花岗石建筑板材的放射性应符合 GB 6566 的规定。

表 2-9　天然花岗石建筑板材的物理性能指标

项目		技术指标	
		一般用途	功能用途
体积密度（g/cm^3），≥		2.56	2.56
吸水率（%），≤		0.60	0.40
压缩强度（MPa），≥	干燥	100	131
	水饱和		
弯曲强度（MPa），≥	干燥	8.0	8.3
	水饱和		
耐磨性[a]（$1/cm^3$），≥		25	25

注：a 表示使用在地面、楼梯踏步、台面等严重踩踏或磨损部位的花岗石石材应检验此项。

三、试验方法

（一）岩矿分析

1. 原理

通过肉眼和显微镜观察，根据岩石中矿物的物理特征、光学性质特征确定矿物成分、结构构造，判定石材的岩石学性质和属相。

2. 试验设备

岩石切片机、岩石磨片机、偏光显微镜等。

3. 制样

样品应有足够的尺寸以能够代表待检矿物的特征，应备有一个或多个样品薄片，将薄片粘贴在玻璃载片上，经由 100 ~ 10 μm 等级的氧化铝研磨膏进行研磨，加工成（0.030 ±0.005）mm厚。

通常情况下，试样尺寸为 33 mm × 20 mm，但如果石材颗粒较大，则宜采用较大尺寸的试样，如 75 mm × 50 mm，或采用多个通常状况下的样品。如果岩石呈现各向异性的特征，则有必要按每种纹理方向进行制样。

所选样品应具有较高的强度，以便在切割时不发生碎裂。对强度较低的样品，采用注入折射率大约为 1.54 的树脂（如环氧树脂）加固后制样。

4. 肉眼观察描述

肉眼观察描述应包括以下内容：

（1）颜色。

(2)构造特征。

(3)结构特征,如大颗粒、中颗粒、小颗粒。

(4)表面状况,如缝隙、微孔(洞)、化石、风化程度、蚀变等。

5. 微观观察描述

微观观察描述应包括以下内容:

(1)微观构造特征。

(2)矿物和结构特征:

①矿物种类;

②含量;

③大小;

④形态;

⑤接触关系;

⑥分布状态;

⑦斑晶和基质特征;

⑧风化和蚀变特征等。

6. 判定

借助肉眼和显微镜对岩石颗粒、构造和矿物组分等观测所得出的数据,确定其岩石种类,对照 GB/T 13890 给出石材样品的商业种类。

如果岩石的岩相学描述不能够给岩相判定提供足够的依据,则需要借助其他分析方法进行确定,如 X 光衍射分析。

7. 检验报告

检验报告至少包括以下内容:

(1)报告编号。

(2)所依据的标准编号。

(3)肉眼观测描述。

(4)显微镜观测描述。

(5)对照 GB/T 13890 做出的岩相判定。

(二)加工质量

1. 毛光板

1)平面度

将平面度公差为 0.1 mm 的 1 000 mm 钢平尺分别自然贴放在距板边 15 mm 处和被检平面的两条对角线上,用塞尺测量尺面与板面的间隙。当被检边长或对角线长度大于 1 000 mm 时,用钢平尺沿边长和对角线分段检测,重叠位置不小于钢平尺长度的 1/3。以最大间隙的测量值表示毛光板的平面度公差,测量值精确到 0.05 mm。

2)厚度

用游标卡尺或能满足精度要求的量器具测量毛光板的厚度,测量 4 条边的中点部位(见图 2-2)。分别用测量值与标称值之间偏差的最大值和最小值表示毛光板厚度的尺寸偏差,测量值精确到 0.1 mm。

2. 普型板规格尺寸

用游标卡尺或能满足精度要求的量器具测量板材的长度、宽度、厚度。长度、宽度分别在板材的三个部位测量(见图 2-3),厚度测量 4 条边的中点部位(见图 2-2)。分别用测量值与标称值之间偏差的最大值和最小值表示长度、宽度、厚度的尺寸偏差,测量值精确到 0.1 mm。

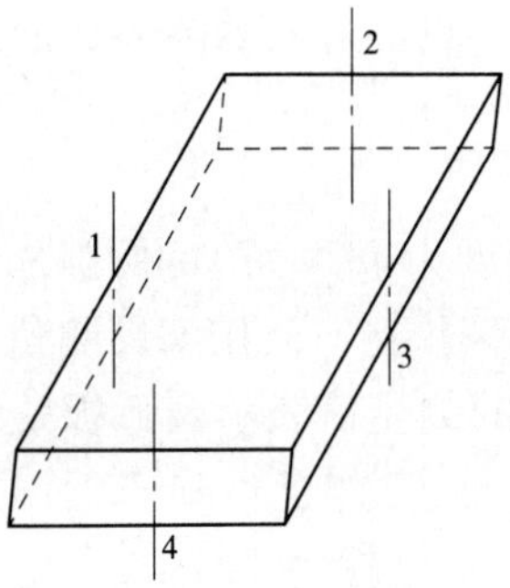

1,2,3,4—厚度测量线

图 2-2　板材厚度测量

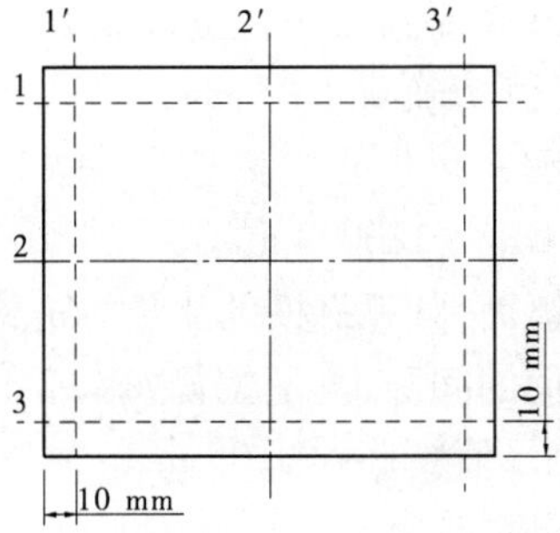

1,2,3—长度测量线;1′,2′,3′—宽度测量线

图 2-3　板材规格尺寸测量

3. 圆弧板规格尺寸

用游标卡尺或能满足测量精度要求的量器具测量圆弧板的弦长、高度及最小壁厚。在圆弧板的两端面处测量弦长(见图 2-1),在圆弧板端面与侧面测量壁厚(见图 2-1);圆弧板高度测量部位如图 2-4 所示。分别用测量值与标称值之间偏差的最大值和最小值表示弦长、高度及壁厚的尺寸偏差,测量值精确到 0.1 mm。

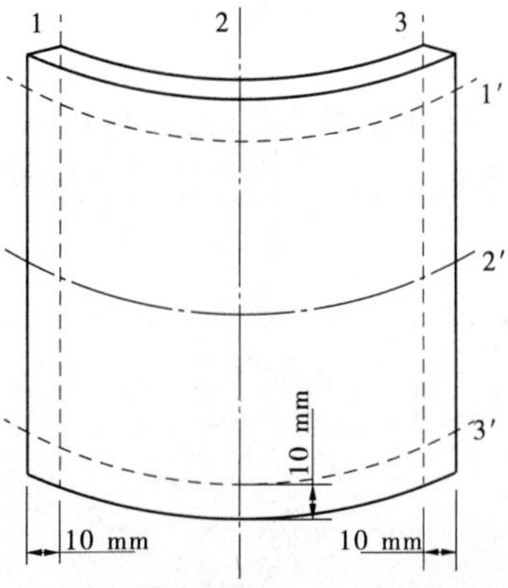

1,2,3—高度和直线度测量线; 1′,2′,3′—线轮廓度测量线

图 2-4　圆弧板高度、直线度和线轮廓度测量

4. 普型板平面度

将平面度公差为 0.1 mm 的 1 000 mm 钢平尺分别自然贴放在距板边 10 mm 处和被检平面的两条对角线上,用塞尺测量尺面与板面的间隙。当被检面边长或对角线长度大于 1 000 mm 时,用钢平尺沿边长和对角线分段检测。以最大间隙的测量值表示板材的平

面度公差，测量值精确到0.05 mm。

5. 圆弧板形状公差

1）圆弧板直线度

将平面度公差为0.1 mm的1 000 mm钢平尺沿圆弧板母线方向贴放在被检弧面上，用塞尺测量尺面与板面的间隙，测量位置如图2-4所示。当被检圆弧板高度大于1 000 mm时，用钢平尺沿被检测母线分段测量。以最大间隙的测量值表示圆弧板的直线度公差，测量值精确到0.05 mm。

2）圆弧板线轮廓度

按GB/T 1800.3和GB/T 1801的规定，采用尺寸精度为JS7（js7）的圆弧靠模自然贴靠被检弧面，圆弧靠模的弧长与被检弧面的弧长之比应不小于2∶3，用塞尺测量尺面与圆弧面之间的间隙，测量位置如图2-4所示。以最大间隙的测量值表示圆弧板的线轮廓度公差，测量值精确到0.05 mm。

6. 普型板角度

使用内角垂直度公差为0.13 mm，内角边长为500 mm×400 mm的90°钢角尺。将钢角尺短边紧靠板材的短边，长边贴靠板材的长边，用塞尺测量板材长边与钢角尺长边之间的最大间隙。测量板材的4个角，以最大间隙的测量值表示板材的角度公差，测量值精确到0.05 mm。

7. 圆弧板角度

使用内角垂直度公差为0.13 mm，内角边长为500 mm×400 mm的90°钢角尺。将钢角尺短边紧靠圆弧板端面，长边贴靠圆弧板的边线，用塞尺测量圆弧板边线与钢角尺长边之间的最大间隙。测量圆弧板的4个角，以最大间隙的测量值表示圆弧板的角度公差，测量值精确到0.05 mm。

8. 正面与侧面夹角

使用内角垂直度公差为0.13 mm，内角边长为500 mm×400 mm的90°钢角尺。将钢角尺短边紧靠装饰面，长边贴靠侧面，观察间隙的位置确定夹角的大小。

9. 圆弧板 α 角

将圆弧靠模贴靠圆弧板装饰面并使其上的径向刻度线延长线与圆弧板边线相交，将小平尺沿径向刻度线置于圆弧靠模上，测量圆弧板侧面与小平尺间的夹角（见图2-5）。

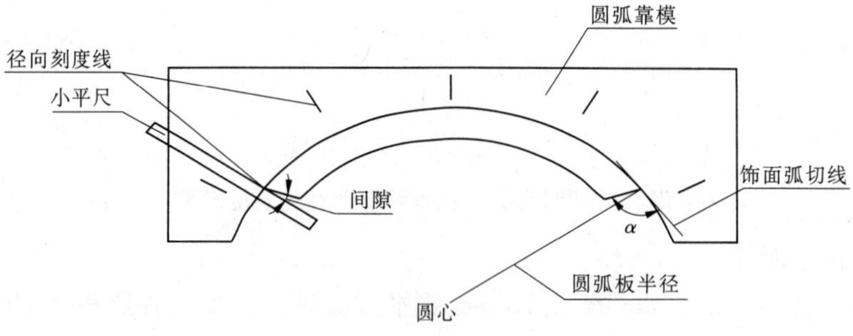

图2-5　α 角测量示意图

10. 镜向光泽度

采用60°入射角、光孔直径不小于18 mm的光泽度仪。当板材规格不大于600 mm×600 mm时，每块板材上测量5个点，测点位置为板材4个角端和中心点，见图2-6(a)、(c)；当板材规格大于600 mm×600 mm时，每块板材上测量9个点，除上述5个测量点外，增加两条中心线上距板材边缘10 mm处的4点位置，见图2-6(b)。其余规定按GB/T 13891的要求。

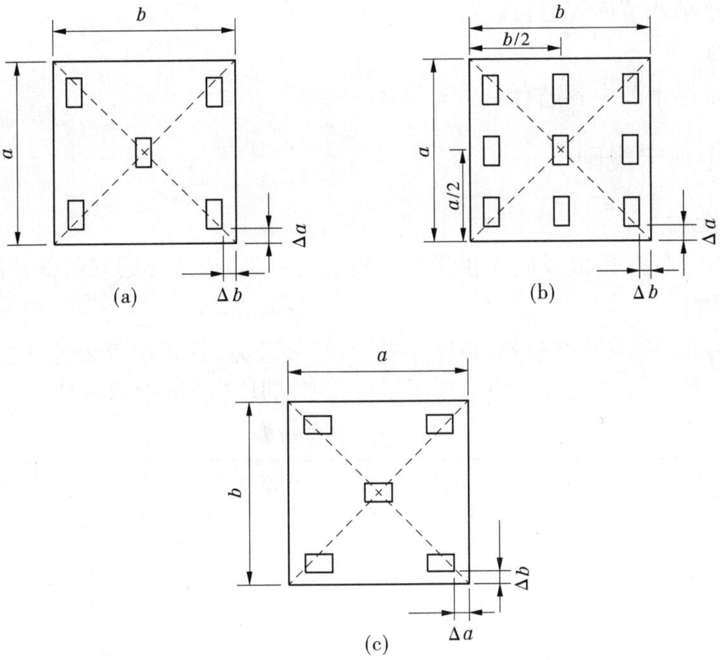

注：Δa、Δb—光泽度仪边缘与试样边缘的距离。石材试样为10 mm。

图2-6　光泽度测点布置

（三）外观质量

1. 花纹色调

将协议板与被检板材并列平放在地上，在距板材1.5 m处站立目测。

2. 缺陷

用游标卡尺或能满足精度要求的量器具测量缺陷的长度、宽度，测量值精确到0.1 mm。

（四）物理性能

1. 体积密度、吸水率

按第一章第七节内容进行。在无法满足GB/T 9966.3规定的试样尺寸时，应从具有代表性的板材产品上制取50 mm×50 mm×板材厚度的试样，其余按GB/T 9966.3的规定进行。采用该方法时应在报告中注明样品尺寸。

2. 压缩强度

按第一章第五节内容进行。在无法满足GB/T 9966.1规定的试样尺寸时，采用叠加粘结的方式达到规定尺寸。粘结面应磨平达到细面要求，采用环氧型胶粘剂，用加压的方式挤净多余的胶粘剂，固化后进行规定试验。压缩时沿叠加方向加载。采用该方法时应在报告中注明。

3. 弯曲强度

按第一章第六节内容进行。

4. 耐磨性

按第一章第八节内容进行。

5. 放射性

按第一章第十节内容进行。

四、检验判定规则

（一）组批

同一品种、类别、等级及同一供货批的板材为一批，或按连续安装部位的板材为一批。

（二）抽样

规格尺寸偏差、平面度公差、角度公差、直线度公差、线轮廓度公差、镜向光泽度、外观质量的抽样根据表2-10抽取样本，其余项目的样品从检验批中随机抽取双倍数量样品。

表2-10　抽样数量

（单位：块）

批量范围	样本数	合格判定数(A_c)	不合格判定数(R_e)
≤25	5	0	1
26～50	8	1	2
51～90	13	2	3
91～150	20	3	4
151～280	32	5	6
281～500	50	7	8
501～1 200	80	10	11
1 201～3 200	125	14	15
≥3 201	200	21	22

（三）判定

单块板材的所有检验结果均符合技术要求中相应等级时，则判定该块板材符合该等级。

根据样本检验结果，若样本中发现的等级不合格数小于或等于合格判定数(A_c)，则判定该批板材符合该等级；若样本中发现的等级不合格数大于或等于不合格判定数(R_e)，则判定该批板材不符合该等级。

体积密度、吸水率、压缩强度、弯曲强度、耐磨性、放射性水平的试验结果，均符合相应要求时，则判定该批板材以上项目合格；有两项及以上不符合相应要求时，则判定该批板材为不合格;有一项不符合相应要求时,利用备样对该项目进行复检,复检结果合格时,则判定该批板材以上项目合格,否则判定该批板材为不合格。

第二节　大理石建筑板材

一、大理石定义和分类及等级

(一)定义

大理石:商业上指以大理岩为代表的一类石材,包括结晶的碳酸盐类岩石和质地较软的其他变质岩类石材。常用的有方解石大理石、白云石大理石、蛇纹石大理石三类。

方解石大理石:主要由方解石(碳酸钙矿物)组成的晶质结构大理石。

白云石大理石:主要由白云石(碳酸钙镁矿物)组成的晶质结构大理石。

蛇纹石大理石:主要由蛇纹石(硅酸镁水合物)组成的大理石,绿色或深绿色,伴有由方解石、白云石或菱镁矿等组成的脉纹。

(二)分类

(1)按照建筑装饰用途分为:

建筑板材:用于建筑装饰用的天然石材板。通常厚度低于 50 mm,厚度大于 12 mm 的称为厚板,厚度在 8 ~ 12 mm 的称为薄板,厚度小于 8 mm 的称为超薄板。

异型石材:加工成特殊的非平面外形的石材。通常有球体、花线和实心柱体。

(2)按照表面加工分为:

细面板(亚光板):表面平整光滑的板材。通常采用酸蚀、仿古、喷砂、水喷等工艺形成。

镜面板(抛光板):表面平整,具有镜面光泽的板材。

(3)按加工形状分为:

普型板:正方形或长方形的建筑板材。

圆弧板:装饰面轮廓线的曲率半径处处相同的建筑板材。

异型板:普型板和圆弧板以外的其他形状建筑板材。

(4)按照安装工艺分为:

干挂石材:采用金属挂件将石材牢固悬挂在结构体上形成饰面的石材。

湿贴石材:使用水泥基或树脂基胶粘剂直接粘贴在结构体上形成饰面的石材。

(三)等级

优等品(A)。

一等品(B)。

合格品(C)。

二、大理石建筑板材技术要求

(一)规格尺寸允许偏差

普型板规格尺寸允许偏差见表 2-11。

表 2-11　普型板规格尺寸允许偏差　（单位：mm）

项目		允许偏差		
		优等品	一等品	合格品
长度、宽度		0 -1.0		0 -1.5
厚度	≤12	±0.5	±0.8	±1.0
	>12	±1.0	±1.5	±2.0
干挂板材厚度		+2.0 0		+3.0 0

圆弧板壁厚最小值应不小于 20 mm，规格尺寸允许偏差见表 2-12。

表 2-12　圆弧板规格尺寸允许偏差　（单位：mm）

项目	允许偏差		
	优等品	一等品	合格品
弦长	0 -1.0		0 -1.5
高度	0 -1.0		0 -1.5

（二）平面度允许公差

普型板平面度允许公差见表 2-13。

表 2-13　普型板平面度允许公差　（单位：mm）

板材长度	允许公差		
	优等品	一等品	合格品
≤400	0.2	0.3	0.5
400～800	0.5	0.6	0.8
>800	0.7	0.8	1.0

圆弧板直线度与线轮廓度允许公差见表 2-14。

表 2-14　圆弧板直线度与线轮廓度允许公差　（单位：mm）

项目		允许公差		
		优等品	一等品	合格品
直线度（按板材高度）	≤800	0.6	0.8	1.0
	>800	0.8	1.0	1.2
线轮廓度		0.8	1.0	1.2

（三）角度允许公差

普型板角度允许公差见表 2-15。

表 2-15　普型板角度允许公差　　（单位:mm）

板材长度	允许公差		
	优等品	一等品	合格品
≤400	0.3	0.4	0.5
>400	0.4	0.5	0.7

圆弧板端面角度允许公差:优等品为 0.4 mm,一等品为 0.6 mm,合格品为 0.8 mm。圆弧板侧面角 α 应不小于 90°。

普型板拼缝板材正面与侧面的夹角不得大于 90°。

（四）外观质量

同一批板材的色调应基本调和,花纹应基本一致。板材正面的外观质量要求应符合表 2-16 的规定。板材允许粘结和修补。粘结和修补后应不影响板材的装饰效果和物理性能。

表 2-16　板材正面的外观质量要求

<table>
<tr><th>名称</th><th>规定内容</th><th>优等品</th><th>一等品</th><th>合格品</th></tr>
<tr><td>裂纹</td><td>长度超过 10 mm 的不允许条数(条)</td><td colspan="3">0</td></tr>
<tr><td>缺棱</td><td>长度不超过 8 mm,宽度不超过 1.5 mm(长度≤4 mm,宽度≤1 mm 不计),每米长允许个数(个)</td><td rowspan="4">0</td><td rowspan="3">1</td><td rowspan="3">2</td></tr>
<tr><td>缺角</td><td>沿板材边长顺延方向,长度≤3 mm,宽度≤3 mm(长度≤2 mm,宽度≤2 mm 不计),每块板允许个数(个)</td></tr>
<tr><td>色斑</td><td>面积不超过 6 cm^2(面积小于 2 cm^2 不计),每块板允许个数(个)</td></tr>
<tr><td>砂眼</td><td>直径在 2 mm 以下</td><td>不明显</td><td>有,不影响装饰效果</td></tr>
</table>

（五）物理性能

镜面板材的镜向光泽度应不低于 70 光泽单位,若有特殊要求,由供需双方协商确定。板材的其他物理性能指标应符合表 2-17 的规定。

表 2-17　物理性能指标

项目		指标
体积密度(g/cm^3)，≥		2.30
吸水率(%)，≤		0.50
干燥压缩强度(MPa)，≥		50.0
弯曲强度(MPa)，≥	干燥 水饱和	7.0
耐磨性[a]($1/cm^3$)，≥		10

注:a 表示为了颜色和设计效果，以两块或多块大理石组合拼接时，耐磨性差异应不大于 5，建议适合于经受严重踩踏的阶梯、地面和月台使用的石材耐磨性最小为 12。

三、试验方法

(一)规格尺寸

用游标卡尺或能满足测量精度要求的量器具测量普型板的长度、宽度、厚度。长度、宽度分别在板材的三个部位测量(见图 2-7)，厚度测量 4 条边的中点部位(见图 2-8)。分别用偏差的最大值和最小值表示长度、宽度、厚度的尺寸偏差，测量值精确到 0.1 mm。

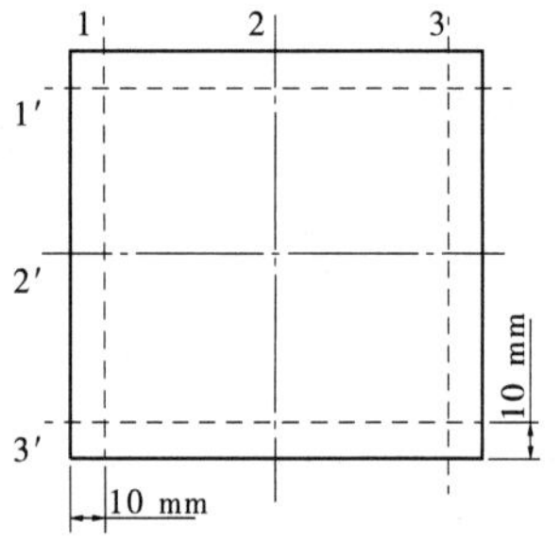

1,2,3—宽度测量线;

1′,2′,3′—长度测量线

图 2-7　板材规格尺寸测量

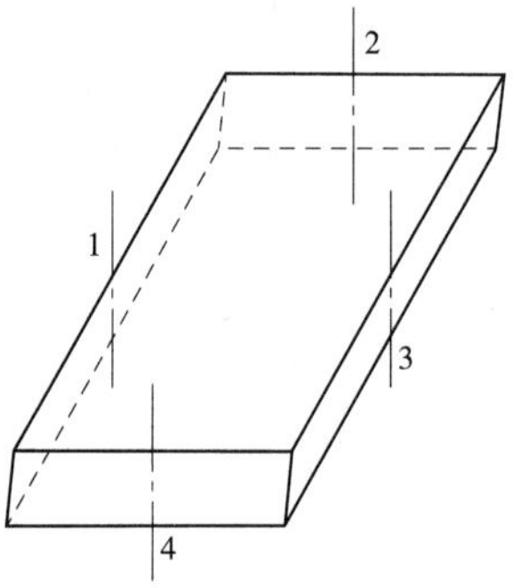

1,2,3,4—厚度测量线

图 2-8　板材厚度测量

用游标卡尺或能满足测量精度要求的量器具测量圆弧板的弦长、高度及最大与最小壁厚。在圆弧板的两端面处测量弦长，在圆弧板端面与侧面测量壁厚，圆弧板高度测量部位如图 2-9 所示。分别用偏差的最大值和最小值表示弦长、高度及壁厚的尺寸偏差，测量值精确到 0.1 mm。

(二)平面度

将平面度公差为 0.1 mm 的钢平尺分别贴放在普型板距板边 10 mm 处和被检平面的两条对角线上，用塞尺测量尺面与板面的间隙。钢平尺的长度应大于被检面周边和对角线的长度；当被检面周边和对角线长度大于 2 000 mm 时，用长度为 2 000 mm 的钢平尺沿周边和对角线分段检测。以最大间隙的测量值表示板材的平面度公差，测量值精确到 0.1 mm。

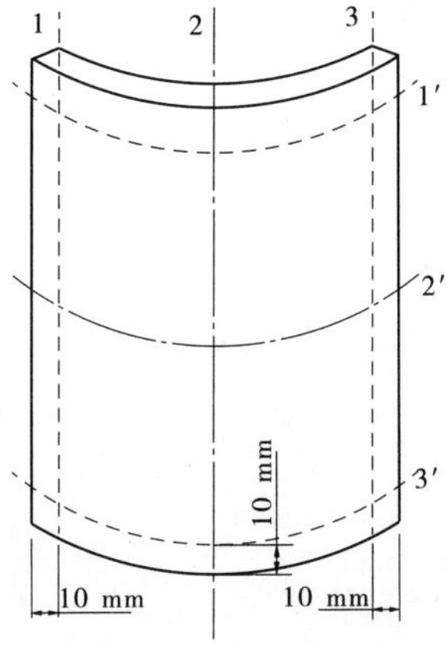

1,2,3—高度和直线度测量线；
1′,2′,3′—线轮廓度测量线
图 2-9　圆弧板测量

将平面度公差为 0.1 mm 的钢平尺沿圆弧板母线方向贴放在被检弧面上，用塞尺测量尺面与板面的间隙，测量位置如图 2-9 所示。当被检圆弧板高度大于 2 000 mm 时，用长度为 2 000 mm 的钢平尺沿被检测母线分段测量。以最大间隙的测量值表示圆弧板的直线度公差，测量值精确到 0.1 mm。

按 GB/T 1800.3—1998 和 GB/T 1801—1999 的规定，采用尺寸精度为 JS7（js7）的圆弧靠模贴靠被检弧面，用塞尺测量靠模与圆弧面之间的间隙，测量位置如图 2-9 所示。以最大间隙的测量值表示圆弧板的线轮廓度公差，测量值精确到 0.1 mm。

（三）角度

用内角垂直度公差为 0.13 mm，内角边长为 500 mm × 400 mm 的 90°钢角尺检测。将钢角尺短边紧靠板材的短边，长边贴靠板材的长边，用塞尺测量板材长边与钢角尺长边之间的最大间隙。当板材的长边小于或等于 500 mm 时，测量板材的任一对对角；当板材的长边大于 500 mm 时，测量板材的 4 个角。以最大间隙的测量值表示板材的角度公差，测量值精确到 0.1 mm。

用内角垂直度公差为 0.13 mm，内角边长为 500 mm × 400 mm 的 90°钢角尺检测。将钢角尺短边紧靠圆弧板端面，长边贴靠圆弧板的边线，用塞尺测量圆弧板边线与钢角尺长边之间的最大间隙。用上述方法测量圆弧板的 4 个角。以最大间隙的测量值表示圆弧板的角度公差，测量值精确到 0.1 mm。

将圆弧靠模贴靠圆弧板装饰面并使其上的径向刻度线延长线与圆弧板边线相交，将小平尺沿径向刻度线置于圆弧靠模上，测量圆弧板侧面与小平尺间的夹角（见图 2-5）。

（四）外观质量

将协议板与被检板材并列平放在地上，在距板材 1.5 m 处站立目测花纹和色调。用游标卡尺测量缺陷的长度、宽度，测量值精确到 0.1 mm。

（五）物理性能

1. 镜向光泽度

采用入射角为60°的光泽度仪，样品尺寸不小于300 mm×300 mm，按GB/T 13891—1992的规定检验。

2. 干燥压缩强度

按第一章第五节内容进行，干燥压缩强度值可取荒料中的检测结果。

3. 弯曲强度

按第一章第六节内容进行。

4. 体积密度、吸水率

按第一章第七节内容进行。

5. 耐磨性

按第一章第八节内容进行。

四、检验判定规则

（一）组批

同一品种、类别、等级的板材为一批。

（二）抽样

规格尺寸偏差、平面度公差、角度公差、直线度公差、线轮廓度公差、外观质量的抽样按表2-18抽取样本；吸水率、体积密度、弯曲强度、干燥压缩强度、耐磨性试验的样品可从荒料上制取。

表2-18　抽样数量　（单位：块）

批量范围	样本数	合格判定数（A_c）	不合格判定数（R_e）
≤25	5	0	1
26～50	8	1	2
51～90	13	2	3
91～150	20	3	4
151～280	32	5	6
281～500	50	7	8
501～1 200	80	10	11
1 201～3 200	125	14	15
≥3 201	200	21	22

（三）判定

单块板材的所有检验结果均符合技术要求中相应等级时，则判定该块板材符合该等级。

根据样本检验结果，若样本中发现的等级不合格数小于或等于合格判定数（A_c），则判定该批板材符合该等级；若样本中发现的等级不合格数大于或等于不合格判定数（R_e），则判定该批板材不符合该等级。

体积密度、吸水率、弯曲强度、干燥压缩强度、耐磨性（使用在地面、楼梯踏步、台面等的大理石石材）的试验结果中，有一项不符合规定的技术要求时，则判定该批板材为不合格，否则判定该项目合格。

第三节　石灰石建筑板材

一、石灰石定义和分类及等级

（一）定义

石灰石：商业上指主要由方解石、白云石或两者混合化学沉积形成的石灰华类石材。按照密度分为低密度、中密度和高密度三类。

低密度石灰石：密度在 1.76～2.16 g/cm³ 范围内的石灰石。

中密度石灰石：密度在 2.16～2.56 g/cm³ 范围内的石灰石。

高密度石灰石：密度在 2.56 g/cm³ 以上的石灰石。

（二）分类

（1）按照建筑装饰用途分为：

建筑板材：用于建筑装饰用的天然石材板。通常石灰石建筑板材厚度小于 75 mm，其中厚度大于 12 mm 的称为厚板，厚度在 8～12 mm 的称为薄板，厚度小于 8 mm 的称为超薄板。

异型石材：加工成特殊的非平面外形的石材。通常有球体、花线和实心柱体。

（2）按照表面加工分为：

细面板（亚光板）：表面平整光滑的板材。通常采用酸蚀、仿古、喷砂、水喷等工艺形成。

镜面板（抛光板）：表面平整，具有镜面光泽的板材。

（3）按加工形状分为：

毛光板（MG）：有一面经抛光具有镜面效果的毛板。

普型板（PX）：正方形或长方形的建筑板材。规定尺寸的普型板称为规格板，规格板尺寸系列见表 2-19。

圆弧板（HM）：装饰面轮廓线的曲率半径处处相同的建筑板材。

异型板（YX）：普型板和圆弧板以外的其他形状建筑板材。

表 2-19　石材规格板尺寸系列　（单位：mm）

边长系列	300[a]、305[a]、400、500[a]、600[a]、800、900、1 000、1 200、1 500、1 800
厚度系列	10[a]、12、15、18、20[a]、25、30、35、40、50

注：a 表示常用规格。

(4)按照安装工艺分为:
干挂石材:采用金属挂件将石材牢固悬挂在结构体上形成饰面的石材。
湿贴石材:使用水泥基或树脂基胶粘剂直接粘贴在结构体上形成饰面的石材。

(三)等级

优等品(A)。
一等品(B)。
合格品(C)。

二、石灰石建筑板材技术要求

(一)加工质量

毛光板平面度公差和厚度偏差应符合表2-20的规定。

表2-20 毛光板平面度公差和厚度偏差 (单位:mm)

项目		技术指标		
		优等品	一等品	合格品
平面度公差		0.80	1.00	1.50
厚度偏差	≤12	±0.5	±0.8	±1.0
	>12	±1.0	±1.5	±2.0

普型板规格尺寸允许偏差应符合表2-21的规定。

表2-21 普型板规格尺寸允许偏差 (单位:mm)

项目		允许偏差		
		优等品	一等品	合格品
长度、宽度		0 -1.0		0 -1.5
厚度	≤12	±0.5	±0.8	±1.0
	>12	±1.0	±1.5	±2.0

圆弧板壁厚最小值应不小于20 mm,规格尺寸允许偏差见表2-22。

表2-22 圆弧板规格尺寸允许偏差 (单位:mm)

项目	允许偏差		
	优等品	一等品	合格品
弦长	0 -1.0		0 -1.5
高度	0 -1.0		0 -1.5

普型板平面度允许公差见表 2-23。

表 2-23　普型板平面度允许公差　　(单位:mm)

板材长度	允许公差		
	优等品	一等品	合格品
≤400	0.20	0.30	0.50
400～800	0.50	0.60	0.80
>800	0.70	0.80	1.00

圆弧板直线度与线轮廓度允许公差见表 2-24。

表 2-24　圆弧板直线度与线轮廓度允许公差　　(单位:mm)

项目		允许公差		
		优等品	一等品	合格品
直线度(按板材高度)	≤800	0.60	0.80	1.00
	>800	0.80	1.00	1.20
线轮廓度		0.80	1.00	1.20

普型板角度允许公差见表 2-25,普型板拼缝板材正面与侧面的夹角不得大于 90°。

圆弧板端面角度允许公差:优等品为 0.40 mm,一等品为 0.60 mm,合格品为 0.80 mm。圆弧板侧面角 α 应不小于 90°。

表 2-25　普型板角度允许公差　　(单位:mm)

板材长度	允许公差		
	优等品	一等品	合格品
≤400	0.30	0.40	0.50
>400	0.40	0.50	0.70

(二)外观质量

同一批板材的色调应基本调和,花纹应基本一致。板材正面的外观缺陷应符合表 2-26的规定。

表 2-26　板材正面的外观缺陷规定

<table>
<tr><th rowspan="2">缺陷名称</th><th rowspan="2">规定内容</th><th colspan="3">技术指标</th></tr>
<tr><th>优等品</th><th>一等品</th><th>合格品</th></tr>
<tr><td>裂纹</td><td>长度≥10 mm 的不允许条数(条)</td><td colspan="3">0</td></tr>
<tr><td>缺棱[a]</td><td>长度≤8 mm,宽度≤1.5 mm(长度≤4 mm,宽度≤1 mm 不计),每米长允许个数(个)</td><td rowspan="4">0</td><td rowspan="3">1</td><td rowspan="3">2</td></tr>
<tr><td>缺角[a]</td><td>沿板材边长顺延方向,长度≤3 mm,宽度≤3 mm(长度≤2 mm,宽度≤2 mm 不计),每块板允许个数(个)</td></tr>
<tr><td>色斑</td><td>面积≤6 cm^2(面积<2 cm^2 不计),每块板允许个数(个)</td></tr>
<tr><td>砂眼</td><td>直径<2 mm</td><td>不明显</td><td>有,不影响装饰效果</td></tr>
</table>

注:a 表示对毛光板不做要求。

石灰石建筑板材允许粘结和修补,粘结和修补后应不影响板材的装饰效果,也不应降低板材的物理性能。

(三)物理性能

天然石灰石建筑板材的物理性能指标应符合表 2-27 的规定。工程对天然石灰石建筑板材物理性能项目及指标有特殊要求的,按工程要求执行。

表 2-27　天然石灰石建筑板材的物理性能指标

<table>
<tr><th colspan="2" rowspan="2">项目</th><th colspan="3">技术指标</th></tr>
<tr><th>低密度石灰石</th><th>中密度石灰石</th><th>高密度石灰石</th></tr>
<tr><td colspan="2">吸水率(%),≤</td><td>12.0</td><td>7.5</td><td>3.0</td></tr>
<tr><td rowspan="2">压缩强度(MPa),≥</td><td>干燥</td><td rowspan="2">12</td><td rowspan="2">28</td><td rowspan="2">55</td></tr>
<tr><td>水饱和</td></tr>
<tr><td rowspan="2">弯曲强度(MPa),≥</td><td>干燥</td><td rowspan="2">2.9</td><td rowspan="2">3.4</td><td rowspan="2">6.9</td></tr>
<tr><td>水饱和</td></tr>
<tr><td colspan="2">耐磨性[a]($1/cm^3$),≥</td><td>10</td><td>10</td><td>10</td></tr>
</table>

注:a 表示仅适用在地面、楼梯踏步、台面等易磨损部位的石灰石石材。

三、试验方法

(一)加工质量

1. 毛光板

1)平面度

将平面度公差为 0.1 mm 的 1 000 mm 钢平尺分别自然贴放在距板边 15 mm 处和被

检平面的两条对角线上，用塞尺测量尺面与板面的间隙。当被检边长或对角线长度大于1 000 mm时，用钢平尺沿边长和对角线分段检测，重叠位置不小于钢平尺长度的1/3。以最大间隙的测量值表示毛光板的平面度公差，测量值精确到0.05 mm。

2）厚度

用游标卡尺或能满足精度要求的量器具测量毛光板的厚度，测量4条边的中点部位（见图2-2）。分别用测量值与标称值之间偏差的最大值和最小值表示毛光板厚度的尺寸偏差，测量值精确到0.1 mm。

2. 普型板规格尺寸

用游标卡尺或能满足精度要求的量器具测量板材的长度、宽度、厚度。长度、宽度分别在板材的三个部位测量（见图2-3），厚度测量4条边的中点部位（见图2-2）。分别用测量值与标称值之间偏差的最大值和最小值表示长度、宽度、厚度的尺寸偏差，测量值精确到0.1 mm。

3. 圆弧板规格尺寸

用游标卡尺或能满足测量精度要求的量器具测量圆弧板的弦长、高度及最小壁厚。在圆弧板的两端面处测量弦长（见图2-1），在圆弧板端面与侧面测量壁厚（见图2-1）；圆弧板高度测量部位如图2-4所示。分别用测量值与标称值之间偏差的最大值和最小值表示弦长、高度及壁厚的尺寸偏差，测量值精确到0.1 mm。

4. 普型板平面度

将平面度公差为0.1 mm的1 000 mm钢平尺分别自然贴放在距板边10 mm处和被检平面的两条对角线上，用塞尺测量尺面与板面的间隙。当被检面边长或对角线长度大于1 000 mm时，用钢平尺沿边长和对角线分段检测。以最大间隙的测量值表示板材的平面度公差，测量值精确到0.05 mm。

5. 圆弧板形状公差

1）圆弧板直线度

将平面度公差为0.1 mm的1 000 mm钢平尺沿圆弧板母线方向贴放在被检弧面上，用塞尺测量尺面与板面的间隙，测量位置如图2-4所示。当被检圆弧板高度大于1 000 mm时，用钢平尺沿被检测母线分段测量。以最大间隙的测量值表示圆弧板的直线度公差，测量值精确到0.05 mm。

2）圆弧板线轮廓度

按GB/T 1800.3和GB/T 1801的规定，采用尺寸精度为JS7（js7）的圆弧靠模自然贴靠被检弧面，圆弧靠模的弧长与被检弧面的弧长之比应不小于2∶3，用塞尺测量尺面与圆弧面之间的间隙，测量位置如图2-4所示。以最大间隙的测量值表示圆弧板的线轮廓度公差，测量值精确到0.05 mm。

6. 普型板角度

使用内角垂直度公差为0.13 mm，内角边长为500 mm×400 mm的90°钢角尺。将钢角尺短边紧靠板材的短边，长边贴靠板材的长边，用塞尺测量板材长边与钢角尺长边之间的最大间隙。测量板材的4个角，以最大间隙的测量值表示板材的角度公差，测量值精确到0.05 mm。

7. 圆弧板角度

使用内角垂直度公差为0.13 mm，内角边长为500 mm×400 mm 的90°钢角尺，将钢角尺短边紧靠圆弧板端面，长边贴靠圆弧板的边线，用塞尺测量圆弧板边线与钢角尺长边之间的最大间隙。测量圆弧板的4 个角，以最大间隙的测量值表示圆弧板的角度公差，测量值精确到0.05 mm。

8. 正面与侧面夹角

使用内角垂直度公差为0.13 mm，内角边长为500 mm×400 mm 的90°钢角尺。将钢角尺短边紧靠装饰面，长边贴靠侧面，观察间隙的位置确定夹角的大小。

9. 圆弧板 α 角

将圆弧靠模贴靠圆弧板装饰面并使其上的径向刻度线延长线与圆弧板边线相交，将小平尺沿径向刻度线置于圆弧靠模上，测量圆弧板侧面与小平尺间的夹角(见图2-5)。

(二)外观质量

1. 花纹色调

将协议板与被检板材并列平放在地上，距板材1.5 m处站立目测。

2. 缺陷

用游标卡尺或能满足精度要求的量器具测量缺陷的长度、宽度，测量值精确到0.1 mm。

(三)物理性能

1. 体积密度、吸水率

按第一章第七节内容进行。在无法满足GB/T 9966.3 规定的试样尺寸时，应从具有代表性的板材产品上制取50 mm×50 mm×板材厚度的试样，其余按GB/T 9966.3 的规定进行。采用该方法时应在报告中注明样品尺寸。

2. 压缩强度

按第一章第五节内容进行。在无法满足GB/T 9966.1 规定的试样尺寸时，采用叠加粘结的方式达到规定尺寸。粘结面应磨平达到细面要求，采用环氧型胶粘剂，用加压的方式挤净多余的胶粘剂，固化后进行规定试验。压缩时沿叠加方向加载。采用该方法时应在报告中注明。

3. 弯曲强度

按第一章第六节内容进行。

4. 耐磨性

按第一章第八节内容进行。

四、检验判定规则

(一)组批

同一品种、类别、等级及同一供货批的板材为一批，或按连续安装部位的板材为一批。

(二)抽样

规格尺寸偏差、平面度公差、角度公差、直线度公差、线轮廓度公差、外观质量的抽样根据表2-10 抽取样本，其余项目的样品从检验批中随机抽取双倍数量样品。

(三)判定

单块板材的所有检验结果均符合技术要求中相应等级时,则判定该块板材符合该等级。

根据样本检验结果,若样本中发现的等级不合格数小于或等于合格判定数(A_c),则判定该批板材符合该等级;若样本中发现的等级不合格数大于或等于不合格判定数(R_e),则判定该批板材不符合该等级。

体积密度、吸水率、压缩强度、弯曲强度、耐磨性的试验结果,均符合相应要求时,则判定该批板材以上项目合格;有两项及以上不符合相应要求时,则判定该批板材为不合格;有一项不符合相应要求时,利用备样对该项目进行复检,复检结果合格时,则判定该批板材以上项目合格,否则判定该批板材为不合格。

第四节　砂岩建筑板材

一、砂岩定义和分类及等级

(一)定义

砂岩:商业上指矿物成分以石英和长石为主,含有岩屑和其他副矿物的机械沉积岩类石材。按照二氧化硅含量分为杂砂岩、石英砂岩、石英岩三类。

杂砂岩:二氧化硅含量在50% ~90%的砂岩。

石英砂岩:二氧化硅含量在90% ~95%的砂岩。

石英岩:二氧化硅含量在95%以上的砂岩。

(二)分类

(1)按照建筑装饰用途分为:

建筑板材:用于建筑装饰用的天然石材板。通常砂岩建筑板材厚度低于150 mm。

异型石材:加工成特殊的非平面外形的石材。通常有球体、花线和实心柱体。

(2)按加工形状分为:

毛板(MB):由荒料切割且未经处理的板材。

普型板(PX):正方形或长方形的建筑板材。规定尺寸的普型板称为规格板,规格板尺寸系列见表2-28。

圆弧板(HM):装饰面轮廓线的曲率半径处处相同的建筑板材。

异型板(YX):普型板和圆弧板以外的其他形状建筑板材。

表2-28　石材规格板尺寸系列　(单位:mm)

边长系列	300[a]、305[a]、400、500[a]、600[a]、800、900、1 000、1 200、1 500、1 800
厚度系列	10[a]、12、15、18、20[a]、25、30、35、40、50

注:a表示常用规格。

(3)按照安装工艺分为:

干挂石材:采用金属挂件将石材牢固悬挂在结构体上形成饰面的石材。

湿贴石材:使用水泥基或树脂基胶粘剂直接粘贴在结构体上形成饰面的石材。

(三)等级

优等品(A)。

一等品(B)。

合格品(C)。

二、砂岩建筑板材技术要求

(一)一般要求

天然砂岩建筑板材的岩矿结构应符合商业砂岩的定义范畴。规格板的尺寸系列见表2-28,圆弧板、异型板和特殊要求的普型板规格尺寸由供需双方协商确定。

(二)加工质量

毛板平面度公差和厚度偏差应符合表2-29的规定。

表2-29 毛板平面度公差和厚度偏差 (单位:mm)

项目		技术指标		
		优等品	一等品	合格品
平面度公差		1.50	1.80	2.00
厚度偏差	≤12	±0.5	±0.8	±1.0
	>12	±1.0	±1.5	±2.0

普型板规格尺寸允许偏差应符合表2-30的规定,平面度允许公差见表2-31,角度允许公差见表2-32。普型板拼缝板材正面与侧面的夹角不得大于90°,板材的表面加工处理由供需双方协商确定。

表2-30 普型板规格尺寸允许偏差 (单位:mm)

项目		允许偏差		
		优等品	一等品	合格品
长度、宽度		0 -1.0		0 -1.5
厚度	≤12	±0.5	±0.8	±1.0
	>12	±1.0	±1.5	±2.0

表2-31 普型板平面度允许公差 (单位:mm)

板材长度	允许公差		
	优等品	一等品	合格品
≤400	0.60	0.80	1.00
400~800	1.20	1.50	1.80
>800	1.50	1.80	2.00

表 2-32　普型板角度允许公差　（单位：mm）

板材长度	允许公差		
	优等品	一等品	合格品
≤400	0.30	0.50	0.80
>400	0.40	0.60	1.00

圆弧板壁厚最小值应不小于 20 mm，规格尺寸允许偏差见表 2-33，直线度与线轮廓度允许公差见表 2-34。端面角度允许公差：优等品为 0.40 mm，一等品为 0.60 mm，合格品为 0.80 mm。圆弧板侧面角 α 应不小于 90°。

表 2-33　圆弧板规格尺寸允许偏差　（单位：mm）

项目	允许偏差		
	优等品	一等品	合格品
弦长	0 -1.0		0 -1.5
高度	0 -1.0		0 -1.5

表 2-34　圆弧板直线度与线轮廓度允许公差　（单位：mm）

项目		允许公差		
		优等品	一等品	合格品
直线度（按板材高度）	≤800	1.00	1.20	1.50
	>800	1.50	1.50	2.00
线轮廓度		1.00	1.50	2.00

（三）外观质量

同一批板材的色调应基本调和，花纹应基本一致，板材正面的外观缺陷应符合表 2-35 的规定。砂岩建筑板材允许粘结和修补，粘结和修补后应不影响板材的装饰效果，也不应降低物理性能。

表 2-35　板材正面的外观缺陷规定

<table>
<tr><th rowspan="2">缺陷名称</th><th rowspan="2">规定内容</th><th colspan="3">技术指标</th></tr>
<tr><th>优等品</th><th>一等品</th><th>合格品</th></tr>
<tr><td>裂纹</td><td>长度≥10 mm 的条数(条)</td><td colspan="3">0</td></tr>
<tr><td>缺棱[a]</td><td>长度≤8 mm,宽度≤1.5 mm(长度≤4 mm,宽度≤1 mm 不计),每米长允许个数(个)</td><td rowspan="4">0</td><td rowspan="3">1</td><td rowspan="3">2</td></tr>
<tr><td>缺角[a]</td><td>沿板材边长顺延方向,长度≤3 mm,宽度≤3 mm(长度≤2 mm,宽度≤2 mm 不计),每块板允许个数(个)</td></tr>
<tr><td>色斑</td><td>面积≤6 cm^2(面积<2 cm^2 不计),每块板允许个数(个)</td></tr>
<tr><td>砂眼</td><td>直径<2 mm</td><td>不明显</td><td>有,不影响装饰效果</td></tr>
</table>

注:a 表示对毛板不做要求。

(四)物理性能

天然砂岩建筑板材的物理性能指标应符合表 2-36 的规定。工程对天然砂岩建筑板材物理性能项目及指标有特殊要求的,按工程要求执行。

表 2-36　天然砂岩建筑板材的物理性能指标

<table>
<tr><th colspan="2" rowspan="2">项目</th><th colspan="3">技术指标</th></tr>
<tr><th>杂砂岩</th><th>石英砂岩</th><th>石英岩</th></tr>
<tr><td colspan="2">体积密度(g/cm^3),≥</td><td>2.00</td><td>2.40</td><td>2.56</td></tr>
<tr><td colspan="2">吸水率(%),≤</td><td>8</td><td>3</td><td>1</td></tr>
<tr><td rowspan="2">压缩强度(MPa),≥</td><td>干燥</td><td rowspan="2">12.6</td><td rowspan="2">68.9</td><td rowspan="2">137.9</td></tr>
<tr><td>水饱和</td></tr>
<tr><td rowspan="2">弯曲强度(MPa),≥</td><td>干燥</td><td rowspan="2">2.4</td><td rowspan="2">6.9</td><td rowspan="2">13.9</td></tr>
<tr><td>水饱和</td></tr>
<tr><td colspan="2">耐磨性[a]($1/cm^3$),≥</td><td>2</td><td>8</td><td>8</td></tr>
</table>

注:a 表示仅适用在地面、楼梯踏步、台面等易磨损部位的砂岩石材。

三、试验方法

(一)岩矿分析

按本章第一节中岩矿分析方法进行。

(二)加工质量

1. 毛板

1)平面度

将平面度公差为 0.1 mm 的 1 000 mm 钢平尺分别自然贴放在距板边 15 mm 处和被

检平面的两条对角线上，用塞尺测量尺面与板面的间隙。当被检边长或对角线长度大于1 000 mm时，用钢平尺沿边长和对角线分段检测，重叠位置不小于钢平尺长度的1/3。以最大间隙的测量值表示毛板的平面度公差，测量值精确到0.05 mm。

2）厚度

用游标卡尺或能满足精度要求的量器具测量毛板的厚度，测量4条边的中点部位（见图2-2）。分别用测量值与标称值之间偏差的最大值和最小值表示毛板厚度的尺寸偏差，测量值精确到0.1 mm。

2. 普型板规格尺寸

用游标卡尺或能满足精度要求的量器具测量板材的长度、宽度、厚度。长度、宽度分别在板材的三个部位测量（见图2-3），厚度测量4条边的中点部位（见图2-2）。分别用测量值与标称值之间偏差的最大值和最小值表示长度、宽度、厚度的尺寸偏差，测量值精确到0.1 mm。

3. 圆弧板规格尺寸

用游标卡尺或能满足测量精度要求的量器具测量圆弧板的弦长、高度及最小壁厚。在圆弧板的两端面处测量弦长（见图2-1），在圆弧板端面与侧面测量壁厚（见图2-1）；圆弧板高度测量部位如图2-4所示。分别用测量值与标称值之间偏差的最大值和最小值表示弦长、高度及壁厚的尺寸偏差，测量值精确到0.1 mm。

4. 普型板平面度

将平面度公差为0.1 mm的1 000 mm钢平尺分别自然贴放在距板边10 mm处和被检平面的两条对角线上，用塞尺测量尺面与板面的间隙。当被检面边长或对角线长度大于1 000 mm时，用钢平尺沿边长和对角线分段检测。以最大间隙的测量值表示板材的平面度公差，测量值精确到0.05 mm。

5. 圆弧板形状公差

1）圆弧板直线度

将平面度公差为0.1 mm的1 000 mm钢平尺沿圆弧板母线方向贴放在被检弧面上，用塞尺测量尺面与板面的间隙，测量位置如图2-4所示。当被检圆弧板高度大于1 000 mm时，用钢平尺沿被检测母线分段测量。以最大间隙的测量值表示圆弧板的直线度公差，测量值精确到0.05 mm。

2）圆弧板线轮廓度

按GB/T 1800.3和GB/T 1801的规定，采用尺寸精度为JS7（js7）的圆弧靠模自然贴靠被检弧面，圆弧靠模的弧长与被检弧面的弧长之比应不小于2∶3，用塞尺测量尺面与圆弧面之间的间隙，测量位置如图2-4所示。以最大间隙的测量值表示圆弧板的线轮廓度公差，测量值精确到0.05 mm。

6. 普型板角度

使用内角垂直度公差为0.13 mm，内角边长为500 mm×400 mm的90°钢角尺。将钢角尺短边紧靠板材的短边，长边贴靠板材的长边，用塞尺测量板材长边与钢角尺长边之间的最大间隙。测量板材的4个角，以最大间隙的测量值表示板材的角度公差，测量值精确到0.05 mm。

7. 圆弧板角度

使用内角垂直度公差为0.13 mm,内角边长为500 mm×400 mm的90°钢角尺。将钢角尺短边紧靠圆弧板端面,长边贴靠圆弧板的边线,用塞尺测量圆弧板边线与钢角尺长边之间的最大间隙。测量圆弧板的4个角,以最大间隙的测量值表示圆弧板的角度公差,测量值精确到0.05 mm。

8. 正面与侧面夹角

使用内角垂直度公差为0.13 mm,内角边长为500 mm×400 mm的90°钢角尺。将钢角尺短边紧靠装饰面,长边贴靠侧面,观察间隙的位置确定夹角的大小。

9. 圆弧板α角

将圆弧靠模贴靠圆弧板装饰面并使其上的径向刻度线延长线与圆弧板边线相交,将小平尺沿径向刻度线置于圆弧靠模上,测量圆弧板侧面与小平尺间的夹角(见图2-5)。

(三)外观质量

1. 花纹色调

将协议板与被检板材并列平放在地上,在距板材1.5 m处站立目测。

2. 缺陷

用游标卡尺或能满足精度要求的量器具测量缺陷的长度、宽度,测量值精确到0.1 mm。

(四)物理性能

1. 体积密度、吸水率

按第一章第七节内容进行。在无法满足GB/T 9966.3规定的试样尺寸时,应从具有代表性的板材产品上制取50 mm×50 mm×板材厚度的试样,其余按GB/T 9966.3的规定进行。采用该方法时应在报告中注明样品尺寸。

2. 压缩强度

按第一章第五节内容进行。在无法满足GB/T 9966.1规定的试样尺寸时,采用叠加粘结的方式达到规定尺寸。粘结面应磨平达到细面要求,采用环氧型胶粘剂,用加压的方式挤净多余的胶粘剂,固化后进行规定试验。压缩时沿叠加方向加载。采用该方法时应在报告中注明。

3. 弯曲强度

按第一章第六节内容进行。

4. 耐磨性

按第一章第八节内容进行。

四、检验判定规则

(一)组批

同一品种、类别、等级及同一供货批的板材为一批,或按连续安装部位的板材为一批。

(二)抽样

规格尺寸偏差、平面度公差、角度公差、直线度公差、线轮廓度公差、外观质量的检验根据表2-10抽取样本,其余项目的检验从检验批中随机抽取双倍数量样品。

(三)判定

单块板材的所有检验结果均符合技术要求中相应等级时,则判定该块板材符合该等级。

根据样本检验结果,若样本中发现的等级不合格数小于或等于合格判定数(A_c),则判定该批板材符合该等级;若样本中发现的等级不合格数大于或等于不合格判定数(R_e),则判定该批板材不符合该等级。

体积密度、吸水率、压缩强度、弯曲强度、耐磨性的试验结果,均符合相应要求时,则判定该批板材以上项目合格;有两项及以上不符合相应要求时,则判定该批板材为不合格;有一项不符合相应要求时,利用备样对该项目进行复检,复检结果合格时,则判定该批板材以上项目合格,否则判定该批板材为不合格。

第五节　干挂石材

一、干挂石材定义和分类及等级

(一)定义

干挂石材:采用金属挂件牢固悬挂在结构体上形成饰面的石材。

(二)分类

(1)按所用石材种类分为:

天然花岗石(代号为G)。

天然大理石(代号为M)。

天然石灰石(代号为L)。

天然砂岩(代号为Q)。

(2)按加工产品种类分为:

①板材。

普型板(PX):正方形或长方形的板材。

圆弧板(HM):装饰面轮廓线的曲率半径处处相同的饰面板材。

异型板(YX):普型板和圆弧板以外的其他形状建筑板材。

②花线。

直位花线(ZH):延伸轨迹为直线的花线。

弯位花线(WA):延伸轨迹为曲线的花线。

③实心柱体。

等直径普型柱(DP):截面直径相同、表面为普通加工面的石材柱体。

等直径雕刻柱(DD):截面直径相同、表面刻有花纹或造型的石材柱体。

变直径普型柱(BP):截面直径不同、表面为普通加工面的石材柱体。

变直径雕刻柱(BD):截面直径不同、表面刻有花纹或造型的石材柱体。

(3)按表面加工程度分为:

镜面石材(JM):饰面具有镜面光泽的石材。

亚光面石材(YM):饰面细腻,能使光线产生漫反射现象的石材。

粗面石材(CM):饰面粗糙规则有序的石材。

(三)等级

优等品(A)。

一等品(B)。

合格品(C)。

二、干挂石材技术要求

(一)规格尺寸

干挂石材厚度应符合表2-37的要求。

表2-37　干挂石材厚度要求　(单位:mm)

安装部位	亚光面和镜面板材	粗面板材
室内饰面	≥20	≥23
室外饰面	≥25	≥28

干挂石材的单块面积不应大于1.5 m^2,石灰石和砂岩类石材用于建筑幕墙时不宜大于1.0 m^2。天然石灰石、天然砂岩的厚度应以设计要求为准。用于建筑幕墙时,大理石面板厚度不应低于35 mm;非花岗石、大理石类石材,若弯曲强度大于8 MPa,面板厚度应不小于35 mm,否则厚度应不小于40 mm。

在满足表2-37的前提下,干挂普型板规格尺寸允许偏差应符合表2-38的规定。

表2-38　干挂普型板规格尺寸允许偏差　(单位:mm)

<table>
<tr><th rowspan="2">项目</th><th colspan="3">亚光面和镜面板材</th><th colspan="3">粗面板材</th></tr>
<tr><th>优等品</th><th>一等品</th><th>合格品</th><th>优等品</th><th>一等品</th><th>合格品</th></tr>
<tr><td>长度、宽度</td><td colspan="2">0
-1.0</td><td>0
-1.5</td><td colspan="2">0
-1.0</td><td>0
-1.5</td></tr>
<tr><td>厚度</td><td>+1.0
-1.0</td><td>+2.0
-1.0</td><td>+3.0
-1.0</td><td>+3.0
-1.0</td><td>+4.0
-1.0</td><td>+5.0
-1.0</td></tr>
</table>

在满足表2-37的前提下,干挂圆弧板规格尺寸允许偏差应符合表2-39的规定。

表2-39　干挂圆弧板规格尺寸允许偏差　(单位:mm)

<table>
<tr><th rowspan="2">项目</th><th colspan="3">亚光面和镜面板材</th><th colspan="3">粗面板材</th></tr>
<tr><th>优等品</th><th>一等品</th><th>合格品</th><th>优等品</th><th>一等品</th><th>合格品</th></tr>
<tr><td>弦长</td><td colspan="2" rowspan="2">0
-1.0</td><td rowspan="2">0
-1.5</td><td>0
-1.5</td><td>0
-2.0</td><td>0
-2.0</td></tr>
<tr><td>高度</td><td colspan="2">0
-1.0</td><td>0
-1.5</td></tr>
<tr><td>厚度</td><td>+1.0
-1.0</td><td>+2.0
-1.0</td><td>+3.0
-1.0</td><td>+3.0
-1.0</td><td>+4.0
-1.0</td><td>+5.0
-1.0</td></tr>
</table>

干挂异型板材各边长尺寸允许偏差由供需双方商定，厚度尺寸允许偏差应符合表2-37的规定。干挂花线尺寸和允许偏差、干挂实心柱体尺寸和允许偏差由供需双方商定。

建筑幕墙用石材面板若采用宽缝挂装，制作板材的外形尺寸允许偏差可适当放宽，应在设计图中标出或在购销合同中明示，放宽后的外形尺寸允许偏差见表2-40。

表2-40　宽缝挂装石材普型板外形尺寸允许偏差　　（单位：mm）

项目	长度、宽度	对角线差	平面度	厚度
亚光面、镜面板	±1.0	±1.5	1	+2.0 −1.0
粗面板	±1.0	±1.5	2	+3.0 −1.0

干挂石材的孔、槽宜在工厂加工，孔、槽的加工尺寸及允许偏差应符合表2-41、表2-42的要求。

表2-41　石材面板孔加工尺寸及允许偏差　　（单位：mm）

<table>
<tr><th colspan="2" rowspan="2">石材面板固定形式</th><th colspan="2">孔径</th><th rowspan="2">孔中心线到板边的距离</th><th colspan="2">孔底到板面保留厚度</th><th rowspan="2">检测方法</th></tr>
<tr><th>孔类别</th><th>允许偏差</th><th>最小尺寸</th><th>偏差</th></tr>
<tr><td rowspan="4">背栓式</td><td rowspan="2">M6</td><td>直径</td><td>+0.4
−0.2</td><td rowspan="4">最小50</td><td rowspan="4">8.0</td><td rowspan="4">−0.4
+0.1</td><td rowspan="4">卡尺
深度尺</td></tr>
<tr><td>扩孔</td><td>±0.3
软质石材
+1～−0.3</td></tr>
<tr><td rowspan="2">M8</td><td>直径</td><td>+0.4
−0.2</td></tr>
<tr><td>扩孔</td><td>±0.3
软质石材
+1～−0.3</td></tr>
</table>

表2-42　石材面板通槽（短平槽、弧形短槽）、短槽和碟形背卡槽允许偏差　　（单位：mm）

<table>
<tr><th rowspan="2">项目</th><th colspan="2">通槽（短平槽、弧形短槽）</th><th colspan="2">短槽</th><th colspan="2">碟形背卡槽</th><th rowspan="2">检测方法</th></tr>
<tr><th>最小尺寸</th><th>允许偏差</th><th>最小尺寸</th><th>允许偏差</th><th>最小尺寸</th><th>允许偏差</th></tr>
<tr><td>槽宽度</td><td>7.0</td><td>±0.5</td><td>7.0</td><td>±0.5</td><td>3</td><td>±0.5</td><td>卡尺</td></tr>
<tr><td>槽有效长度（短平槽槽底处）</td><td>—</td><td>±2</td><td>100</td><td>±2</td><td>180</td><td>—</td><td>卡尺</td></tr>
<tr><td>槽深（槽角度）</td><td>—</td><td>槽深/20</td><td>—</td><td>矢高/20</td><td>45°</td><td>+5°
0°</td><td>卡尺
量角器</td></tr>
</table>

续表 2-42 (单位:mm)

项目	通槽(短平槽、弧形短槽)		短槽		碟形背卡槽		检测方法
	最小尺寸	允许偏差	最小尺寸	允许偏差	最小尺寸	允许偏差	
两(短平槽)槽中心线距离(背卡上下两组槽)	—	±2	—	±2	—	±2	卡尺
槽外边到板端边距离(碟形背卡外槽到与其平行板端边距离)	—	±2	不小于板材厚度和85,不大于180	±2	50	±2	卡尺
内边到板端边距离	—	±3	—	±3	—	—	卡尺
槽任一端侧边到板外表面距离	8.0	±0.5	8.0	±0.5	—	—	卡尺
槽任一端侧边到板内表面距离(含板厚偏差)	—	±1.5	—	±1.5	—	—	卡尺
槽深度(有效长度内)	16	±1.5	16	±1.5	垂直10	+2 0	深度尺
背卡的两个斜槽石材表面保留宽度	—	—	—	—	31	±2	卡尺
背卡的两个斜槽槽底石材保留宽度	—	—	—	—	13	±2	卡尺

(二)平面度公差

干挂石材板材的平面度允许公差应符合表 2-43 的规定。

表 2-43 干挂石材板材的平面度允许公差 (单位:mm)

板材长度	亚光面和镜面板材			粗面板材		
	优等品	一等品	合格品	优等品	一等品	合格品
≤400	0.20	0.35(0.3)	0.50	0.60	0.80	1.00
400~800	0.50	0.65(0.6)	0.80	1.20	1.50	1.80
>800	0.70	0.85(0.8)	1.00	1.50	1.80	2.00

注: 1. 括号内的指标仅适用于大理石类石材。

2. 粗面板材性能指标适用于花岗石类石材。

干挂圆弧板直线度与线轮廓度允许公差应符合表 2-44 的规定。

表 2-44　干挂圆弧板直线度与线轮廓度允许公差　（单位:mm）

项目		亚光面和镜面板材			粗面板材		
		优等品	一等品	合格品	优等品	一等品	合格品
直线度（按板材高度）	≤800	0.80(0.6)	1.00(0.8)	1.20(1.0)	1.00	1.20	1.50
	>800	1.00(0.8)	1.20(1.0)	1.50(1.2)	1.50	1.50	2.00
线轮廓度		0.80	1.00	1.20	1.00	1.50	2.00

注:1. 括号内的指标仅适用于大理石类石材。

2. 粗面板材性能指标适用于花岗石类石材。

异型石材直线度与线轮廓度允许公差应符合 JC/T 847 的规定。

(三)角度公差

干挂石材板材的角度允许公差应符合表 2-45 的规定,普型板拼缝板材正面与侧面的夹角不得大于90°。

表 2-45　干挂石材板材的角度允许公差　（单位:mm）

板材长度	优等品	一等品	合格品
≤400	0.30	0.50(0.4)	0.80(0.5)
>400	0.40	0.60(0.5)	1.00(0.7)

注:括号内的指标仅适用于大理石类石材。

圆弧板角度允许公差:优等品为 0.40 mm,一等品为 0.60 mm,合格品为 0.80 mm。圆弧板侧面角 α 应不小于 90°。

异型石材角度允许公差应符合 JC/T 847 的规定。

(四)光泽度

花岗石镜面板材的镜向光泽度应不低于 80 光泽单位,大理石镜面板材的镜向光泽度应不低于 70 光泽单位。特殊需要以及其他石材产品镜向光泽度按供需双方协商确定。

(五)外观质量

干挂石材不允许有裂纹存在,其余项目应符合相应产品标准、相应等级对天然石板外观质量的要求。

(六)物理性能

干挂石材物理性能指标应符合表 2-46 的规定。建筑幕墙使用非花岗石、大理石类石材时,干燥、水饱和弯曲强度值应不低于 4 MPa。

表 2-46　干挂石材物理性能指标

项目		天然花岗石	天然大理石	天然石灰石	天然砂岩
体积密度（g/cm^3），≥		2.56	2.60	2.16	2.40
吸水率（%），≤		0.60	0.50	3.00	3.00
干燥压缩强度（MPa），≥		100.0	50.0	28.0	68.9
弯曲强度（MPa），≥	干燥	8.0	7.0	3.4	6.9
	水饱和				
剪切强度（MPa），≥		4.0	3.5	1.7	3.5
抗冻系数（%），≥		80	80	80	80

干挂石材在具体的工程中与使用的挂件组成挂件组合单元的挂装强度以及石材挂装系统的结构强度应符合设计要求，正常情况下应满足表 2-47 的规定。

表 2-47　挂装强度和结构强度性能指标

项目	室内饰面	室外饰面
挂件组合单元挂装强度	不低于 0.65 kN	不低于 2.80 kN
石材挂装系统结构强度	不低于 1.20 kPa	不低于 5.00 kPa

三、试验方法

（一）裂纹

用近距离目测及水浇法（观察水渗透情况）检测。

（二）外弧面板和内弧面板厚度

对于中间厚的外弧面板，圆弧板的厚度测量点应选在每个端面上靠近侧面两个开槽的中心处；对于中间薄的内弧面板，测量点应选在中间最薄处。

（三）剪切强度

1. 设备及量具

试验机：测量精度为 ±1%，试样破坏载荷应在设备示值的 20% ~90% 范围内。

游标卡尺：精度 0.02 mm。

干燥箱：温度可控制在（60 ±2）℃。

2. 试样

长度 250 mm，宽度 40 mm；厚度为实际使用厚度，可采用 20 mm、25 mm、30 mm 等规格；长度尺寸偏差 ±1 mm，宽度尺寸偏差 ±0.5 mm，每组样品 5 块。

有纹理的石材样品取剪切面垂直和平行纹理的试样各一组，每组 5 块，试样上标明纹理方向。

试样两个受力面应平整且平行,粗面石材应打磨平整,正面与侧面夹角应为 90° ±0.5°。

试样不得有裂纹、缺棱和缺角。

3. 试验步骤

将试样置于干燥箱中,在(60 ±2)℃下干燥 48 h,然后放入干燥器中冷却至室温。

在试样的一个侧面上用细铅笔画出两条与受力面垂直的平行线,线间距离 180 mm,每条线与端面距离(35 ±1) mm(见图 2-10)。

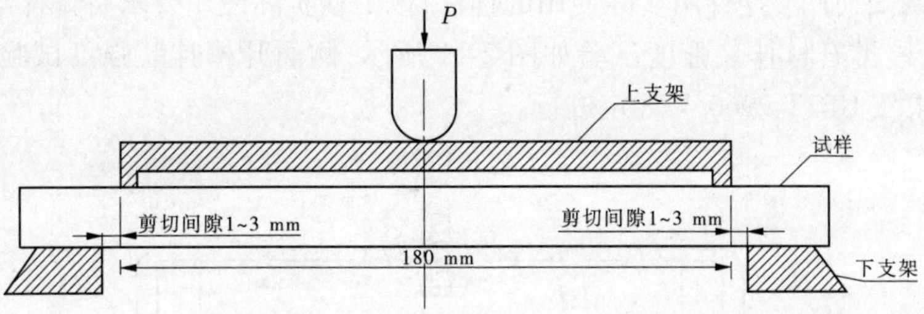

图 2-10　石材剪切强度试验

用游标卡尺测量试件画铅笔线位置处的厚度和宽度,读数准确到 0.1 mm,取平均值作为试件的厚度(h)和宽度(b)。

将试件放置在下支架中央,调节试样使两个下支架的内侧边缘线与铅笔线距离为 1 ~3 mm;将上支架放置于样品上面,调节位置使上支架的外侧边缘线与左右铅笔线对齐(见图 2-10)。试样一般镜面或亚光面朝下放置。

以每分钟 0.5 mm 的速率对试样施加载荷至试样破坏,记录试样破坏载荷值(P),精确到 10 N。若样品未从剪切面处断开,表明剪切间隙过大,数据变成了弯曲破坏载荷数据;此时数据应作废,减小剪切距离,重新进行试验。

4. 结果计算

剪切强度按下式计算:

$$\tau = \frac{P + G}{2bh}$$

式中　τ——剪切强度,MPa;

P——试样破坏载荷,N;

G——上支架的重量,N;

b——试样宽度,mm;

h——试样厚度,mm。

以每组试样剪切强度的算术平均值和单块最小值表示,数值修约到 0.1 MPa。

5. 试验报告

试验报告应包含以下内容:

(1)该组试样剪切强度的最小值、平均值和标准偏差。

(2)试样名称、品种、编号。

(3)试样的纹理方向、状态等。

(4)试样的尺寸、数量。

(5)试验条件。

(四)抗冻系数

按第一章第六节内容进行水饱和、冻融循环后弯曲强度试验,用冻融循环后弯曲强度平均值除以水饱和弯曲强度平均值,并用百分比表示,保留两位有效数字。

(五)挂件组合单元挂装强度

挂件组合单元挂装强度样品尺寸为 300 mm × 300 mm × 实际厚度,5 块,石材槽或孔按实际使用要求加工,挂件用实际使用的挂件,按工程实际使用要求将试样与挂件组成试样单元。背栓类石材挂装强度试验如图 2-11 所示,侧面开槽挂装强度试验如图 2-12 所示,其余要求按 GB/T 9966.7 规定进行。

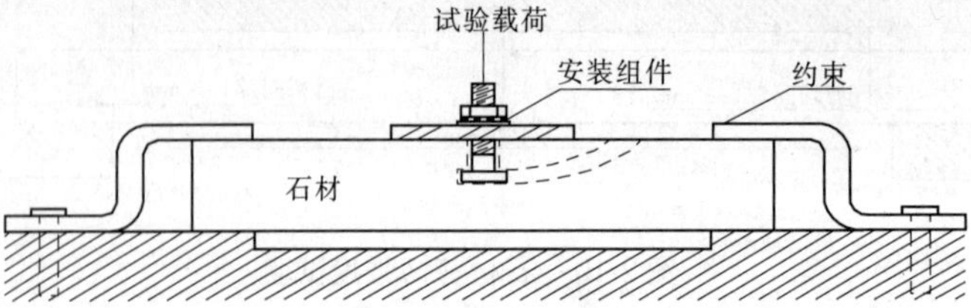

图 2-11　背栓类石材挂装强度试验

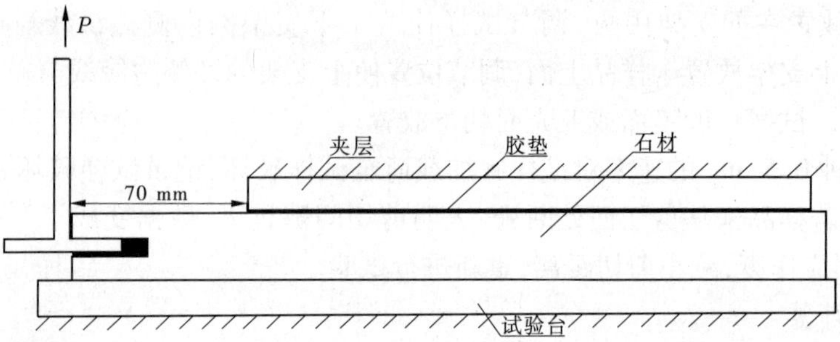

图 2-12　侧面开槽挂装强度试验

(六)石材挂装系统结构强度

1. 方法提要

建筑物表面的实际载荷随风向、时间、离地面高度、建筑物形状、地理气候、周围建筑及其他因素而变化,而挂装系统的结构性能是加工、安装等因素的函数,还依赖于支撑结构的刚性以及石材对震动、温度变化等各种不利因素的抵抗能力。

本试验方法给出了在均匀静态压差下饰面板材结构性能的标准测定程序,其用途为模拟风载荷对建筑物外部饰面的作用效应,测试结果只提供一种模拟状态下的参考数据。

2. 设备及量具

检测室:上下两面开放的箱体及同样大小的防水膜,箱体应可容纳挂装试样,防水膜应有足够强度保证试验过程中不会破漏。

水压测试仪:精度为 10 Pa。

游标卡尺:精度为0.02 mm。

水平仪:长度最大为2 m。

3. 试样

试样的尺寸、材料、表面处理、槽或孔的位置及固定方式均应符合实际使用要求。按工程要求把挂件安装在试验板材上,填充实际使用的填缝胶,按规定时间固化。试样上不得有裂纹、缺棱、缺角及其他影响强度的缺陷。

取3件试样为一组。

4. 试验步骤

1)正载荷状态

用与工程实际安装过程中相同的方法将试样安装在检测室下面,装饰面向上;调整试样至水平。安装示意图如图2-13所示。向检测室内注水,加水速率控制在使试样开始受力至试样破坏或达到设计载荷在30 min以内,记录试样破坏或达到设计载荷时试样表面的最大水压。如试样破坏,记录破坏状态,用游标卡尺测量试样破坏部位尺寸,精确至0.1 mm。若试样破坏前,所加载荷达到设计载荷,应至少保持5 s。

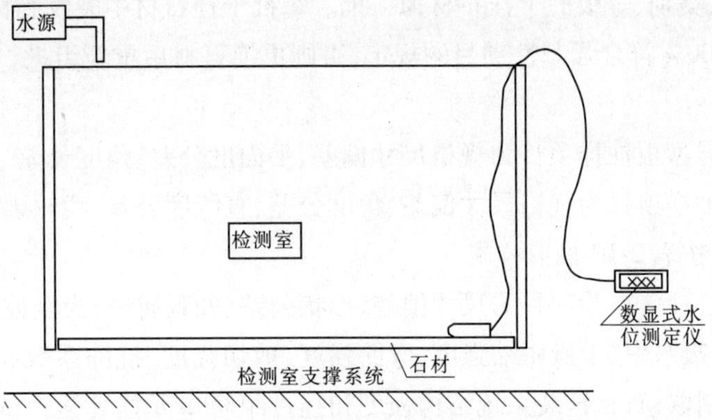

图2-13 挂装系统结构强度测试安装示意图

2)负载荷状态

用与工程实际安装过程中相同的方法将试样安装在检测室下面,装饰面朝下;调整试样至水平。安装示意图如图2-13所示。向检测室内注水,加水速率控制在使试样开始受力至试样破坏或达到设计载荷在30 min以内,记录试样破坏或达到设计载荷时试样表面的最大水压。如试样破坏,记录破坏状态,用游标卡尺测量试样破坏部位尺寸,精确至0.1 mm。若试样破坏前,所加载荷达到设计载荷,应至少保持5 s。

5. 结果计算

破坏载荷或设计载荷按下式计算:

$$P = \rho g h + P_0$$

式中 P——破坏载荷,Pa;

ρ——石材的密度,g/cm^3;

h——石材的厚度, mm;

P_0——试样表面承受最大水压,Pa;

g——重力加速度,9.8 N/kg。

6. 试验报告

试验报告应至少包含以下内容:

(1)每个试件达到设计强度要求时的载荷或破坏载荷,并注明该组试样状态。

(2)石材名称、品种、编号及规格尺寸,层理方向和表面抛光情况等。

(3)挂件系统的尺寸、型号。

(4)标准编号。

(5)试验人员及日期。

(七)其他检验项目

按花岗石建筑板材、大理石建筑板材、异型石材等相应方法检测。

四、检验判定规则

(一)组批

同一品种、类别、等级的干挂石材为一批。每批干挂石材中裂纹和板材厚度为全数检验项目,要求100%符合强制性项目的规定,否则更换石材后重新组批。

(二)抽样

普型板和异型板抽样项目为规格尺寸偏差、平面度公差、角度公差、镜向光泽度、外观质量。圆弧板抽样项目为规格尺寸偏差、角度公差、直线度公差、线轮廓度公差、镜向光泽度、外观质量。按表2-10抽取样本。

花线和实心柱体检验项目为尺寸偏差、形状公差、外观质量,为全数检验。

体积密度、吸水率、干燥压缩强度、弯曲强度、剪切强度、抗冻系数和放射性水平的试样可从荒料中制取;石材挂装系统结构强度和挂件组合单元挂装强度试样从板材产品中抽取。

(三)判定

单块干挂石材的所有检验结果均符合技术要求中相应等级时,则判定该块石材符合该等级。

同批花线和实心柱体中,优等品中不得有超过5%的一等品,一等品中不得有超过10%的合格品,合格品中不得有不合格品。

干挂石材根据样本检验结果,若样本中发现的等级不合格数小于或等于合格判定数(A_c),则判定该批产品符合该等级;若样本中发现的等级不合格数大于或等于不合格判定数(R_e),则判定该批产品不符合该等级。

体积密度、吸水率、干燥压缩强度、弯曲强度、剪切强度、抗冻系数的试验结果中,有一项不符合技术要求时,则判定该批产品为不合格;石材挂装系统结构强度和挂件组合单元挂装强度有一项达不到需方的设计要求时,则判定该批产品为不合格;石材的放射性水平如超出了标准规定的适用范围,则判定该批产品为不合格。

第六节　板　石

一、板石定义和分类及等级

（一）定义

板石：商业上指易沿流片理产生的劈理面裂开成薄片的一类变质岩类石材。

（二）分类

(1)按用途分为：

饰面板（CS）：用于地面和墙面等装饰用途的板石，按弯曲强度分为 C_1、C_2、C_3、C_4 类。

瓦板（RS）：用于房屋盖顶用途的板石，按吸水率分为 R_1、R_2、R_3 类。

(2)按形状分为：

普型板（NS）。

异型板（IS）。

（三）等级

按尺寸偏差、平面度公差、角度公差、外观质量、干湿稳定性分为一等品（A）、合格品（B）两个等级。

二、板石技术要求

（一）普型板规格尺寸

饰面板规格尺寸允许偏差见表2-48。

表2-48　饰面板规格尺寸允许偏差　（单位：mm）

项目		技术指标	
		一等品	合格品
长度、宽度	≤300	±1.0	±1.5
	>300	±2.0	±3.0
厚度（定厚板）		±2.0	±3.0

注：定厚板是指合同中对厚度有规定要求的板材。

瓦板规格尺寸允许偏差见表2-49。

表2-49　瓦板规格尺寸允许偏差

项目		技术指标	
		一等品	合格品
长度、宽度	≤300 mm	±1.5 mm	±2.0 mm
	>300 mm	±2.0 mm	±3.0 mm
单块板材厚度		±1.0 mm	±1.5 mm
100块板材厚度变化率，≤	厚度≤5 mm	15%	20%
	厚度>5 mm	20%	25%

同一块板材的厚度允许极差为:饰面板(定厚板)3 mm,瓦板 1.5 mm。

(二)普型板平面度

普型板平面度允许公差见表 2-50。

表 2-50　普型板平面度允许公差　（单位:mm）

项目	技术指标		
	饰面板		瓦板
	一等品	合格品	
长度≤300	1.5	3.0	不超过长度的 0.5%
长度＞300	2.0	4.0	

(三)普型板角度

普型板角度允许公差见表 2-51。

表 2-51　普型板角度允许公差　（单位:mm）

项目	技术指标			
	饰面板		瓦板	
	一等品	合格品	一等品	合格品
长度≤300	1.0	2.0	不超过长度的 0.5%	不超过长度的 1.0%
长度＞300	1.5	3.0		

(四)外观质量

同一批板材的色调应基本调和,花纹应基本一致。板材表面不允许有疏松碎屑物及风化孔洞。板材不允许有碳质夹杂物形成的线条。

饰面板正面的外观缺陷应符合表 2-52 的规定。

表 2-52　饰面板正面的外观缺陷规定

缺陷名称	规定内容	技术指标	
		一等品	合格品
缺角	沿板材边长,长度≤5 mm,宽度≤5 mm(长度≤2 mm,宽度≤2 mm 不计),每块板允许个数(个)	1	2
色斑	面积不超过 15 mm×15 mm(面积小于 5 mm×5 mm 不计),每块板允许个数(个)	0	2
裂纹	贯穿其厚度方向的裂纹	不允许	
人工凿痕	劈分板石时产生的明显加工痕迹		
台阶高度	装饰面上阶梯部分的最大高度	≤3 mm	≤5 mm

瓦板正面的外观缺陷应符合表 2-53 的规定。

表 2-53　瓦板正面的外观缺陷规定

缺陷名称	规定内容	技术指标	
		一等品	合格品
缺角	沿板材边长,长度不大于边长的 8%(长度小于边长 3% 的不计),允许缺角部位见图 2-14,每块板允许个数(个)	2	
白斑	面积不超过 15 mm×15 mm(面积小于 5 mm×5 mm 不计),每块板允许个数(个)	0	2
裂纹	可见裂纹和隐含裂纹	不允许	
人工凿痕	劈分板石时产生的明显加工痕迹		
台阶高度	装饰面上阶梯部分的最大高度	≤1 mm	≤2 mm
崩边	打边处理时产生的边缘损失	宽度≤15 mm	

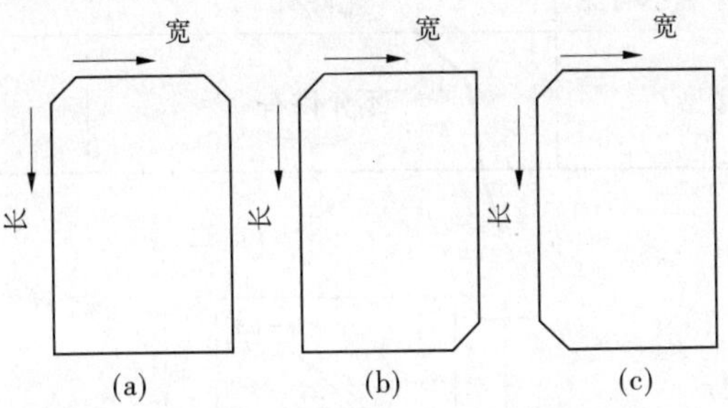

(a)—允许缺角类型;(b)、(c)—不允许缺角类型

图 2-14　瓦板缺角类型

(五)理化性能

饰面板的理化性能指标应符合表 2-54 的规定。

表 2-54　饰面板的理化性能指标

项目	技术指标			
	室内		室外	
	C_1 类	C_2 类	C_3 类	C_4 类
弯曲强度(MPa),≥	10.0	50.0	20.0	62.0
吸水率(%),≤	0.45		0.25	
耐气候性软化深度(mm),≤	0.64			
耐磨性[a]($1/cm^3$),≥	8			

注:a 表示仅适用在地面、楼梯踏步、台面等易磨损部位。

瓦板的理化性能指标应符合表 2-55 的规定，干湿稳定性按表 2-56 中的规定划分等级。

表 2-55　瓦板的理化性能指标

项目	技术指标		
	R_1 类	R_2 类	R_3 类
吸水率(%)，≤	0.25	0.36	0.45
破坏载荷(N)，≥	1 800		
耐气候性软化深度(mm)，≤	0.35		

表 2-56　瓦板的干湿稳定性规定

<table>
<tr><td colspan="3" rowspan="2">项目</td><td colspan="2">技术指标</td></tr>
<tr><td>一等品</td><td>合格品</td></tr>
<tr><td colspan="3">含未氧化的黄铁矿结晶</td><td>允许有</td><td>允许有</td></tr>
<tr><td rowspan="3">含已氧化的黄铁矿结晶</td><td rowspan="2">非贯穿型</td><td>外观可见</td><td>不允许有</td><td rowspan="2">允许有</td></tr>
<tr><td>外观不可见</td><td>允许有</td></tr>
<tr><td colspan="2">贯穿型</td><td>不允许有</td><td>不允许在图 2-15 阴影部位出现</td></tr>
</table>

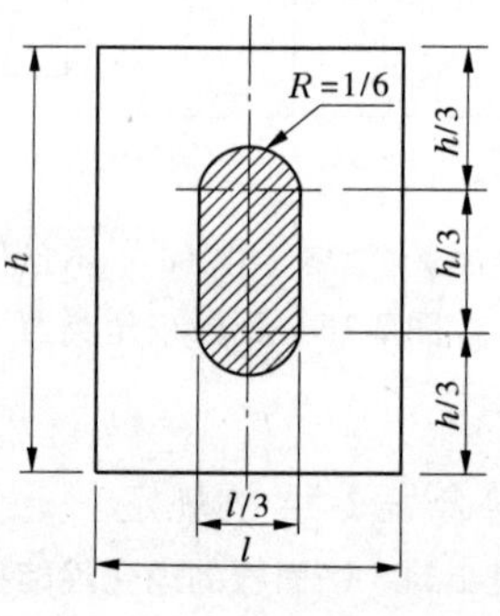

图 2-15　贯穿型已氧化黄铁矿结晶部位

若供需双方对理化性能指标有特殊要求，按双方协议执行。

（六）异型板技术要求

异型板的技术指标由供需双方协商确定。

三、试验方法

（一）规格尺寸

1. 饰面板

用游标卡尺或能满足精度要求的量器具测量板材的长度、宽度、厚度。长度、宽度分别在板材的三个部位测量，见图 2-16，厚度测量 4 条边的中点部位，见图 2-17。分别用测量值与标称值之间偏差的最大值和最小值表示长度、宽度、厚度的尺寸偏差，测量值精确到 0.1 mm。

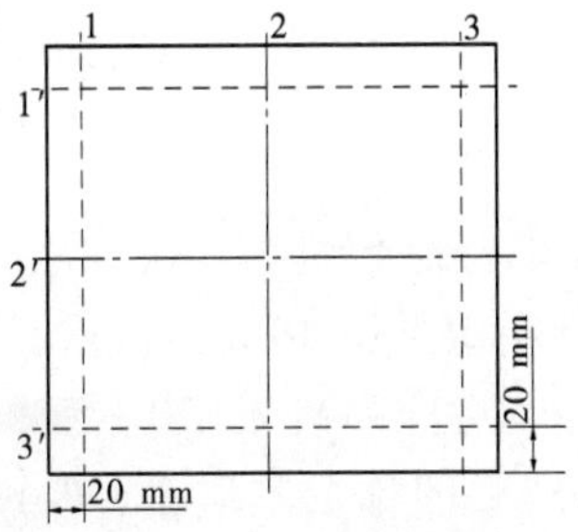

1,2,3—宽度测量线；

1′,2′,3′—长度测量线

图 2-16　板材规格尺寸测量

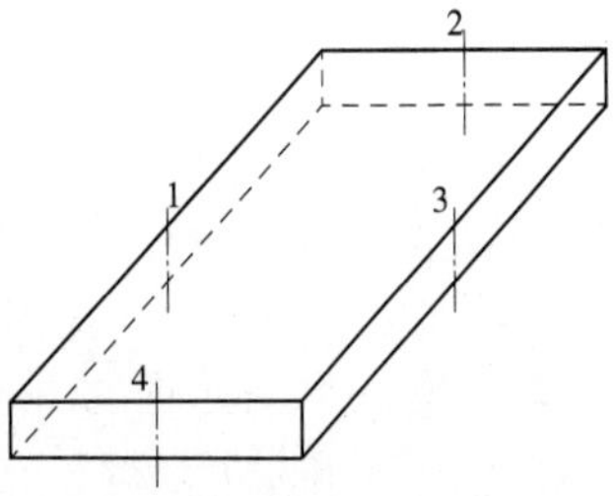

1,2,3—长度测量线；1′,2′,3′—宽度测量线

1,2,3,4—厚度测量线

图 2-17　板材厚度测量

2. 瓦板

瓦板的长度、宽度测量方法同上述规定；单块瓦板的厚度在 4 条边的中点向板材中心延伸 20 mm 处测量。从同一批瓦板中随机抽取 200 块板材，平均分为两组。将每组样品自然叠放后，用分度值为 1 mm 的钢卷尺分别测量 100 块板材的总厚度，分别记为 h_1、h_2，测量值精确至 1 mm。100 块板材的厚度变化率按下式计算：

$$\Delta_h = \frac{|h_1 - h_2|}{\min(h_1, h_2)} \times 100\%$$

式中　Δ_h——100 块板材的厚度变化率（%）；

h_1、h_2——每组样品的总厚度，mm；

$\min(h_1, h_2)$——两组板材中总厚度的较小值，mm。

（二）平面度

将直线度公差为 0.1 mm 的钢平尺自然贴放在被检面的两条对角线上，用塞尺或游标卡尺测量尺面与板面的间隙。以最大间隙的测量值表示板材的平面度公差，测量值精确到 0.1 mm。

（三）角度

用内角垂直度公差为 0.13 mm，内角边长为 500 mm×400 mm 的 90°钢角尺检测。将钢角尺的短边紧靠板材的短边，长边贴靠板材的长边，用塞尺或游标卡尺测量板材长边与钢角尺长边之间的最大间隙。测量板材的 4 个角，以最大间隙的测量值表示板材的角度公差，测量值精确至 0.1 mm。

（四）外观质量

将协议板与被检板材并列平放在地上，在距板材 1.5 m 处站立目测花纹和色调，目测疏松碎屑物、风化孔洞、碳质夹杂物形成的线条。用游标卡尺测量缺角、崩边缺陷的长度、宽度和高度，目测缺角个数。用游标卡尺测量色斑、白斑的尺寸，目测色斑个数。可见裂纹采用目测法，隐含裂纹用金属锤轻敲，辨其声音，清脆无劈裂声为无裂纹。将板材平放在地上，在距板材 1 m 处目测人工凿痕。用游标卡尺测量台阶的高度，取测量的最大值作为台阶高度。

(五)吸水率

1. 设备及量具

干燥箱:温度可控制在(60±2)℃范围内。

天平:最大称量1 000 g,感量10 mg。

2. 试验方法

试样的边长为100 mm,厚度为使用厚度。每次试验的样品数量为6块。

将样品用清水洗净擦干,放入(60±2)℃的恒温干燥箱中干燥48 h至恒重,放入干燥器中冷却至室温。称量其质量(W_1),读数精确到0.01 g。将样品浸入(20±5)℃的清水中48 h后,取出并用拧干的湿毛巾轻轻地擦干表面水分,立即称量其质量(W_2),读数精确至0.01 g。

3. 结果计算

吸水率按以下公式计算:

$$W = \frac{W_2 - W_1}{W_1} \times 100\%$$

式中 W——样品的吸水率(%);

W_1——样品干燥时的质量,g;

W_2——样品水饱和时的质量,g。

以每组试样吸水率的算术平均值作为试样的吸水率。结果保留两位有效数字。

(六)弯曲强度和破坏载荷

1. 设备与量具

试验机:测量精度为±1%的试验机,试样破坏载荷应在设备示值的20%~90%范围内。

游标卡尺:精度为0.02 mm。

干燥箱:温度可控制在(60±2)℃范围内。

2. 试样

饰面板试样:长度(300±1) mm、宽度(40±0.5) mm、厚度(25±0.5) mm。长度方向与层理平行的试样5块。

瓦板试样:长度100 mm、宽度100 mm、厚度4.8~6.4 mm。试样表面标出制取样品前瓦板的长度方向,并以此方向作为试样的长度方向,试样表面为自然劈分状态,每组样品6块。

3. 试验步骤

将试样置于干燥箱中,在(60±2)℃下干燥48 h至恒重,放入干燥器中冷却至室温。

在饰面板试样上用铅笔和直尺画出试样的中心线作为加载线,并距中心线125 mm处画两条与中心线平行的直线作为跨距线;在瓦板试样上用铅笔和直尺画出与试样长度方向垂直的中心线作为加载线,并在距中心线25 mm处画出两条与中心线平行的直线作为跨距线(见图2-18)。

将试样放置在支架上,调节支架横梁至跨距线正下方,用一个与支架横梁直径相同的压头向试样中心线以每分钟(1 800 ±50) N 的速率加压至试样破坏,记录试样破坏载荷值(P),精确到 1 N。装置和试样示意图如图 2-18 所示。

用游标卡尺测量试样断裂面的宽度(b)和厚度(h),精确到 0.1 mm。

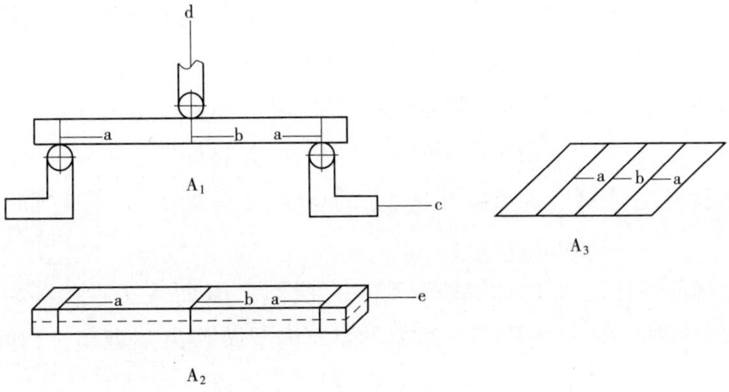

A_1—试样检测装置;A_2—饰面板平行纹理方向试样;A_3—瓦板试样;

a—跨距线;b—中心线;c—支架;d—加载压头;e—层理

图 2-18　装置和试样示意图

4. 结果计算

饰面板弯曲强度按以下公式计算:

$$R_f = \frac{3Pl}{2bh^2}$$

式中　R_f——试样的弯曲强度,MPa;

P——破坏载荷,N;

l——支点间距离,mm;

b——试样宽度,mm;

h——试样高度,mm。

瓦板以每组试样的破坏载荷算术平均值作为该组试样的破坏载荷。试验结果保留一位小数。

(七)耐气候性

1. 设备、量具及试剂

刮刀:将腻子刀的刃磨掉,制成长约 76 mm、宽约 19 mm 的刮刀。刮刀的前端应为平面且与其长度方向垂直。以该平面的两条长边作为切削刃。

千分尺:精度为 0.001 mm。

试剂:1%(质量比)化学纯硫酸溶液。

干燥箱:可控制在(105 ±2)℃范围内。

2. 试样

试样长约 100 mm,宽约 50 mm,厚度为使用厚度,每组试样 5 块。用 80 号砂纸将试样表面磨平。

3. 试验步骤

在试样的一面用铅笔画出样品的两条对角线，对角线的交点为试验位置，用千分尺测量出该点的厚度，测量值精确到0.001 mm。

将刮刀置于试验点处，与试样表面约成30°倾角，施加约13 N的力。用刮刀一侧的切削刃在同一部位沿同一方向刮削试样8次，每次刮削长度约为40 mm。再用另一侧的切削刃按同样方法刮削8次。测量刮削后试验点的厚度，测量值精确到0.001 mm。每块试样进行试验前，应修磨刮刀，保证刮刀有两个锋利的切削刃。

刮削前试验点的厚度与刮削后试验点的厚度的差值作为浸酸前的刮削深度，记为h_1。

将刮削完毕的试样浸入1%的硫酸溶液中，浸泡7 d(每天更换硫酸溶液)。取出样品，用水将样品冲洗干净，放入(105 ±2)℃的烘箱内干燥24 h后取出，冷却至室温。

在试样的另一面重复上述刮削试验步骤，刮削前试验点的厚度与刮削后试验点的厚度的差值作为浸酸后的刮削深度，记为h_2。

4. 结果计算

耐气候性软化深度计算公式：

$$\Delta_h = h_2 - h_1$$

式中 Δ_h——耐气候性软化深度，mm；

h_1——浸酸前的刮削深度，mm；

h_2——浸酸后的刮削深度，mm。

以每组试样耐气候性软化深度的算术平均值作为试样的耐气候性软化深度，结果保留两位小数。

(八)耐磨性

按第一章第八节的内容进行试验。

(九)瓦板干湿稳定性

1. 原理

铁的硫化物以各种矿物形态(黄铁矿结晶、磁黄铁矿)呈杂质出现在板石中，一般统称为黄铁矿结晶，对瓦板的使用寿命有很大的影响。

经过一定次数的干燥、水浸的循环过程，瓦板中的黄铁矿结晶将发生一定程度的氧化反应，由此判定黄铁矿的存在性质。经干湿循环后黄铁矿结晶表征发生变化的称为已氧化黄铁矿结晶，未发生变化的称为未氧化的黄铁矿结晶。

2. 仪器设备

显微镜：25倍以上放大倍数。

干燥箱：温度可控制在(105 ±2)℃范围内。

3. 试样

试样长度约为100 mm，宽度约为50 mm，厚度为使用厚度。样品数量为6块，其中一块样品作为比对样品。

4. 试验步骤

在显微镜下观察6块样品黄铁矿结晶形态,并记录。将5块样品浸入室温下的清水中7.5 h,取出后将其置于(105 ±2)℃的恒温干燥箱中干燥16 h,取出样品冷却0.5 h,此为一次循环,共进行25次循环。在显微镜下将比对样品和经过干湿循环的样品进行比较,并记录。

四、检验判定规则

(一)组批

同一规格、品种、等级及同一供货批的板材为一批,或按同一工程连续性安装部位的板材为一批。

(二)抽样

规格尺寸偏差、平面度公差、角度公差、外观质量样品按表2-10进行抽样,瓦板的厚度变化率进行一次随机抽样检验,其余项目的试验样品可从检验批中随机抽取双倍数量样品。

(三)判定

单块板材的所有检验结果均符合技术要求中相应等级时,则判定该块板材符合该等级。

根据样本检验结果,若样本中发现的等级不合格数小于或等于合格判定数(A_c),则判定该批板材符合该等级;若样本中发现的等级不合格数大于或等于不合格判定数(R_e),则判定该批板材不符合该等级。

吸水率、弯曲强度、耐气候性、耐磨性、干湿稳定性的试验结果,均符合相应类别要求时,则判定该批板材以上物理性能符合该类别;若有两项及以上不符合相应类别要求,则判定该批板材为不符合该类别;有一项不符合相应类别要求时,用备样对该项进行复检,复检结果符合相应类别要求时,则判定该批板材以上物理性能符合该类别,否则判定该批板材为不符合该类别。

五、饰面板、瓦板的使用建议

按照饰面板弯曲强度的不同分为C_1、C_2、C_3、C_4四个类别,设计者或使用者可以按照不同使用部位和用途选取不同类别的板石。针对四类板石提出以下建议,供相关方参考。

C_1、C_3类饰面板板石建议用于装饰装修工程中室内外非结构性承载部位,例如湿贴的墙面或地面。不建议使用在结构性承载部位,例如室内外墙面的干挂。

C_2、C_4类饰面板板石可应用于装饰装修工程中室内外结构性承载部位,例如室内外墙面的干挂。

按照瓦板吸水率的不同分为R_1、R_2、R_3三个类别,参考美国ASTM C406—05标准将其与其他性能进行匹配，可预计瓦板的使用年限，供使用者参考，见表2-57。

表2-57　不同类别瓦板预期使用寿命

类别	吸水率(%)≤	破坏荷载最小值(N)	软化深度最大值(mm)	预期使用寿命(年)
R_1	0.25	2 558	0.05	>75
R_2	0.36	2 558	0.20	40～75
R_3	0.45	2 558	0.36	20～40

第七节　国外石材标准检验

目前国际上还没有统一的石材国际标准，国外先进的石材标准体系主要有美国ASTM石材标准、欧洲EN石材专业标准，我国的石材基础、产品和试验方法标准主要是采用美国ASTM石材标准。美国ASTM石材标准中对石材幕墙的安全性能有一定的规定，如幕墙设计规范、挂件组合单元挂装强度试验方法、挂装系统结构强度试验方法。欧洲石材标准体系中的一些先进试验方法，如盐结晶强度、岩相分析、激冷激热、动力弹性模数、耐盐雾老化强度、耐断裂能量、静态弹性模数、线性热膨胀系数、毛细吸水系数等试验方法，对研究石材应用中的安全性能具有积极的指导意义，适时地增加这些试验方法标准以及应用标准将有助于丰富我国石材基础性、安全性标准及其科学研究，对我国石材标准化工作具有非常积极的意义。

世界石材的三个标准体系中，我国石材产品质量要求高于欧美等国家，是目前世界上最完整、要求最高的标准，仅区别于日本客户的正偏差要求。这主要是由于欧美等国家的石材标准中对石材产品的加工精度未规定或要求较低，完全依靠设计师的设计要求来控制。例如美国ASTM标准未规定尺寸偏差，欧洲EN标准中的要求为室外±20 mm和室内±2 mm；而我国标准的优等品、一等品指标为0～－1 mm，主要来自于机加工设备的精度和优质装饰工程的要求。欧洲EN石材标准体系中理化性能仅提供了试验方法，未规定具体的技术指标(抗冻性除外)，要求按规定的试验方法提供测试数据供设计使用，一般要求有CE认证的检验机构出具报告，仅在欧洲国家使用。美国ASTM石材标准体系只要求了物理性能试验，并规定了严格的技术指标要求，在世界各地得到了广泛的应用。

目前国内一些工程由国外设计师设计或使用了进口石材，指定以ASTM石材标准进行检验。我国石材标准主要物理性能参考了美国ASTM标准，试验方法及技术指标与其等效，工程中可以参考美国ASTM标准。本节介绍工程中常用到的ASTM检验和判断。

一、美国ASTM石材标准物理性能技术指标

美国ASTM标准对饰面石材的物理性能要求见表2-58。

表 2-58 美国 ASTM 标准对饰面石材的物理性能要求

<table>
<tr><th colspan="2">项目</th><th>吸水率
(%)
≤</th><th>体积密度
(kg/m^3)
≥</th><th>压缩强度
(MPa)
≥</th><th>弯曲强度
(MPa)≥
(四点弯曲)</th><th>断裂模数
(MPa)≥
(三点弯曲)</th><th>耐磨性
(1/cm^3)
≥</th><th>耐酸性
(mm)
≤</th></tr>
<tr><td colspan="2">花岗石
ASTM C615</td><td>0.40</td><td>2 560</td><td>131</td><td>8.27</td><td>10.34</td><td>25</td><td>—</td></tr>
<tr><td rowspan="3">石灰石
ASTM C568</td><td>低密度</td><td>12</td><td>1 760</td><td>12</td><td>—</td><td>2.9</td><td rowspan="3">10</td><td>—</td></tr>
<tr><td>中密度</td><td>7.5</td><td>2 160</td><td>28</td><td>—</td><td>3.4</td><td>—</td></tr>
<tr><td>高密度</td><td>3</td><td>2 560</td><td>55</td><td>—</td><td>6.9</td><td>—</td></tr>
<tr><td rowspan="2">大理石
ASTM C503</td><td>方解石</td><td rowspan="2">0.20</td><td>2 595</td><td rowspan="2">52</td><td rowspan="2">7</td><td rowspan="2">7</td><td rowspan="2">10</td><td>—</td></tr>
<tr><td>白云石</td><td>2 800</td><td>—</td></tr>
<tr><td rowspan="2">蛇纹石
ASTM C1526</td><td>室外</td><td>0.20</td><td rowspan="2">2 560</td><td rowspan="2">69</td><td rowspan="2">6.9</td><td rowspan="2">6.9</td><td rowspan="2">10</td><td rowspan="2">—</td></tr>
<tr><td>室内</td><td>0.60</td></tr>
<tr><td rowspan="2">石灰华
ASTM C1527</td><td>室外</td><td>2.5</td><td rowspan="2">2 305</td><td>52</td><td>6.9</td><td>6.9</td><td rowspan="2">10</td><td>—</td></tr>
<tr><td>室内</td><td>2.5</td><td>34.5</td><td>4.8</td><td>4.8</td><td>—</td></tr>
<tr><td rowspan="3">砂岩
ASTM C616</td><td>杂砂岩</td><td>8</td><td>2 003</td><td>12.6</td><td>—</td><td>2.4</td><td>2</td><td>—</td></tr>
<tr><td>石英砂岩</td><td>3</td><td>2 400</td><td>68.9</td><td>—</td><td>6.9</td><td>8</td><td>—</td></tr>
<tr><td>石英岩</td><td>1</td><td>2 560</td><td>137.9</td><td>—</td><td>13.9</td><td>8</td><td>—</td></tr>
<tr><td rowspan="2">板石
ASTM C629</td><td>室外</td><td>0.25</td><td>—</td><td>—</td><td>—</td><td>垂直 62.1
平行 49.6</td><td>8.0</td><td>0.38</td></tr>
<tr><td>室内</td><td>0.45</td><td>—</td><td>—</td><td>—</td><td>垂直 49.6
平行 37.9</td><td>8.0</td><td>0.64</td></tr>
</table>

二、美国 ASTM 石材标准试验方法

(一) ASTM C97—02《天然石材吸水率及体积密度测试方法》

1. 样品选取

所选样品应能够真实反映该批产品的平均水平和等级,在质地方面应与送往市场的产品保持一致。选样工作可以由购买方或其授权机构在采石场或矿层直接完成,所选样品应有足够尺寸以满足至少制备 5 块试样。如果样品间存在明显差异,买主可以尽可能多地选样以确定此种类型石材吸水率和体积密度的范围。

2. 试样制备

试样可以是立方块、棱柱、圆柱体或其他任何规则形体,但是尺寸不应小于 50 mm 且不大于 75 mm,体积与表面积的比值应介于 8 ~ 12.5。试样所有的表面应适当打磨平整,用锯切割或用空心钻直接取得的试样,其表面是相当令人满意的,但相对粗糙的表面应采用 80 号研磨剂磨光。

在试样制备过程中,不可使用凿子之类的工具。

从每一批选定的样品中，至少制备5块试样，同一块试样可以同时用来测试吸水率和体积密度。

3. 吸水率试验过程

在通风烘箱中，以(60 ±2)℃干燥试样至少48 h直至恒重。干燥完毕后，在室内冷却0.5 h，然后称量，称量精确到0.01 g。如果冷却后不便即刻称重，可将其暂置于干燥器中。

在(20 ±2)℃条件下，将样品完全浸入去离子水或蒸馏水中，48 h后逐一取出，用湿抹布擦干表面水分后立即称重，精确至0.01 g。

以下面公式计算每一试样的吸水率(%)：

$$试样吸水率 = [(B - A)/A)] \times 100\%$$

式中 A——试样干燥质量，g；

B——试样水饱和质量，g。

各试样吸水率的平均值为最终结果。

4. 体积密度试验过程

当同一试样既要测吸水率又要测体积密度时，在测完吸水率后立即在(20 ±2)℃条件下称悬浮于去离子水中的水饱和试样质量，精确至0.01 g。测量水饱和试样悬浮质量的一个不错方法是用一铁丝网将其悬浮于水槽中，水槽应足够大以保证除吊绳外的整个悬挂组合均没入水中，在记录试样悬浮质量前，应确保吊篮和试样中的气泡全部排出。

测完悬浮质量后，在同样深度测吊篮的悬浮质量，用上述方法测得的总质量减去吊篮的悬浮质量即可得到试样的悬浮质量。或将悬挂吊篮的电子天平清零，然后将试样置于吊篮中直接称其悬浮质量。

当只测试样体积密度时，首先称样品的干燥质量，然后将试样浸入水中至少1 h或5 min内样品表面不再出现气泡，将样品取出，擦干表面水分，立即称其质量，精确至0.01 g。再将试样置入水中，5 min内测其悬浮质量。

按下面公式计算试样的体积密度：

$$试样体积密度 = A/(B - C)$$

式中 A——试样干燥质量，g；

B——擦干表面水分的水饱和试样在空气中的质量，g；

C——试样悬浮于水中的质量，g；

各试样体积密度平均值为最终结果。

(二) ASTM C170—90(R1999)《天然石材压缩强度测试方法》

1. 选样

所选样品应能够真实反映该批产品的平均水平和等级，在质地方面还应与送往市场的产品一致；选样工作可以由业主或其授权机构在矿层直接完成，所选样品应有足够尺寸以满足必要数量的试样制备。如果样品间存在明显差异，业主可以尽可能多地选样以确定此种类型石材压缩强度的变化范围。

2. 试样

试样可以是立方体、四棱柱或圆柱体，应从所选样品上锯切获取或用空心钻获取。试样直径或底面边长不应小于50.8 mm(颗粒非常大的石材,如某些花岗石,直径不应小于63.5 mm),高与直径或与底面边长之比不应小于1∶1。每种试验条件下须备样5块,如果样品还呈现出明显的纹理特征,则要求在每种试验条件和每种纹理方向上各备样5块。测试前应标出受力面和纹理方向。

受力面积可由直径和边长算出,测量立方体和四棱柱底边长时,应将卡尺置于底边中点处,边长和直径精确到0.02 in(0.5 mm),受力面积精确到0.04 in^2(0.26 cm^2)。

3. 试样预处理

试样干燥压缩强度:在通风烘箱中以(60±2)℃干燥至少48 h直至恒重,测试前将其置于干燥器中冷却至室温。

试样水饱和压缩强度:在(20±2)℃条件下将其置于水中浸泡48 h,取出擦干表面水分后立即测试。

4. 试验过程

将试样放置于试验机上,确保试样位于托盘正中心。

向试样加压,速率最好不超过690 kPa/s,当压头下降速率不超过1.3 mm/min时即可满足上述要求。

试样压缩强度按以下公式算出:

$$C_c = W/A$$

式中 C_c——试样压缩强度,MPa;

W——破坏荷载,N;

A——试样受力面积,in^2(mm^2);

各试样压缩强度的平均值为该样品压缩强度,结果精确到1 MPa。

如果试样高与直径或底边长的比大于等于1.25,结果计算应依据以下公式:

$$C_c = C_p/[0.778 + 0.222(b + h)]$$

式中 C_c——等效立方体试样的压缩强度,MPa;

C_p——实际试样的压缩强度,MPa;

b——试样直径或底面边长, mm;

h——试样高, mm。

(三)ASTM C99—87(R2006)《天然石材断裂模数测试方法》

1. 选样

所选样品应能够真实反映该批产品的平均水平和等级,在质地方面还应与送往市场的产品一致;选样工作可以由买方或其授权机构在采石场或矿层直接完成,所选样品应有足够尺寸以满足相应数量试样的制备。如果样品间存在明显差异,买主可以尽可能多地选样以确定此种类型石材断裂模数的变化范围。

2. 试样

试样规格尺寸:约101.6 mm×203.2 mm×57.2 mm。

试样应取自所选样品,待切割完毕,将其表面打磨光滑,两个101.6 mm×203.2 mm面应有较好的平面度且尽可能确保平行。

当要求荷载方向与样品劈理方向垂直时,则需制备5块101.6 mm×203.2 mm面平行于样品劈理方向的试样；当要求荷载方向与样品劈理方向平行时，则需制备5块101.6 mm×57.2 mm面平行于样品劈理方向的试样；当要求测试试样在干湿两种状态下的断裂模数时，则需在每种加载方向上制备10块试样。

3. 标记和测量

在101.6 mm×203.2 mm面上画一条垂直于203.2 mm×57.2 mm面的中心线，一直延伸到两个垂直于101.6 mm×203.2 mm面的侧面上，然后在中心线两侧88.9 mm处分别画一条与其相平行的线并做同样延伸。标出样品的劈理方向并对每块试样编号。

测量中心线处横截面尺寸，宽度精确至0.25 mm；分别测试样中心线处厚度和两端的厚度，精确至0.25 mm。试样厚度为3个厚度值的平均值。

4. 样品预处理

在测试试样干态条件下断裂模数之前，以(60±2)℃干燥试样至少48 h直至恒重，待干燥完毕，在干燥器中将其冷却至室温后测试；在测试试样湿态条件下断裂模数之前，在(20±2)℃条件下先将其没入水中浸泡48 h，取出擦干表面水分后立即测试。

5. 试验过程

将试样平放于试验机上，中心线对准压头，跨距调至177.8 mm，务必确保支撑模具和压头平行。当荷载加至44 N时做一次暂停并做微调，使压头和支撑模具的位置与试样表面的中心线和跨距线完全吻合，以不超过4 450 N/s的恒定速率继续加载直到试样断裂。

试样断裂模数由以下公式算出：

$$R = 3WL/(2bd^2)$$

式中 R——试样断裂模数，MPa；

W——破坏荷载，N；

L——跨距，mm；

b——试样宽，mm；

d——厚度，mm。

(四) ASTM C241—90(R2005)《天然石材脚踏耐磨度试验方法》

1. 样品选取

取样工作可由石材的购买方或其授权人确定，所取样品应能代表该类型石材或该等级石材的平均质地。另外，所取样品应有一光面且有足够尺寸以能制备至少3块试样。

2. 试样制备

样品规格尺寸为50.8 mm×50.8 mm×25.4 mm，至少3块。

试样尖棱应磨成弧度半径约为0.8 mm的圆边，以避免在测试过程中发生碎裂。

3. 样品预处理

在通风烘箱中以(60±2)℃干燥至少48 h至恒重，测试前将试样放置于干燥器中冷却至室温。

4. 试验过程

称试样初始质量，精确到0.01 g，然后将其安装到耐磨机上进行测试，以刚玉(No. 60)为研磨剂，以每分钟45转的速率磨225转，旋转结束后取下试样，除去表面灰尘后称其质量，精确到0.01 g。

将试样放置于水中停留 1 h 或更长时间,然后用毛巾将其表面擦干再次称重,依 ASTM C97 中的试验方法称其在水中质量并计算其体积密度。

试样耐磨度 H_a 根据下面公式算出:

$$H_a = 10G(2\,000 + W_s)/(2\,000W_a)$$

式中 G——试样体积密度,g/cm^3;

W_s——试样在测试前后的平均质量, g;

W_a——测试过程中试样的质量损失, g。

(五) ASTM C880—98《天然石材弯曲强度测试方法》

1. 试样制备

试样宽 102 mm(4 in),厚 32 mm(1.25 in),长 384 mm(15 in),跨距为 320 mm(12.5 in),以上尺寸均应精确至 0.26 mm(0.01 in),且试样侧面与正面相互垂直。在垂直于荷载方向上,试样应有一光面。每种测试条件下应至少备样 5 块,测试结果的平均值即为样品的弯曲强度。

当石材工作厚度确定以后,例如,某工程已明确了板材的厚度,在做弯曲强度测试时就必须使用其工作厚度。在接下来的试验中,对样品的规格尺寸则会有新的要求,厚度即实际工作厚度,不再是先前规定的 32 mm,但跨距依旧是厚度的 10 倍。试样长度也应适中,与跨距之差不应小于 51 mm,也不应大于 102 mm。当试样厚度小于 68 mm 时,试样宽度应为 102 mm,当厚度大于 68 mm 时,宽度应为厚度的 1.5 倍。当试样厚度不是 32 mm,并且试样是按照实际工作厚度制备时,最终的检测结果应按照试样实际工作厚度的弯曲强度出具。

当样品实际工作面状况确定以后,如某工程板材确定了建筑涂装特征,弯曲强度试验所采用的试样通常要符合工程的相关要求。样品应至少有一光面与荷载方向垂直,除非有特别说明,在测试时样品的光面应朝下放置,测试结果的平均值即为样品的弯曲强度。

采用这种测试方法获得的结果就是样品的弯曲强度,在具体应用中,不同尺寸的样品可能会以断裂模数值的方式给出许多有用结果。

2. 试样预处理

在通风烘箱中以(60 ±2)℃干燥至少 48 h 直至恒重,测试前将试样放置于干燥器中冷却至室温。

在测试样品水饱和弯曲强度之前,在(20 ±2)℃条件下将其浸入水中 48 h,取出擦干表面水分后立即测试。

3. 试验过程

安装调试设备,将样品放置于指定位置后调试压头,使其与样品轻微接触,以每分钟 4.14 MPa 的恒定速率加压,直到样品断裂。

试样弯曲强度值按以下公式算出:

$$\delta = 3WL/(4bd^2)$$

式中 δ——试样弯曲强度,MPa;

W——破坏荷载,N;

L——跨距,mm。

b——试样宽度,mm;

d——试样厚度,mm,$b \geq 1.5d$。

第八节　卫生间用天然石材台面板

本节介绍由天然石材加工成的卫生间用台面板检验和控制,其他用途的天然石材台面板可参照采用。

一、产品分类

按材质分为大理石台面板(M)、花岗石台面板(G)和石灰石台面板(L)。

按形状分为普型台面板(P)和异型台面板(Y)。

按表面加工程度分为镜面台面板 (J)、细面台面板(X)。

二、台面板技术要求

台面板的规格和前边及侧边的加工由供需双方协商确定。普型台面板的组成及各部位名称见图 2-19。

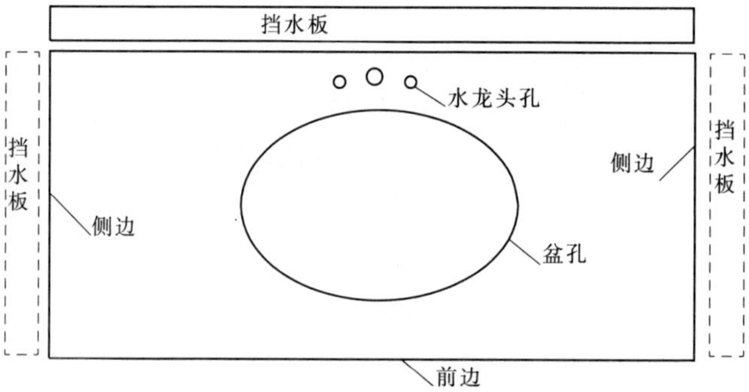

图 2-19　普型台面板的组成及各部位名称

(一)尺寸偏差

普型台面板尺寸允许偏差应符合表 2-59 的规定,异型台面板尺寸允许偏差由供需双方协商确定。

表 2-59　普型台面板尺寸允许偏差　　(单位:mm)

项目		技术要求
长度、宽度		±1.5
厚度		±1.5
水孔孔径		+1.5 -0.5
盆孔孔径	台上	±5.0
	台下	±3.0
水孔与盆孔的位置		±1.5

（二）平面度公差

台面板平面度允许公差应符合表2-60的规定。

表2-60　台面板平面度允许公差　（单位：mm）

台面板长度（L）	技术要求
≤800	0.35
800～1 200	0.65
>1 200	0.85

（三）角度公差

台面板角度允许公差为0.60 mm，台面板盆孔和异型台面板的线轮廓度由供需双方协商确定。

（四）外观质量

同一套台面板的色调应基本调和，花纹应基本一致。台面板正面的外观缺陷应符合表2-61的规定。加工的侧边效果应与大面基本一致。加贴类型的台面板侧面不应存在明显的胶粘线，最大粘缝应不大于0.4 mm，台面板的外露边棱角应光滑。

表2-61　台面板正面的外观缺陷规定

缺陷名称	规定内容	技术要求
缺棱	长度≥2 mm，宽度≥1.0 mm（长度<2 mm，宽度<1.0 mm不计）	外露面不允许
缺角	沿台面板边长，长度≥2 mm，宽度≥2 mm（长度<2 mm，宽度<2 mm不计）	
色斑	面积≤15 mm×30 mm（面积<10 mm×10 mm不计），每块板允许个数（个）	2
色线	长度不超过两端顺延至板边总长度的1/10（长度<40 mm不计），每块板允许条数（条）	
裂纹	长度<20 mm不计	不允许

（五）镜向光泽度

花岗石台面板的镜向光泽度应不低于80光泽单位，大理石台面板的镜向光泽度应不低于70光泽单位，石灰石台面板的镜向光泽度和特殊要求花岗石、大理石台面板的镜向光泽度由供需双方协商确定。

（六）物理性能

台面板的物理性能指标应符合表2-62的规定，花岗石台面板使用的石材放射性应符合GB 6566标准A类的规定。

表 2-62　台面板的物理性能指标

项目		技术要求		
		花岗石台面板	大理石台面板	石灰石台面板
体积密度(g/cm^3),≥		2.56	2.60	2.16
吸水率(%),≤		0.40	0.50	3.0
弯曲强度(MPa),≥	干燥	8.0	7.0	3.4
	水饱和			

三、试验方法

(一)尺寸

1. 长度、宽度和厚度

用游标卡尺或能满足精度要求的量器具测量板的长度、宽度、厚度。长度、宽度分别在板的三个部位测量(见图 2-20),厚度测量盆孔的 4 个中点部位(见图 2-21)。分别用测量值与标称值之间偏差的最大值和最小值表示长度、宽度、厚度的尺寸偏差,测量值精确到 0.1 mm。

2. 水孔直径

用游标卡尺或能满足精度要求的量器具在相互垂直的两条中心线上测量孔的直径,分别用偏差的最大值和最小值表示水孔的尺寸偏差,测量值精确到 0.1 mm。

3. 盆孔直径

用游标卡尺或能满足精度要求的量器具在两条轴线上测量孔的最大和最小直径,分别用偏差的最大值和最小值表示盆孔的尺寸偏差,测量值精确到 0.1 mm。

4. 水孔与盆孔的位置

用游标卡尺或能满足精度要求的量器具测量水孔和盆孔距端边的最小距离,分别用与标称值的偏差表示,测量值精确到 0.1 mm。

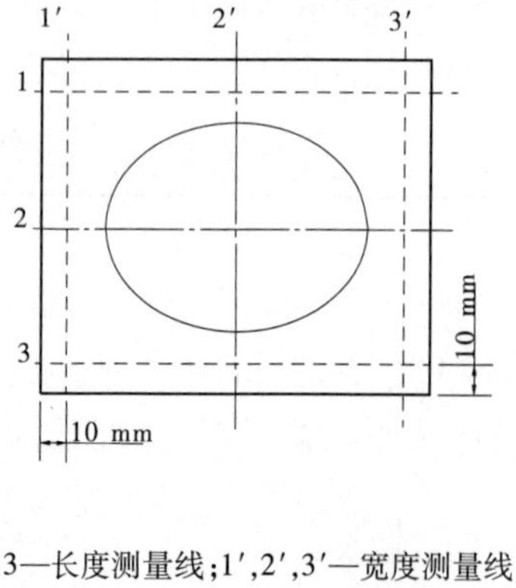

1,2,3—长度测量线;1′,2′,3′—宽度测量线

图 2-20　台面板规格尺寸测量

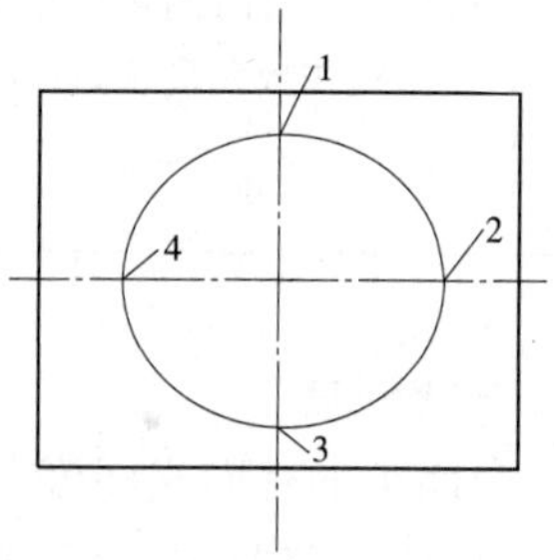

1,2,3,4—厚度测量点

图 2-21　台面板厚度测量

（二）平面度

将平面度公差为0.1 mm的1 000 mm钢平尺分别自然贴放在距板边10 mm处和被检平面的两条对角线上，用塞尺测量尺面与板面的间隙。当被检面边长和对角线长度大于1 000 mm时，用钢平尺沿边长和对角线分段检测。以最大间隙的测量值表示台面板的平面度公差，测量值精确到0.05 mm。

（三）角度

1. 台面板角度

使用内角垂直度公差为0.13 mm，内角边长为500 mm×400 mm的90°钢角尺。将钢角尺短边紧靠板的短边，长边贴靠板的长边，用塞尺测量板长边与钢角尺长边之间的最大间隙。测量板的4个角，以最大间隙的测量值表示台面板的角度公差，测量值精确到0.05 mm。

2. 台面板线轮廓度

台面板盆孔和异型台面板线轮廓度用供需双方商议的靠模紧贴台面板的弧面，用塞尺测量弧面与靠模之间的最大间隙。以最大间隙的测量值表示台面板的线轮廓度公差，测量值精确到0.05 mm。

（四）外观质量

1. 花纹色调

将协议板与被检板材并列平放在地上，在距板材1.5 m处目测。

2. 缺陷

目测，用游标卡尺或能满足精度要求的量器具测量缺陷的长度、宽度，测量值精确到0.1 mm。

3. 加工的侧边效果

目测。

4. 加贴边胶粘线

目测，用游标卡尺或能满足精度要求的量器具测量最大粘缝宽度，测量值精确到0.1 mm。

（五）镜向光泽度

采用60°入射角、光孔直径不小于18 mm的光泽度仪，在产品上测量，按GB/T 13891的规定试验，见图2-22。

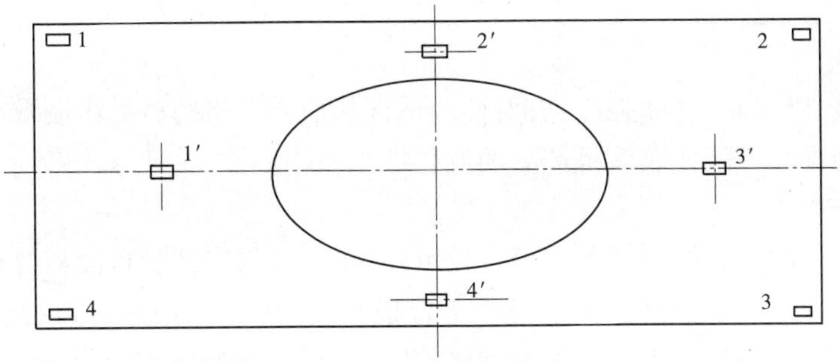

1、2、3、4—GB/T 13891规定检测点；1′、2′、3′、4′—中心检测点

图2-22 台面板镜向光泽度测量

（六）物理性能

1. 体积密度、吸水率

试样尺寸为 50 mm × 50 mm × 20 mm，其余按第一章第七节内容进行试验，样品从同批板中制取。

2. 弯曲强度

按第一章第六节内容进行试验，样品从同批板中制取。

（七）放射性

按第一章第十节内容进行试验。

四、检验规则

（一）组批

同一品种、类别的台面板为一批。

（二）抽样

尺寸偏差、平面度公差、角度公差、盆孔线轮廓度公差、前边线轮廓度公差（异型）、外观质量、镜向光泽度按表 2-63 抽取样本。

表 2-63 抽样数量

批量范围	样本数	合格判定数（A_c）	不合格判定数（R_e）
≤25	5	0	1
26 ~ 50	8	1	2
51 ~ 90	13	2	3
91 ~ 150	20	3	4
151 ~ 280	32	5	6
281 ~ 500	50	7	8
501 ~ 1 200	80	10	11
1 201 ~ 3 200	125	14	15
≥3 201	200	21	22

体积密度、吸水率、弯曲强度、放射性的试样从抽样合格的产品中制取双倍数量样品，放射性试验的样品应能代表该批产品的放射性水平。

（三）判定

单套台面板的所有检验结果均符合技术要求时，则判定该套台面板合格。

若样本中发现的不合格数小于或等于合格判定数（A_c），则判定该批台面板合格；若样本中发现的不合格数大于或等于不合格判定数（R_e），则判定该批台面板不合格。

体积密度、吸水率、弯曲强度的试验结果，均符合相应要求时，则判定该批台面板以上项目合格；有两项及以上不符合相应要求时，则判定该批台面板不合格；有一项不符合相应要求时，利用备样对该项目进行复检，复检结果合格时，则判定该批台面板以上项目合格，否则判定该批台面板不合格。

放射性水平不符合规定的要求时，判定该批台面板不合格。

第九节　异型石材

我国异型石材从原有标准的角度分为圆弧板、花线和实心柱体。因圆弧板从开始的异型加工逐步发展成为一个成熟的产品类型，使用量较大，被花岗石、大理石等产品的国家标准纳入建筑板材一类，成为建筑板材标准中的一类特殊板材——弧面板。新修订的异型石材标准中，将异型石材分为球体、花线和实心柱体。球体石材主要为以风水球为代表的一类艺术装饰产品，因球体标准未出台，本节主要介绍装饰领域比较多见的花线和实心柱体产品的分类、技术要求、试验方法、检验判定规则等。

一、花线

（一）定义和分类及等级

1. 定义

石材花线（curve bar stone）：具有一定几何图形的截面沿一定轨迹延伸所形成的装饰用石质板条。

2. 分类

（1）按所用石材种类分为：

大理石花线（M）。

花岗石花线（G）。

（2）按截面延伸轨迹分为：

直位花线（ZH）：延伸轨迹为直线的花线。

弯位花线（WA）：延伸轨迹为曲线的花线。

（3）按表面加工程度分为：

镜面花线（J）：表面具有镜面光泽的花线。

细面花线（X）：表面光滑的花线。

粗面花线（C）：表面粗糙，经烧面或剁斧而成的花线。

3. 等级

花线按加工质量分为优等品（A）、一等品（B）、合格品（C）三个等级。

（二）技术要求

1. 尺寸极限偏差

直位花线规格尺寸极限偏差应符合表 2-64 的规定，整批或同类拼接直位花线截面形状应一致，其吻合度极限偏差应不大于表 2-65 的规定。装饰面与两端面角度极限偏差和弯位花线尺寸极限偏差由供需双方商定。

2. 形状公差

直位花线线条应平直，无弯曲现象，其直线度和线轮廓度允许公差应符合表 2-66 的规定。弯位花线形状公差由供需双方商定。

表 2-64　直位花线规格尺寸极限偏差　（单位:mm）

<table>
<tr><th rowspan="2">项目</th><th colspan="3">细面和镜面花线</th><th colspan="3">粗面花线</th></tr>
<tr><th>优等品</th><th>一等品</th><th>合格品</th><th>优等品</th><th>一等品</th><th>合格品</th></tr>
<tr><td>长度</td><td colspan="2">0
-1.5</td><td>0
-3.0</td><td colspan="2">0
-3.0</td><td>0
-4.0</td></tr>
<tr><td>宽度(高度)</td><td colspan="2">+1.0
-2.0</td><td>+1.0
-3.0</td><td colspan="2">+1.0
-3.0</td><td>+1.5
-4.0</td></tr>
<tr><td>厚度</td><td colspan="2">+1.0
-2.0</td><td>+2.0
-3.0</td><td colspan="2">+2.0
-3.0</td><td>+2.0
-4.0</td></tr>
</table>

表 2-65　直位花线吻合度极限偏差　（单位:mm）

项目	细面和镜面花线			粗面花线		
	优等品	一等品	合格品	优等品	一等品	合格品
吻合度	0.5	1.0	1.5	1.0	1.5	2.0

表 2-66　直位花线直线度和线轮廓度　（单位:mm）

<table>
<tr><th rowspan="2">项目</th><th colspan="3">细面和镜面花线</th><th colspan="3">粗面花线</th></tr>
<tr><th>优等品</th><th>一等品</th><th>合格品</th><th>优等品</th><th>一等品</th><th>合格品</th></tr>
<tr><td>直线度,每米</td><td rowspan="2">1.0</td><td>1.0</td><td>1.5</td><td rowspan="2">1.5</td><td rowspan="2">2.0</td><td>2.5</td></tr>
<tr><td>线轮廓度</td><td>1.5</td><td>2.0</td><td>3.5</td></tr>
</table>

3. 外观质量

同一装饰部位、同套拼接花线颜色花纹应基本调和,过渡自然。如无特殊要求,纹路宜顺长度方向。抛光面应平整光滑,手摸无明显凹凸感。花线允许粘结修补,但不应影响其装饰质量和物理性能。

大理石花线光面外观缺陷应不超过表 2-67 的规定,花岗石花线光面外观缺陷应不超过表 2-68 的规定,花线光泽度由供需双方商定。

表 2-67　大理石花线光面外观缺陷规定

<table>
<tr><th>缺陷名称</th><th>优等品</th><th>一等品</th><th>合格品</th></tr>
<tr><td>裂纹</td><td colspan="2" rowspan="5">不明显</td><td>有,但不影响使用</td></tr>
<tr><td>砂眼</td><td>经处理不明显</td></tr>
<tr><td>凹陷</td><td>有,但不影响使用</td></tr>
<tr><td>正面棱缺陷,长≤5 mm,宽≤1 mm</td><td rowspan="2">有,但不影响使用</td></tr>
<tr><td>正面角缺陷,长≤2 mm,宽≤2 mm</td></tr>
</table>

表 2-68　花岗石花线光面外观缺陷规定

缺陷名称	规定内容	优等品	一等品	合格品
缺棱	长度不超过 5 mm（长度 < 2 mm 不计），每米长允许个数（个）	不允许	2	3
缺角	面积不超过 3 mm × 2 mm（面积 < 1 mm × 1 mm 不计），每米长允许个数（个）			
裂纹	长度不超过单件总长度的 1/10（长度 < 5 mm 的不计），每米长允许条数（条）			
色斑	面积不超过 5 mm × 5 mm（面积 < 2 mm × 2 mm 不计），每米长允许个数（个）			
色线	长度不超过单件总长度的 1/10（长度 < 5 mm 的不计），每米长允许条数（条）			

4. 物理性能

花线物理性能指标应符合表 2-69 的规定。

表 2-69　花线物理性能指标

项目	大理石	花岗石
体积密度（g/cm^3），≥	2.6	2.5
吸水率（%），≤	0.75	1.0
干燥压缩强度（MPa），≥	20.0	60.0
弯曲强度（MPa），≥	7.0	8.0

（三）试验方法

1. 尺寸偏差

花线的长度、宽度、厚度用分度值为 1 mm 的钢直尺或钢卷尺测量，长度（或弧长）应分别测量两长边，宽度和厚度应分别测量两端端面，见图 2-23 和图 2-24，分别用偏差的最大值和最小值表示长度、宽度、厚度的尺寸偏差，读数精确至 0.5 mm。

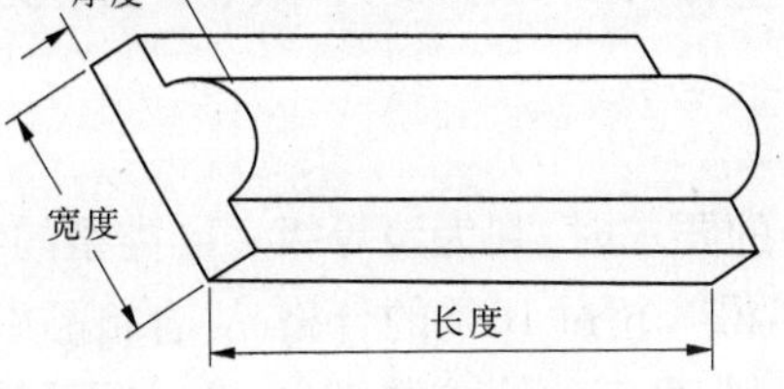

图 2-23　花线尺寸偏差测量（一）

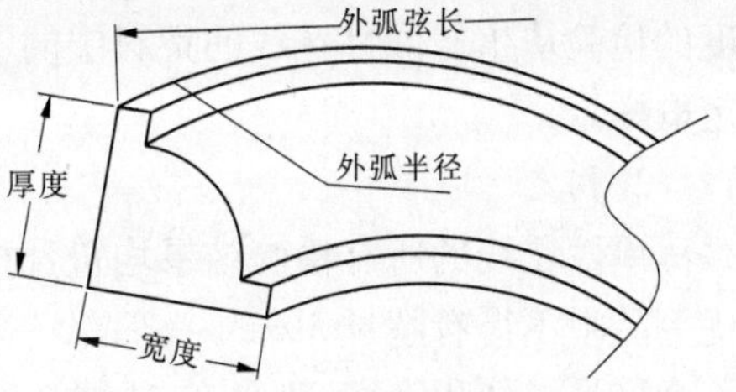

图 2-24　花线尺寸偏差测量（二）

吻合度测量时，将同类拼接花线置于平台上，拼接后用钢平尺和塞尺测量。

2. 形状公差

直位花线直线度用直线度公差不大于0.1 mm、长1 000 mm的钢平尺紧贴被检花线的两边缘和造型面中间线，钢平尺平行于两长边放置，用塞尺测量尺面与花线见光面的间隙，以最大值作为直线度公差，见图2-25。

线轮廓度用与花线曲率相同的精度不低于IT13级的样板配合塞尺测量，以最大值作为线轮廓度公差。

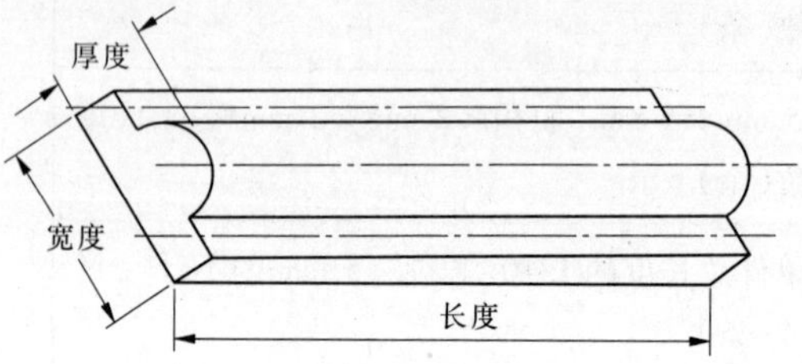

图2-25　直线度公差测量

3. 外观质量

单件花线，将选定的协议板与被检花线同时平放于地面上，在距其1.0 m处目测；拼接花线，将整套花线按序号拼成一体，在距拼接台2.0 m处目测，检验花线颜色花纹和颜色。

大理石花线外观缺陷检验：将花线平置地面上，在距花线2.0 m处目测，有明显可见的缺陷视为有缺陷，缺陷不明显的视为无缺陷。

花岗石花线外观缺陷检验：将平尺紧靠有缺陷部位，用分度值为1 mm的钢直尺测量缺陷的长度、宽度。

4. 物理性能

体积密度和吸水率按第一章第七节内容进行试验。

干燥压缩强度按第一章第五节内容进行试验。

弯曲强度按第一章第六节内容进行试验。

（四）检验判定规则

1. 抽样

尺寸偏差、形状公差、外观质量为全数检验；体积密度、吸水率、干燥压缩强度、弯曲强度的检验从生产同批花线的荒料中的不同块体上按GB／T 9966.1 ~ GB／T 9966.3的规定取样。

2. 判定

单件花线的所有检验结果均符合相应等级的要求时，判为该等级。同类型的花线中，优等品中不得有超过5%的一等品，一等品中不得有超过10%的合格品，合格品中不得有不合格品。体积密度、吸水率、干燥压缩强度、弯曲强度的检验结果中，有一项不符合规定时，则判定该批花线为不合格品。

二、实心柱体

(一)定义和分类及等级

1. 定义

石材实心柱体(olid post stone):截面轮廓呈圆形的建筑或装饰用石柱。

等直径普型柱(DP):截面直径相同、表面为普通加工面的石材柱体。

等直径雕刻柱(DD):截面直径相同、表面刻有花纹或造型的石材柱体。

变直径普型柱(BP):截面直径不同、表面为普通加工面的石材柱体。

变直径雕刻柱(BD):截面直径不同、表面刻有花纹或造型的石材柱体。

2. 分类

按所用石材种类分为大理石实心柱体(M)和花岗石实心柱体(G)。

按柱体的造型分为普型柱(P)和雕刻柱(D)。

按柱体的外形特征分为等直径柱(D)和变直径柱(B)。

3. 等级

实心柱体按加工质量分为优等品(A)、一等品(B)、合格品(C)三个等级。

(二)技术要求

1. 尺寸极限偏差

DP 型实心柱体直径和高度极限偏差应符合表 2-70 的规定,其他型式实心柱体尺寸极限偏差由供需双方商定。

表 2-70 DP 型实心柱体直径和高度极限偏差 (单位:mm)

项目		优等品	一等品	合格品
直径	$\phi\leqslant 100$	1.0	1.5	2.0
	$100<\phi\leqslant 300$	2.0	3.0	4.0
	$300<\phi\leqslant 1\,000$	3.0	4.0	5.0
	$\phi>1\,000$	4.0	5.0	6.0
高度	$H\leqslant 1\,500$	2.0	3.0	4.0
	$1\,500<H\leqslant 3\,000$	3.0	4.0	5.0
	$H>3\,000$	4.0	5.0	6.0

2. 形状公差

DP 型实心柱体加工面素线直线度公差为:优等品 0.5 mm/m,一等品 1.0 mm/m,合格品 2.0 mm/m。DP 型实心柱体的上下两端面如与柱头、柱座等对接安装,则其外缘平面度公差为:优等品 0.5 mm,一等品 1.0 mm,合格品 2.0 mm。DP 型实心柱体的上下两端面与圆柱面的垂直度公差为:优等品 0.5 mm,一等品 1.0 mm,合格品 1.5 mm。其他型式实心柱体形状公差由供需双方商定。

3. 外观质量

整条柱体色调应基本一致,过渡自然,纹路应顺高度方向。根据安装位置,相邻同材料的柱体颜色、纹路应基本协调。实心柱体抛光面的外观缺陷应不超过花岗石和大理石板材的规定。实心柱体允许粘结修补,但不应影响产品的装饰质量和物理性能。实心柱体抛光面的光泽度由供需双方商定。

4. 物理性能

实心柱体的物理性能指标应符合表2-71的规定。

表2-71　实心柱体的物理性能指标

项目	大理石	花岗石
体积密度(g/cm^3), ≥	2.6	2.5
吸水率(%), ≤	0.75	1.00
干燥压缩强度(MPa), ≥	20.0	60.0
弯曲强度(MPa), ≥	7.0	8.0

(三)试验方法

1. 尺寸偏差

用分度值为1 mm的钢直尺或钢卷尺测量柱体的高度和直径。

2. 形状公差

抛光面素线直线度公差和柱体上下端面外缘平面度公差用钢平尺配合塞尺测量。

柱体的上下端面与圆柱面的垂直度公差用2级精度400 mm×630 mm的90°钢角尺配合塞尺测量。将钢角尺短边紧靠柱体的端面,用塞尺测量钢角尺长边与圆柱面之间的最大间隙。

3. 外观质量

按花岗石和大理石板材的检测方法进行。

4. 物理性能

体积密度和吸水率按第一章第七节内容进行试验。

干燥压缩强度按第一章第五节内容进行试验。

弯曲强度按第一章第六节内容进行试验。

(四)检验判定规则

1. 抽样

尺寸偏差、形状公差、外观质量为全数检验;体积密度、吸水率、干燥压缩强度、弯曲强度的检验从生产同批实心柱体的荒料中的不同块体上按GB/T 9966.1～GB/T 9966.3的规定取样。

2. 判定

实心柱体的所有检验结果均符合相应等级的要求时,判为该等级。同类型的实心柱体中,优等品中不得有超过5%的一等品,一等品中不得有超过10%的合格品,合格品中不得有不合格品。体积密度、吸水率、干燥压缩强度、弯曲强度的检验结果中,有一项不符合规定时,则判定该批实心柱体为不合格品。

第十节　人造石材

一、定义和分类及各类特征

（一）定义

人造石材是以天然石材粉料、碎料为主要原材料制作成的装饰石材，也称人造石。一般经有机或无机胶粘剂粘结，通过真空或挤压成型而制成装饰面坯（块、板）料，再经切割、铣磨、抛光等工艺，制成装饰用石材。人造石是一种符合节能、节材和资源综合利用政策的具有广泛发展前景的新产品，其保持了天然石材的品质，具有节省资源、造型美观、富丽、随意性强、无色差、强度高、质量轻、耐污染等优点。经过多年的发展和工艺的改进，人造石已形成了多品种、多色彩，能模拟天然色彩的石材替代产品，适用于各种室内装饰用途。

（二）分类

1. 无机胶粘剂型

（1）水磨石。

（2）文化石。

2. 有机胶粘剂型

（1）人造大理石。

（2）人造石英石。

（3）台面板。

3. 烧结类

（1）微晶石。

（2）陶瓷基复合微晶石。

（三）各类人造石材性能特点

1. 建筑水磨石

建筑水磨石是水泥、石渣和砂经筛选、搅拌、振动或压制成型、养护、研磨等工序形成的饰面石材。

（1）该类石材为最早发展起来的一类人造石材，工艺简单、成本低，广泛应用于早期的建筑物地面和外墙面。其光泽度低，镜面效果差。

（2）随着经济的快速发展，该类人造石材逐渐退出了高档装饰市场，仅在一些特殊的场所使用，如防静电场合的机房、整体铺装打磨的车间等。

（3）现产品多用于室外人行道、广场用石等。

2. 文化石

文化石的学名为：建筑装饰用仿自然面艺术石，最早在国外发明，并注册成商标，后传入我国。其独特的装饰风格吸引了人们的眼光，并迅速发展起来。文化石是主要以白水泥为胶粘剂，填充陶粒或浮石和各种颜料，模拟自然界中的各种残岩断壁、古墙等风格，集中体现在装饰面上的一种带有文化气息和返璞归真理念的装饰材料，成为现代人的追求风格。

(1)图案、颜色随意性大,生产便利,成本低。

(2)多用于别墅区的外饰面和独特风格的内饰面。

3. 台面板

台面板最早从实体面材发展起来,学名为矿物填充型高分子复合材料。它是以聚甲基丙烯酸甲酯(MMA,又称亚克力)或不饱和聚酯树脂(UPR)为基体,由天然矿石粉为填料,加入颜料及其他辅助剂,经浇铸成型或真空模塑或模压成型的复合材料。该复合材料无孔均质,贯穿整个厚度的组成具有均一性;它可以制成难以察觉接缝的连续表面,并可通过维护和翻新使产品表面回复如初。

随着工艺的不断改进,石粉逐渐替代了氧化铝粉成为主要材料,胶水含量降低到15%~25%,突破了原有实体面材的科学范畴,发展成为新型的人造石台面板。为提高耐磨损性能,新一代石英石台面板是在真空条件下将石英石晶体(约94%)、树脂(约6%)和微量颜料等材料通过异构聚合技术聚合,再经过高温、高压、打磨、抛光等多道工序制成。其质地坚硬、紧密,具有高耐磨、耐压、抗刮伤、耐高温、抗腐蚀、防渗透等特性,表面具有良好的平整度和光亮性。色彩丰富的组合使其具有天然石材的质感和亮丽的表面光泽,被广泛用于地面、墙面、厨房台面、卫浴台面、窗台、吧台、家具台面等。

(1)台面板的各项性能与石粉类型有关。大理石粉类型色泽柔和,纹理细腻,但耐磨性、耐酸性差;石英石粉类型耐磨性、耐酸性好,但颜色单调。

(2)台面板的各项性能与胶水含量有关。胶水多,产品的热膨胀系数大,易变形,而且硬度也受胶水的影响而变低,产品耐磨、耐刻划能力有所下降,一般仅适用于台面。

(3)台面板的各项性能与生产工艺也有关。台面板通过倒模工艺生产时对工艺、设备要求较低,产品内易形成气孔,因而产品的抗霉、抗菌、抗病变、防污、抗老化等能力都差一些,但尺寸较大;若在真空状态下使用超高压力压制工艺生产,则胶水用量较少,产品的各种物理、化学性能都能达到一个非常高的水平,但尺寸受到影响,如做长度较大的橱柜板时需要拼接,有接缝产生。

(4)台面板的规格一般为3 050 mm×1 250 mm、3 050 mm×1 430 mm;厚度通常在12~30 mm,主要有12 mm、15 mm、20 mm、30 mm等;颜色在30种以上。

4. 人造大理石

人造大理石主要由大理石粉和不到8%的不饱和树脂凝结而成,与中密度石灰石的性能类似,具有如下特征:

(1)造型美观、华丽,随意性强,重现性好,压缩强度、弯曲强度高。

(2)密度低、硬度低、耐磨性差、光泽度偏低,不宜使用在地面。

(3)对水较敏感,遇水容易出现变形,变形大小与胶水含量有关。

(4)不耐酸碱,避免接触酸性物质和使用普通水泥砂浆做胶粘剂。

(5)耐紫外线老化能力差,不适用于室外。

(6)热膨胀系数大,施工时要留出足够的伸缩缝。

(7)生产时通常采用真空凝固成整块料后锯切成板,规格尺寸较大,可满足各种规格要求。

5. 人造石英石

人造石英石主要由细小石英砂和6%以上的不饱和树脂凝结而成，具有如下特征：

(1)硬度、光泽度高，耐磨性好，压缩强度、弯曲强度超过花岗岩。

(2)耐紫外线老化能力差，不适用于室外。

(3)热膨胀系数大，施工时要留出足够的伸缩缝。

(4)可作为石英石台面板使用。

6. 微晶石

微晶石因颜色一致性和可选择性的特点被应用于石材装饰行业，得到了一定的发展。但是由于微晶石耗能高，硬度过大，加工成本高，耐磨性差，不适合地面等，因此产品发展受到制约。目前该行业的发展空间比较小，主要特点如下：

(1)质地坚硬，无色差。

(2)脆性大，耐磨性差，多用于干挂幕墙。

(3)陶瓷基微晶石复合板，结合了微晶石和陶瓷的优点，通过烧结成为一体，适用于墙地面的湿贴。

二、各类人造石材产品性能要求和检验及判定

(一)建筑水磨石制品

1. 产品分类

按制品在建筑物中的使用部位分为：墙面和柱面用水磨石(Q)；地面和楼面用水磨石(D)；踢脚板、立板和三角板类水磨石(T)；隔断板、窗台板和台面板类水磨石(G)。

按制品表面加工程度分为：磨面水磨石(M)、抛光水磨石(P)。

2. 规格尺寸

水磨石的常用规格尺寸为 300 mm × 300 mm、305 mm × 305 mm、400 mm × 400 mm、500 mm × 500 mm。其他规格尺寸由设计、使用部门与生产厂共同议定。

3. 等级

水磨石按其外观质量、尺寸偏差和物理性能分为优等品(A)、一等品(B)和合格品(C)。

4. 技术要求

1)外观质量

水磨石面层的外观缺陷规定见表2-72。水磨石磨光面有图案时，其越线和图案偏差应符合表2-73的规定。同批水磨石磨光面上的石渣级配和颜色应基本一致。

表2-72　水磨石面层的外观缺陷规定　（单位：mm）

缺陷名称	优等品	一等品	合格品
返浆、杂质	不允许		长×宽≤10×10，不超过2处
色差、划痕、杂石、漏砂、气孔	不允许	不明显	
缺口	不允许		长×宽>5×3的缺口不应有 长×宽≤5×3的缺口周边上不超过4处，但同一条棱上不得超过2处

注：一个缺角应计为相邻两棱边各有缺口1处。

表 2-73　水磨石磨光面越线和图案偏差　　（单位：mm）

缺陷名称	优等品	一等品	合格品
图案偏差	≤2	≤3	≤4
越线	不允许	越线距离≤2 长度≤10 允许2处	越线距离≤3 长度≤20 允许2处

2）尺寸偏差

水磨石的规格尺寸允许偏差、平面度和角度允许公差应符合表 2-74 的规定。厚度小于或等于 15 mm 的单面磨光水磨石，同块水磨石的厚度极差不得大于 1 mm；厚度大于 15 mm 的单面磨光水磨石，同块水磨石上的厚度极差不得大于 2 mm。侧面不磨光的拼缝水磨石，正面与侧面的夹角不得大于 90°。

表 2-74　水磨石的规格尺寸允许偏差、平面度和角度允许公差　　（单位：mm）

类别	等级	长度、宽度	厚度	平面度	角度
Q	优等品	0 −1	±1	0.6	0.6
	一等品	0 −1	+1 −2	0.8	0.8
	合格品	0 −2	+1 −3	1.0	1.0
D	优等品	0 −1	+1 −2	0.6	0.6
	一等品	0 −1	±2	0.8	0.8
	合格品	0 −2	±3	1.0	1.0
T	优等品	±1	+1 −2	1.0	0.8
	一等品	±2	±2	1.5	1.0
	合格品	±3	±3	2.0	1.5
G	优等品	±2	+1 −2	1.5	1.0
	一等品	±3	±2	2.0	1.5
	合格品	±4	±3	3.0	2.0

3)出石率

磨光面的石渣分布应均匀。石渣粒径大于或等于 3 mm 的水磨石,出石率应不小于55%。

4)物理性能

抛光水磨石的光泽度,优等品不得低于 45 光泽单位,一等品不得低于 35 光泽单位,合格品不得低于 25 光泽单位。水磨石的吸水率不得大于 8%。水磨石的抗折强度平均值不得低于 5.0 MPa,且单块最小值不得低于 4.0 MPa。

5. 试验方法

1)量具和仪器

钢直尺:刻度值为 0.5 mm。

游标卡尺:读数值为 0.1 mm。

钢平尺:直线度偏差为 0.1 mm。

90°钢制角尺:内角边长为 450 mm × 400 mm,内角垂直度公差为 0.13 mm。

塞尺:精度为 2 级。

托盘天平:称量范围为 0 ~ 2 kg,分度值为 1 g。

电热恒温鼓风干燥箱:调温范围为 50 ~ 300 ℃。

万能试验机、压力机或其他抗折试验机:示值精度 2%,度盘最小分度值不得大于50 N。

光泽计:入射角为 60°,光束孔径 ϕ30 mm,分度值为 0.1 光泽单位。

2)外观质量

将水磨石平放在地面上,在自然光下目测水磨石面层的外观缺陷:距水磨石 1.5 m 处明显可见的缺陷视为有缺陷;距水磨石 1.5 m 处不明显,但在 1.0 m 处可见的缺陷视为不明显;距水磨石 1.0 m 看不见的缺陷视为无缺陷。用钢直尺测量水磨石缺口的长度和宽度,测量方法如图 2-26 所示,读数准确到 0.2 mm。用钢直尺测量图案偏差值和越线距离与长度,读数准确到 0.2 mm。在自然光下,距水磨石 1.5 m 处目视检验批量水磨石磨光面上的石渣级配和颜色。

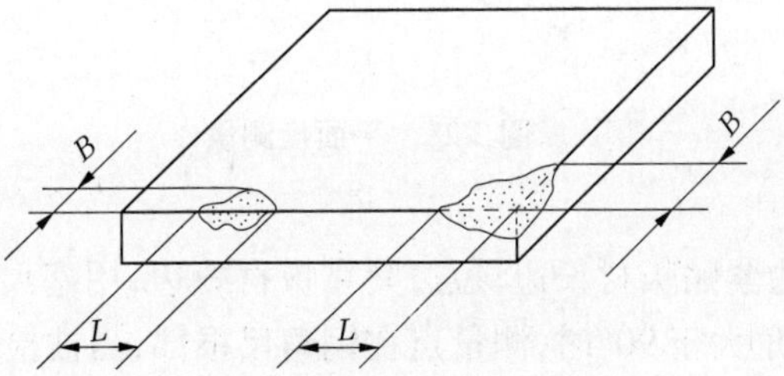

L—缺口长度;*B*—缺口宽度

图 2-26　缺口测量

3)尺寸偏差

外形尺寸用钢直尺测量水磨石的长度和宽度,各测三条直线,测量部位如图 2-27 所示。用游标卡尺测量水磨石各边中点的厚度。分别用偏差的最大值和最小值表示长度、宽度、厚度的尺寸偏差。用同块水磨石上厚度偏差的最大值和最小值之间的差值表示同块水磨石上的厚度极差,读数准确至0.2 mm。

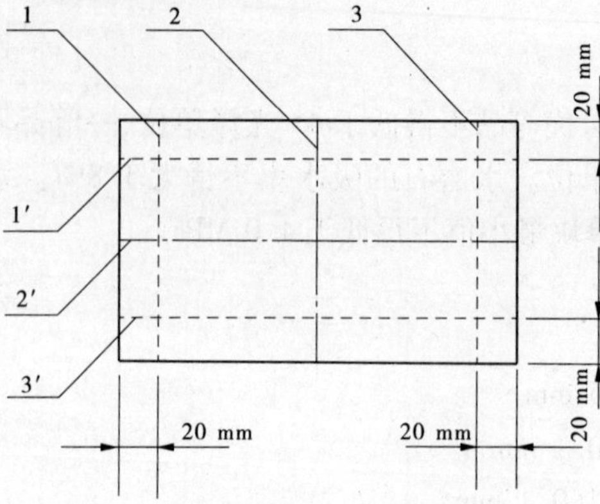

1、2、3—宽度测量线;1′、2′、3′—长度测量线

图2-27　长度和宽度测量

4)平面度

将钢平尺贴放在被检平面的两条对角线上,用塞尺测量尺面与水磨石被检平面之间的空隙。当被检平面对角线长度大于1 000 mm时,用长度为1 000 mm的钢平尺沿对角线分段检验,如图2-28所示。以最大空隙的塞尺片读数表示水磨石的平面度极限公差,读数准确到0.1 mm。

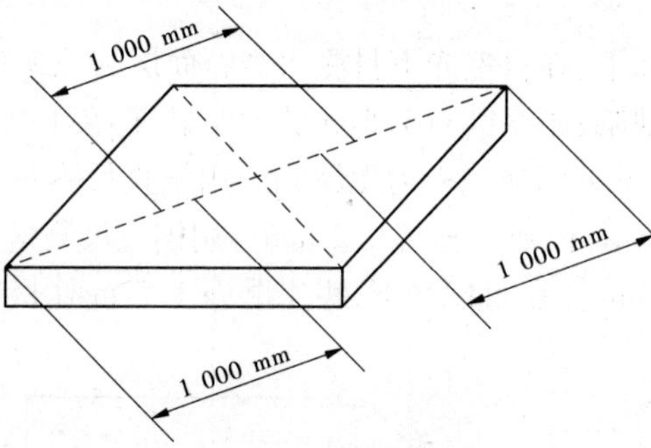

图2-28　平面度测量

5)角度

将90°钢角尺长边紧贴板材长边,短边紧靠板材短边,用塞尺测量板材与钢角尺短边之间的间隙。当被检角大于90°时,测量点在钢角尺根部;当被检角小于90°时,测量点在距钢角尺根部400 mm处。当钢角尺的长边大于板面的长边时,用图2-29(a)、(b)方法测量板面的两对角;当钢角尺的长边小于板面的长边时,用图2-29中(c)、(d)方法测量板面的4个角,以最大间隙的塞尺读数表示水磨石的角度极限公差,读数准确到0.05 mm。

6)出石率

进行出石率检验的试样规格与受检产品规格相同,每组5块。磨光面的石渣最大粒径大于或等于3 mm时,在试样磨光面的两条对角线上各画一条400 mm的测量线,如

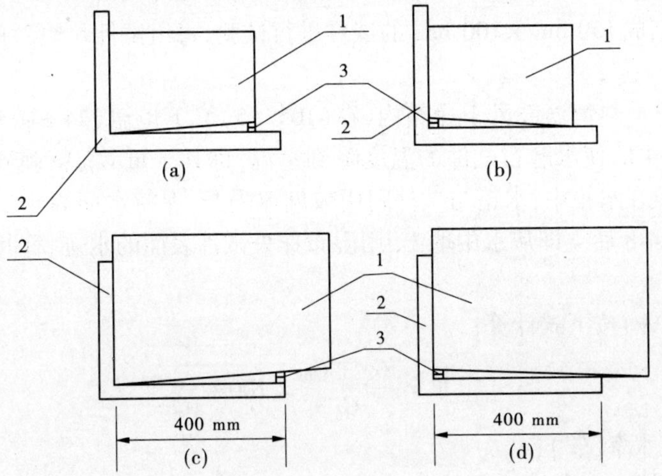

1—水磨石;2—钢角尺;3—塞尺

图 2-29　角度测量

图 2-30 所示。测量通过两条测量线上粒径大于 0.5 mm 的每粒石渣的长度,读数准确到 0.5 mm。每块试样的出石率 X(%)按下式计算:

$$X = \frac{l_1 + l_2 + l_3 + \cdots + l_n}{2L} \times 100\%$$

式中　X——出石率(%);

$l_1, l_2, l_3, \cdots, l_n$——在测量线上每粒石渣的长度, mm;

L——测量线长度, $L = 400$ mm。

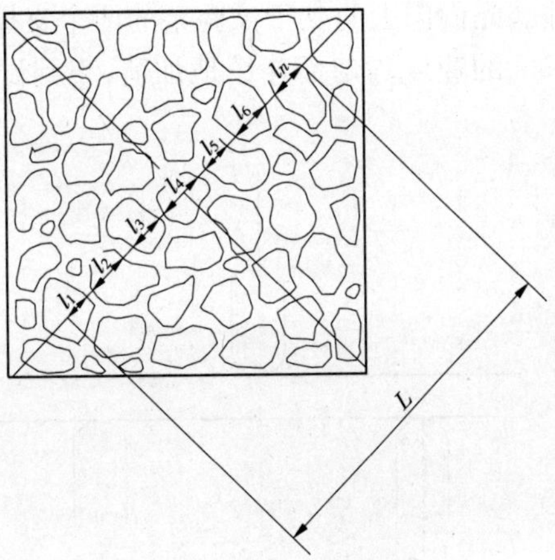

图 2-30　出石率测量

出石率以每组试验结果的算术平均值表示,计算结果精确到 1%。

7) 光泽度

光泽度测定按天然花岗石建筑板材的方法。

8）吸水率

将样品切割成 150 mm × 100 mm 的试件进行试验，每组试件 5 块，每块样品只能取一个试件。

将试件放进电热恒温鼓风干燥箱内，在（105 ± 5）℃下恒温（24 ± 0.5）h，然后在室内空气中冷却 2 ~ 4 h，使水磨石试件的温度降到室温，称其干重 G_0，精确到 0.5 g。将称干重后的试件平放在水箱中，水箱与试件间用玻璃棒隔开，保持水面高于试件上表面（50 ± 10）mm，浸水 24 h 后立即从水中取出，用湿布抹去试件表面的水迹，称其湿重 G_s，读数准确到 0.5 g。

吸水率 W（%）按下式计算：

$$W = \frac{G_s - G_0}{G_0} \times 100\%$$

式中 W——吸水率（%）；

G_0——试件的干重，g；

G_s——试件的湿重，g。

吸水率用该组试验结果单块最大值表示，计算结果精确到 0.1%。

9）抗折强度

将样品切割成 150 mm × 100 mm 的试件进行试验，试件受力方向不得含有钢筋，试件长度允许偏差 ±5 mm，宽度允许偏差 ±1 mm，每块样品只能取一个试件，每组 5 个。

将试件按吸水率浸水方式浸泡 24 h 后，用游标卡尺测量试件中部的厚度和宽度，读数准确到 0.1 mm。

调整试验机的量程，使试件的预期破坏荷载不小于全量程的 20%，也不大于全量程的 80%，抗折试验架的支撑圆柱中心距 L 为 100 mm，支撑圆柱和荷载压头的圆弧半径为 10 mm 或 15 mm。将试件磨光面向上简支于试验架的两个支撑圆柱上，启动试验机，使试件缓慢受力，以 30 ~ 50 N/s 的速度均匀而连续地加荷，直到试件折断，记录其破坏荷载，加压方式如图 2-31 所示。

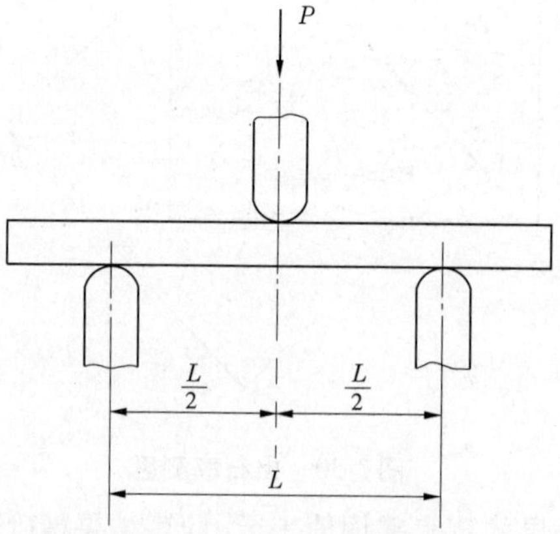

图 2-31　抗折试验加荷方式

抗折强度结果 R_f（MPa）按下式计算：

$$R_f = \frac{3PL}{2bh^2}$$

式中 R_f——水磨石的抗折强度,MPa;

P——折断时的破坏荷载,N;

L——支撑圆柱的中心距,$L = 100$ mm;

b——试件宽度,mm;

h——试件厚度,mm。

抗折强度用该组试件算术平均值和单块最小值表示,计算结果精确到0.1 MPa。

6.检验判定规则

1)组批

同一类型、规格和相同质量等级的水磨石构成一个检验批,一个检验批为500~3 000块。

2)抽样

检验所需样品应在成品库中随机抽取,抽样数量见表2-75。对特殊要求的水磨石产品出厂检验时可逐块检验。

检验外观质量的样品从整个批量中抽取,检验尺寸偏差的样品从检验外观质量合格的样品中抽取,检验光泽度、出石率、吸水率和抗折强度的样品从检验尺寸偏差合格的样品中抽取。

表2-75 抽样数量 (单位:块)

批量范围	抽样数量			
	外观质量	尺寸偏差	光泽度、出石率、吸水率	抗折强度
200~500	20	13	5	5
501~1 200	32	20		
1 201~3 200	50	32		
3 201~10 000	80	32		

注:光泽度、出石率、吸水率的检验在同一组试件上依次进行。

3)判定规则

外观质量和尺寸偏差按表2-76判定。当达不到指定质量等级的样品数小于或等于H_e时,判定该批产品符合指定质量等级;大于H_e时,则判定该批产品不符合指定质量等级。光泽度达到规定质量等级的光泽度值时,判定该批产品符合该质量等级,否则判定该批产品不符合指定质量等级。出石率、吸水率和抗折强度的试验结果达到规定质量要求时,判定该批产品合格,否则判定为不合格。

表 2-76　外观质量和尺寸偏差　　（单位:块）

检验项目	试件数量	H_e
外观质量	20	3
	32	5
	50	7
	80	10
尺寸偏差	13	1
	20	2
	32	3

(二)台面板

1. 产品类型和尺寸

板材按基体树脂分为两种类型:

PMMA 类:聚甲基丙烯酸甲酯为基体的实体面材(亚克力类)。

UPR 类:不饱和聚酯树脂为基体的实体面材。

板材按长×宽×厚分为三种标准规格尺寸型式:

A 型:2 440 mm×762 mm×12.7 mm。

B 型:2 440 mm×762 mm×6.4 mm。

C 型:3 050 mm×762 mm×12.7 mm。

D 型:由供需双方商定的其他非标准规格尺寸。

2. 技术要求

1)尺寸偏差

长度、宽度偏差的允许值为规定尺寸的±0.3%。厚度偏差的允许值为:A、C 型(12.7±0.3) mm;B 型(6.4±0.2) mm。其他厚度产品的厚度偏差的允许值应不大于规定厚度的±3%。

同一块板材对角线最大差值≤10 mm。

A、C 型平面度公差≤0.5 mm;B 型平面度公差≤0.34 mm。其他厚度产品的平面度公差的允许值应不大于规定厚度的5%。

板材边缘不直度≤1.5 mm/m。

2)外观质量

板材外观质量应符合表 2-77 的规定。

表 2-77　板材外观质量

项目	要求
色泽	色泽均匀一致,不得有明显色差
板边	板材四边平整,表面不得有缺棱掉角现象
花纹图案	图案清晰、花纹明显;对花纹图案有特殊要求的,由供需双方商定
表面	光滑平整,无波纹、放料痕、刮痕、裂纹,不允许有气泡、杂质
拼接	拼接不得有缝隙

3）巴氏硬度

板材的巴氏硬度：PMMA 类≥58，UPR 类≥50。

4）理化性能

荷载性能：A、C 型板材荷载性能按规定试验后，表面不得有破裂，最大残余挠度值不得超过 0.25 mm；B 型板材不要求此性能。

落球冲击：板材按要求进行落球冲击试验后，表面无破裂和碎片。

冲击韧性：板材冲击韧性不小于 4 kJ/m^2。

弯曲强度和弯曲弹性模量：板材弯曲强度不小于40 MPa，弯曲弹性模量不小于6 500 MPa。

色牢度与老化性能：试样与控制样品比较，不得呈现任何破裂、裂缝、气泡或表面质感变化。当按 GB/T 11942—1989 测量和计算颜色变化时，试样与控制样品间的色差不得超过 2 CIE 单位。

耐污染性：试样耐污值总和不得超过 64，最大污迹深度不大于 0.12 mm。

耐燃烧性能：样品在与香烟接触过程中，或在此之后，不得有明火燃烧或阴燃。任何形式的损坏不得影响产品的使用性，并可通过研磨剂和抛光剂大致恢复至原状；板材的阻燃性能以氧指数评定，即板材的氧指数不小于 35。

耐化学药品性：试样表面应无明显损伤，轻度损伤用 600 目砂纸轻擦即可除去，损伤程度应不影响板材的使用性，并易恢复至原状。

耐加热性：试样表面应无破裂、裂缝或起泡。任何变色采用研磨剂或抛光剂可除去并接近板材原状，且不影响板材的使用。仲裁时，修复后样品与试验前样品的色差不得大于 2 CIE 单位。

耐高温性能：试样表面应无破裂、裂缝或鼓泡等显著缺陷。表面缺陷易打磨恢复至原状，并不影响板材的使用。仲裁时，修复后样品与试验前样品的色差不得大于 2 CIE 单位。

耐水性：试样表面应无破裂、裂缝、鼓泡、隆隆作响、敲击声变哑或分层。

3. 试验方法

1）尺寸偏差

板材的长度、宽度：用精度为 1 mm 的量具（钢平尺）进行测量，测量板材的四边及各边的中点。板材的厚度：用精度为 0.02 mm 的游标卡尺进行测量，端部的测定点应距离板材边缘至少 10 mm，长、宽方向等距（但距边缘不超过 100 mm）各测定三点处的厚度。

对角线偏差：用精度为 1 mm 的钢平尺或钢卷尺测量同一板材正面两对角线的长度，计算两对角线长度之差。

平整度：将 1 000 mm 长的钢平尺的边缘放在板材的正平面上，然后用精度为 0.01 mm 的塞尺测量钢平尺边缘与板材边缘之间的最大缝隙。

边缘不直度：将 1 000 mm 长的钢平尺的边缘紧靠在板材的边缘上，然后用精度为 0.01 mm的塞尺测量钢平尺边缘到板材边缘的最大缝隙，四边分别测量，取其中最大值。

2）外观质量

将试验样品水平放置在照度为 800 ~ 900 lx 光源下，观测距离为 750 ~ 900 mm，观测角度即视线与水平线的夹角为 45° ~ 75°（正常视力或矫正视力 1.2 及以上）。

用50%黑色或蓝色或与产品呈对比色的墨水溶液，以海绵或软棉布涂在试验样品正面，按以上方式观测样品是否破裂、裂缝或起泡等。其他检验项目的外观检验按本方法进行。

3）巴氏硬度

巴氏硬度按 GB/T 3854 规定试验。

4）理化性能

荷载性能：荷载变形按 JC 908—2002 标准附录 A（规范性附录）规定进行。

落球冲击：将 660 mm×810 mm 试样的四角平稳卡在规定的试验夹具上，用直径为 38.1 mm、质量为 0.225 kg 钢球以 610 mm 落差自由降落在距试样中点 48 mm 范围内。所用钢球应无缺口、凹痕、变形或其他表面缺陷。

冲击韧性：按 GB/T 2571—1995 规定进行。

弯曲强度及弯曲弹性模量：按 GB/T 2570—1995 规定进行。接缝板试样的接缝应位于试样中部，接缝方向应与弯曲压辊的轴向平行。

色牢度与老化性能：老化性能按 GB/T 16442.2—1999 规定进行，氙弧灯暴露 200 h，黑板温度为（63±5）℃，辐射通量密度控制在 340 nm 下 0.35 W/m^2。内、外滤光镜组合为高硅硼酸盐玻璃。不需控制湿度。保留一个样品为控制样品。按 GB/T 11942—1989 规定测量老化前后的色差。

耐污染性：按 JC 908—2002 标准附录 B（规范性附录）规定进行。

耐燃烧性能：从新开封的三种牌子的香烟中各取一支点燃，放置在样品上，点燃端向内，距样品边缘 50 mm，令香烟燃烧（12±2）s 后，拿开香烟。试样不得有明火式燃烧或阴燃。待灼烧区域冷却，用软布或软毛刷擦净燃烧区，检查燃烧区域。若有明显污迹残留，使用 400 目砂纸与水打磨至污迹消失；阻燃性能的氧指数按 GB/T 2406—1993 规定进行评定。

耐化学药品性：按 JC 908—2002 标准附录 C（规范性附录）规定进行。

耐加热性：样品的有效直径至少为 250 mm，表面平整光滑。用直径 150 mm，厚 7 mm 的铝板在（185±5）℃烘箱内恒温（10±0.5）min，取出放置在样品上保持（10±0.5）min，然后除去。在同一试验位置，连续进行三次该程序。在室温下保持 4 h 后，检查表面变化，诸如破裂、裂缝、变色等缺陷。仲裁时，应按 GB/T 11942 测量试验位置试验前后色差。

耐高温性能：按 JC 908—2002 标准附录 D（规范性附录）规定进行。仲裁时，应按 GB/T 11942 测量试验位置试验前后色差。

耐水性：将 300 mm×300 mm 样品与水平方向呈 8°±2°角夹紧，用流量（3.8±0.8）L/min、温度（88±2）℃的水流冲击距上边缘 38 mm 处表面 1.5 min，在 1.5 s 内迅速用相同流量、温度为（21±2）℃ 冷水冲击同一点（误差范围在 25 mm）1.5 min；连续 250 次不间断循环后进行检查。

4. 检验判定规则

1）抽样与组批

同一配方、同一规格和同一工艺参数的产品每 200 块为一批，不足 200 块以一批计算。尺寸偏差、外观质量进行逐个检查。巴氏硬度、理化性能,每批产品取 3 块进行检验。

2)判定规则

全部项目合格,判定为合格;若有任一项不合格,应加倍抽样,对不合格项进行检验,经检验合格,判定为合格,若加倍抽样后有不合格项,则判定为不合格。

(三)人造大理石和人造石英石

国内还未出台装饰用人造大理石和人造石英石标准,各项性能指标需要参照相关标准要求。

(1)人造大理石的规格尺寸偏差、平面度公差、角度公差、外观质量等加工质量参照 GB/T 19766 标准要求。

(2)人造石英石的规格尺寸偏差、平面度公差、角度公差、外观质量等加工质量参照 GB/T 18601 标准要求。

(3)人造大理石和人造石英石的光泽度由供需双方商定。

(4)人造大理石和人造石英石的物理性能根据实际需要确定技术指标要求,我国标准主要有压缩强度、弯曲强度、体积密度、吸水率、硬度、耐酸性、耐磨性、挂装强度、结构强度等指标,试验方法按照 GB/T 9966 标准进行。

(5)人造石材也可按照欧洲标准的方法进行试验,但其仅是一个试验方法标准,具体的技术指标仍应根据需要确定,或采用企业明示的技术参数作要求。欧洲人造石标准方法见表 2-78。

表 2-78　欧洲人造石标准方法

项目	标准方法
表面密度和吸水率	EN 14617—1:2005
弯曲强度(挠度)	EN 14617—2:2004
防滑性能	EN 14617—3
耐磨性能	EN 14617—4:2005
抗冻融性能	EN 14617—5:2005
抗热激变性能	EN 14617—6:2005
耐老化	EN 14617—7
挂装强度(销钉孔)	EN 14617—8
冲击强度	EN 14617—9
耐化学侵蚀	EN 14617—10:2005
线性热膨胀系数	EN 14617—11:2005
尺寸稳定性	EN 14617—12:2005
抗电学性能	EN 14617—13
表面硬度	EN 14617—14
抗压强度	EN 14617—15:2005
规格板材尺寸、几何性能和表面质量	EN 14617—16:2005
耐生物性能	EN 14617—17

（四）文化石

1. 分类

按照粘贴面分为矩形的艺术石（Z）和其他形状艺术石（S）。

2. 要求

1）外观质量

装饰面的外观质量应符合表 2-79 规定。有特殊要求时，由供需双方协商确定。

表 2-79 装饰面的外观质量

缺陷名称	规定内容	技术要求
气孔	直径不超过 2 mm，每平方厘米允许个数（个）	2
缺损	长度不超过 15 mm，宽度不超过 15 mm 或面积不超过 180 mm^2（长度小于 5 mm，宽度小于 5 mm 不计），单块饰面上允许个数（个）	2
裂纹	每块板允许条数（条）	0

2）尺寸偏差

Z 类艺术石规格尺寸允许偏差应符合表 2-80 规定，拐角的角度偏差为 ±5°。有特殊要求时，由供需双方协商确定。

表 2-80 Z 类艺术石规格尺寸允许偏差 （单位：mm）

项目	技术指标		
	≤300	300～600	>600
长度	±5.0	±10.0	由供需双方协商确定
宽度	±4.0	±7.0	

3）物理性能

文化石各项物理性能指标应符合表 2-81 的规定。

表 2-81 文化石各项物理性能指标

项目	技术指标
体积密度（g/cm^3），≤	1.70
吸水率（%），≤	7
压缩强度（MPa），≥	15.0
弯曲强度（MPa），≥	4.0
抗冻性（%），≥	80
热稳定性	外观质量、颜色无变化
耐人工气候老化性	外观质量、颜色无变化

3. 试验方法

1）外观质量和尺寸偏差

外观质量按 GB/T 18601 标准试验方法进行，尺寸偏差按 GB/T 18601 标准试验方法进行。

2）拐角

样品：取 3 块样品为一组；将样品置于平整的试验台上，石材角度测量仪置于样品上方，见图 2-32，测量仪的 X 点与样品的角重合，固定住测量仪的角度盘，旋转 XY 边分别靠在角的两边，每靠一边对应在角度盘上有一角度值，将两边对应点（a 与 a′为对应点）上的角度读数相减，即可得到该样品的上面角度，测量值精确到 0.1°；以同样的方法测量样品下面角度，以样品两面角度平均值为单块样品角度。3 块样品的平均值即为报告的样品角度，结果精确到 1°。

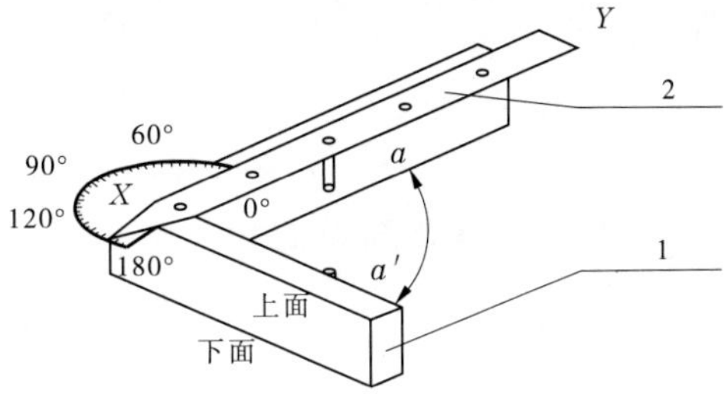

1—样品；2—石材角度测量仪

图 2-32　角度测量示意图

3）体积密度、吸水率

样品制备：按照所检样品的原料配比及防护方法制成 70 mm × 70 mm × 70 mm 正方体试件，允许尺寸偏差 ±2 mm，3 块为一组。按 GB/T 9966.3 标准中体积密度、吸水率的试验方法进行。

4）压缩强度

样品制备：按照所检样品的原料配比制成 70 mm × 70 mm × 70 mm 正方体试件，允许尺寸偏差 ±2 mm，5 块为一组，试件两个受力面应平行、光滑，相邻面夹角应为 90° ±0.5°。按 GB/T 9966.1 标准中水饱和压缩强度的试验方法进行。

5）弯曲强度

样品制备：按照所检样品的原料配比制成 200 mm × 100 mm × 实际厚度长方体试件，允许尺寸偏差 ±2 mm，5 块为一组，试件两个受力面应平整且平行，正面与侧面夹角应为 90° ±0.5°，试件不得有裂纹、缺棱和缺角。采用实际厚度的三点弯曲进行试验，试验跨距 100 mm，见图 2-33，其他要求同 GB/T 9966.2 标准中水饱和弯曲强度的试验方法。

6）抗冻性

样品制备：按照所检样品的原料配比制成 350 mm × 100 mm × 30 mm 长方体试件，允许尺寸偏差 ±2 mm，5 块为一组，取两组样品。试件两个受力面应平整且平行，正面与侧面夹角应为 90° ±0.5°，试件不得有裂纹、缺棱和缺角。按 JC 830.1 标准中抗冻系数的试验方法进行。

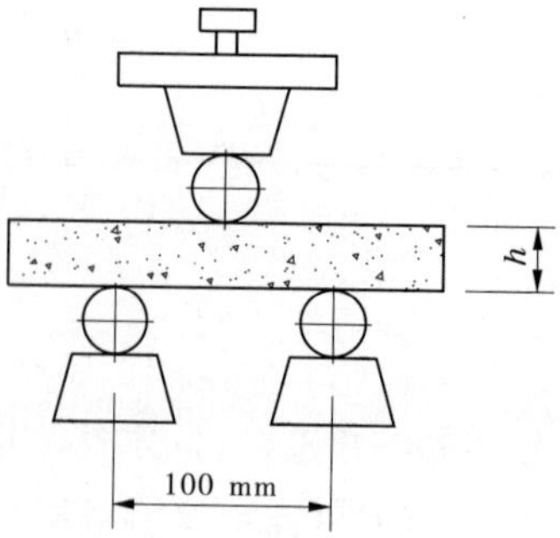

图 2-33　弯曲强度试验

7)热稳定性

样品制备:分别从 3 块样品上制取饰面尺寸不小于 100 mm × 50 mm 的试件 6 块,3 块一组,其中一组作为参比样品保存在室温下,另一组作为试验样品。将试验样品放入(120 ± 5)℃干燥箱中,3 h 后取出,在室温下放置 1 h 后再放入(120 ± 5)℃干燥箱中干燥 3 h,3 个循环后,在柔和的自然光线下目测对比参比样品与试验样品的表面外观质量及颜色,记录试验样品表面外观质量及颜色的变化。

8)耐人工气候老化性

样品制备:分别从 3 块样品上制取饰面尺寸不小于 100 mm × 50 mm 的试件 6 块,3 块为一组,其中一组为试验样品,另一组为参比样品。制备试件所用产品为工程实际使用产品,表面涂料的施涂、涂层厚度和干燥方法应与实际工程使用的方法相同。按 GB/T 16259 标准试验条件进行试验,试验时间为 300 h。将试验后样品与参比样品在柔和的自然光线下目测对比外观质量和颜色变化。

4. 检验判定规则

1)组批

同一品种、类别艺术石为一批。

2)抽样

外观质量、尺寸偏差的抽样根据表 2-63 抽取样本。热稳定性及耐人工气候老化性的样品从检验批中随机抽取双倍数量样品,其余检验项目从平行样品中抽取。

3)判定

单块艺术石的所有检验结果均符合技术要求时,则判定该块艺术石合格。

根据样本检验结果,若样本中发现的不合格数小于或等于合格判定数(A_c),则判定该批产品该项目合格;若样本中发现的不合格数大于或等于不合格判定数(R_e),则判定该批产品不合格。

体积密度、吸水率、压缩强度、弯曲强度、抗冻性、热稳定性、耐人工气候老化性检验结果,均符合相应要求时,则判定该批艺术石以上项目合格;有两项及以上不符合相应要求时,则判定该批艺术石为不合格;有一项不符合相应要求时,利用备样对该项目进行复检,复检结果合格时,则判定该批艺术石以上项目合格,否则判定该批艺术石为不合格。其他项目检验结果的判定同出厂检验。

(五)微晶石

1. 分类和等级

1)分类

按颜色基调分类:基本色调有白色、米色、灰色、蓝色、绿色、红色和黑色等。

按形状分类:普型板(P)、异型板(Y)。

按表面加工程度分类:镜面板(JM)、亚光面板(YG)。

2)等级

按板材的规格尺寸允许偏差、平面度公差、角度公差、外观质量、光泽度分为优等品(A)、合格品(B)两个等级。

2. 技术要求

1)规格尺寸允许偏差

普型板规格尺寸允许偏差应符合表 2-82 的规定。异型板规格尺寸允许偏差由供需双方商定。

表 2-82 普型板规格尺寸允许偏差 (单位:mm)

等级	优等品	合格品
长度、宽度	0 -1.0	0 -1.5
厚度	±2.0	±2.5

注:以干挂方式安装时参照 JC 830.1 ~ JC 830.2—1998,可将长度、宽度数值调整为优等(+0.5,-1.0),合格(+0.5,-1.5)。

2)平面度公差

平面度公差应符合表 2-83 的规定。

表 2-83 平面度公差 (单位:mm)

长度、宽度范围	优等品	合格品
≤600×900	1.0	1.5
600×900~900×1 200	1.2	2.0
>900×1 200	由供需双方商定	

3)角度公差

平面板材的角度公差优等品≤0.6 mm,合格品≤1.0 mm。板材拼缝正面与侧面的夹角不得大于90°。

4)外观质量

板材正面的外观缺陷应符合表 2-84 的规定。

表 2-84　板材正面的外观缺陷规定

<table>
<tr><th>缺陷名称</th><th>规定内容</th><th>优等品</th><th>合格品</th></tr>
<tr><td>缺棱</td><td>长度、宽度不超过 10 mm×1 mm
（长度小于 5 mm 不计），周边允许个数（个）</td><td rowspan="2">不允许</td><td rowspan="2">2</td></tr>
<tr><td>缺角</td><td>面积不超过 5 mm×2 mm
（面积小于 2 mm×2 mm 不计），
每块板允许个数（个）</td></tr>
<tr><td>气孔</td><td>ϕ>2.5 mm
2.5 mm≥ϕ>1 mm</td><td>不允许
5 个/m^2</td><td>不允许
≤10 个/m^2</td></tr>
<tr><td>杂质</td><td>在距离板面 2 m 处目视观察</td><td>不大于 3 个/m^2</td><td>不大于 5 个/m^2</td></tr>
</table>

5）理化性能

镜面板材的镜面光泽度：优等品不低于 85 光泽单位，合格品不低于 75 光泽单位。

板材硬度：莫氏硬度 5～6 级。

弯曲强度：不小于 30 MPa。

抗激冷激热：无裂隙（此指标仅对外墙装饰用微晶玻璃）。

色差：同一颜色、同一批号板材花纹和颜色基本一致。仲裁时，色差不大于 2.0 CIE 单位。耐酸碱性应符合表 2-85 的规定。

表 2-85　耐酸碱性规定

项目	条件	质量损失率（K）
耐酸性	1.0% 硫酸溶液室温浸泡 650 h	K≤0.2% 且外观无变化
耐碱性	1.0% 氢氧化钠室温浸泡 650 h	K≤0.2% 且外观无变化

3. 试验方法

1）规格尺寸

用精度为 0.2 mm 符合 GB 1214.1～GB 1214.4 和 GB 10633 规定的游标卡尺、卷尺测量板的长度和宽度，准确至 0.2 mm。用精度为 0.1 mm 符合 GB 1214.1～GB 1214.4 规定的游标卡尺测量板的厚度，准确至 0.1 mm。

长度、宽度分别测量 3 条直线，均于距边缘 20 mm 处测量，见图 2-34；厚度测量 4 条边的中点，见图 2-35。测量值减标称值的最大正值和最小负值表示长度、宽度、厚度的尺寸偏差。

2）平面度公差

用直线度公差为 0.1 mm 长度为 1 m 符合 JB 2546 规定的钢平尺检测。依钢平尺自重紧贴在被检面的对角线上，用塞尺测量尺面与板面的间隙；对角线长度大于 1 000 mm 时，沿对角线首尾相接分段测量。以最大间隙处所测的塞尺读数作为该板的平面度公差，读数准确至 0.10 mm。

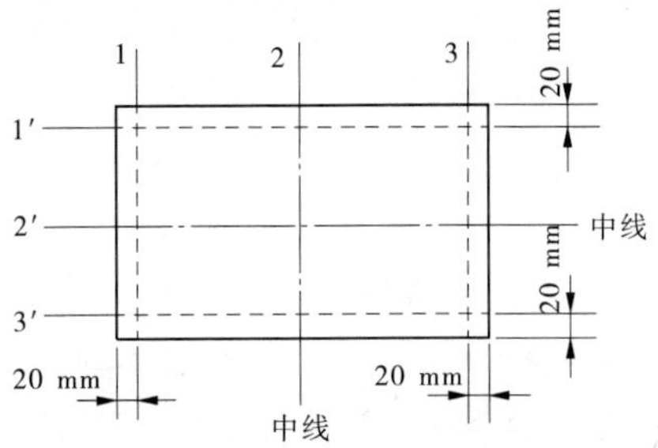

1、2、3—宽度测量线；1′、2′、3′—长度测量线

图 2-34　长度、宽度测量

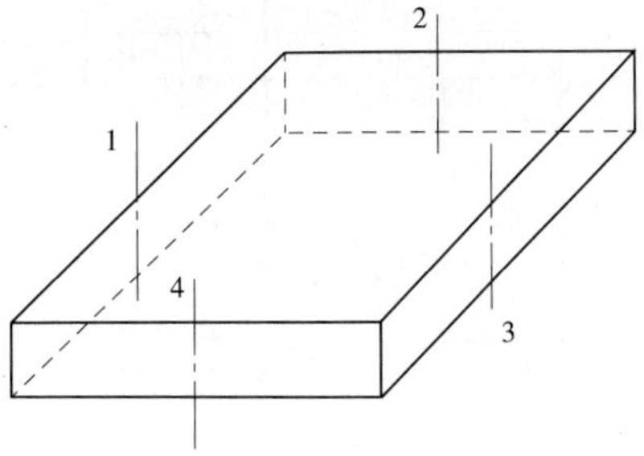

1、2、3、4—厚度测量线

图 2-35　厚度测量

3）角度公差

用内角垂直度公差为 0.13 mm，内角边长为 450 mm × 400 mm 的 90°钢角尺检测。将钢角尺长边紧贴板的长边，短边紧靠板的短边，用塞尺测量板与钢角尺 400 mm 短边之间的间隙，根据被测角大于或小于 90°的不同情况，分别相应在钢角尺根部或短边最长端处进行测量，对长边小于 450 mm 的板材测量两对角；对长边大于或等于 450 mm 的板材测量 4 个角。以最大间隙处所测得的塞尺读数作为该板的角度公差，读数准确至 0.1 mm。

4）外观质量

将平尺紧靠有缺陷的部位，用精度为 0.02 mm 符合 GB 1214.1 ~ GB 1214.4 规定的游标卡尺测量缺棱、缺角缺陷的长度、宽度。

在自然光条件下，将板材平放在地面，在距离板材 2 m 处目视，对目测到的气孔使用精度为 0.02 mm 的游标卡尺测量其最大尺寸。

在自然光条件下，将板材平放在地面，在距离板材 2 m 处目视，对目测到的杂质使用精度为 0.02 mm 的游标卡尺测量其最大尺寸，读数准确至 0.1 mm。

5）理化性能

光泽度：按 GB/T 13891—1992 的规定进行。采用 60°入射角探头测量。

色差：将选定的协议标准样品与被测试样同时放在地上，在室内自然光线充足的条件下，在距其 2.0 m 处目视。仲裁时，采用下述方法测量：

测量方法：按 GB 11942—1989 的规定。采用 10°视场标准照明体 D_{65} 的 X、Y、Z 表色系统，据 CIELAB 均匀色空间色差公式计算。

同一块微晶玻璃的色差——在同一块微晶玻璃的四角和正中间取 100 mm × 100 mm 的试样 5 块，试样外边缘距该块玻璃边缘 50 mm（如图 2-36 所示）。以中间试样作为标准块，其余 4 块均与该块进行反射颜色比较，分别测得 4 个 $\Delta E_{ab}{}^{*}$ 值，4 个值的平均值即为该块微晶玻璃的色差。

一批微晶玻璃的色差——从一批微晶玻璃中随机抽取 5 块，以每块的中间部位为测量点，测量其 L^{*}、a^{*}、b^{*} 值，以其中 a^{*} 或 b^{*} 最大或最小的 1 块作为标准块，其余 4 块均与该块进行反射颜色比较，分别测得 4 个 $\Delta E_{ab}{}^{*}$ 值，4 个值的平均值即为该批微晶玻璃的色差。

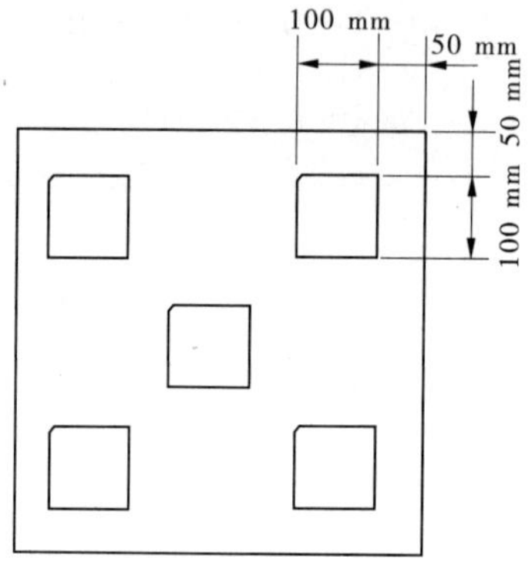

图 2-36　取样位置

弯曲强度：试样尺寸长(160 ± 0.5) mm、宽(40 ± 0.5) mm、高(20 ± 0.5) mm（或板材厚度，高跨比为 1∶7），用自来水洗净擦拭后自然风干 4 h，受力面平行度在 0.08 mm 以内，每组 10 块。试验方法及计算结果按 GB 9966.2 的规定进行。

莫氏硬度：用手在微晶玻璃表面以规定硬度标准矿物刻划。试验方法：取样品 3 块，光面朝上，放置到固定的垫板上。用手均匀用力将标准矿物的一个锐角划过受测样品的表面。目测样品表面上的划痕，以产生明显划痕的硬度标准矿物的最小级数作为该样品的莫氏硬度。若 3 块样品具有不同的硬度，则取硬度最小的作为试验结果。

耐激冷激热：试样尺寸为 100 mm × 80 mm × 板材厚度，每组 5 块。试验方法：将试样放置在较室温水高(95 ± 1)℃的干燥箱内干燥 4 h，放入不少于试样体积 20 倍室温水中冷却，然后用铁锤轻轻敲击试样各部位，听其声音是否变哑并观察试样表面有无裂隙、掉边掉角等情况，有上述情况之一表明试样已损坏。

耐酸碱性：

原理——将试样在酸、碱溶液中浸泡一定时间后称其质量的变化，用质量损失率表示。

试剂——取 1%（体积比）化学纯浓硫酸，取 1%（质量比）化学纯氢氧化钠。

试验条件——最小称量 10 mg 天平；室温 ~ 200 ℃电热恒温干燥箱；1 000 mL 的玻璃容器、塑料容器及细塑料棒数根；干燥器。

试样尺寸——取 20 mm × 20 mm × 20 mm，耐酸、耐碱各 5 块。

试验步骤——将试样放入(105 ± 2)℃电热恒温干燥箱中，恒温 4 h 后，取出放入干燥器内冷却至室温称其质量。再重复上述操作至试样恒重，称其质量(m_0)。将已恒重的试样浸入盛有已配制好的硫酸溶液的玻璃容器中(或已配制好的氢氧化钠溶液的塑料容器中)，液面应高出试样 30 mm，试样与容器底用塑料棒隔开，容器口密封。浸泡 650 h，取出，用去离子水洗至 pH 值呈中性，再按干燥步骤进行操作，称出质量(m_1)。

用以下公式计算：

$$K = (m_0 - m_1)/m_0 \times 100\%$$

式中 K——质量损失率(%)；

m_0——浸泡前试样质量，g；

m_1——浸泡后试样质量，g。

取 5 块试样结果的算术平均值作为试验结果。

4. 检验判定规则

1) 组批

以出厂的同一等级、连续生产的产品 600 m^2 为一批。不足 600 m^2 的按一批计算。

2) 抽样

规格尺寸允许偏差、平面度公差、角度公差、外观质量、色差的检验从同一批板材中抽取 10 块。镜面光泽度的检验从以上抽取的板材中取 5 块。其他理化性能检验可从做完镜面光泽度的样品上切取所需的试样，也可以从抽样检验合格的样品中随机抽取 5 块并切取。

3) 判定规则

规格尺寸允许偏差、平面度公差、角度公差、外观质量样本大小量为 10，合格判定数为 1，达到等级指标时判定该批产品符合该等级；若有不符合的项目，可再从该批产品中抽取双倍样品对不符合的项目进行一次复验，合格判定数为 1。

理化性能检验的全部项目达到规定的要求，判该批产品理化性能合格。若有不合格的项目，可再从该产品中抽取双倍样品对不合格的项目进行一次复验，达到规定时判定该项目合格，否则判定该项目不合格。

以上项目均合格时判定为该等级。

第十一节　复合石材

一、定义和分类及等级

(一) 定义

石材复合板(complex stone veneer)：以石材为饰面材料，与其他一种或一种以上材料使用结构胶粘剂粘合而成的装饰板材。石材复合板是一种符合节能、节材和资源综合利用政策的具有发展前景的新产品，适用于质轻、节材、透光或其他特殊场合等用途。

(二) 分类

(1) 按基材类型分为：

石材－硬质基材复合板：主要有石材－陶瓷复合板、石材－石材复合板、石材－玻璃复合板。

石材-软质基材复合板:主要有石材-铝蜂窝复合板、石材-塑料复合板。

(2)按形状分为:

普型板(PX):正方形或长方形的饰面板材。

圆弧板(HM):装饰面轮廓线的曲率半径处处相同的饰面板材。

(3)按面材表面加工程度分为:

镜面板(JM):饰面具有镜面光泽的复合板。

亚光面板(YM):饰面细腻,能使光线产生漫反射现象的复合板。

粗面板(CM):饰面经拉丝、喷砂、仿古、烧毛及水冲等工艺加工的复合板。

(三)等级

按外形加工质量分为优等品(A)、一等品(B)、合格品(C)三个等级。

二、石材复合板工艺特征

(一)加工工艺

石材复合板是在普通石材毛板的基础上,采用改性环氧树脂胶粘剂与基材粘结后,通过加压和固化等工艺过程,再经过金刚石带锯对切,形成面材为石材的复合板。表面按要求可进行抛光、仿古、喷砂等工艺处理。

面材石材厚度按照要求可加工成3~8 mm,规格尺寸受设备局限一般小于800 mm。胶粘剂性能是复合石材各项性能的关键,一般要求使用改性环氧树脂和聚氨酯类胶粘剂,忌用不饱和树脂类胶粘剂。

(二)目前各类石材复合板的性能和特点

1. 石材-陶瓷复合板

石材-陶瓷复合板以名贵的进口大理石为面材,以陶瓷通体砖为基材,各项性能稳定,是主要的批量生产产品,形成了规格化的大批量生产规模,可直接进入建材超市,供消费者直接选用,目前以出口为主。石材-陶瓷复合板集石材的天然装饰效果和瓷砖方便安装等优点,得到了广泛的应用,适合于百姓家居和卫生间等快速安装。

2. 石材-石材复合板

石材-石材复合板以名贵或资源趋于枯竭的石材为面材,与各项性能相近且价格低廉的国产花岗石或大理石复合,产品质量一般比较稳定。石材-石材复合板适合于各类建筑装饰工程中所选石材从供货或经济性方面不能满足工程需要的替代产品。其用于墙地面等不同部位和用途时,应该指定石材面材厚度,以保证使用寿命。

3. 石材-玻璃复合板

石材-玻璃复合板以玻璃为基材,与超薄石材进行复合,具有透光性能,用于特殊的发光墙面和柱面。其产品容易出现渗胶、变黄等缺陷。

4. 石材-铝蜂窝复合板

石材-铝蜂窝复合板以超薄石材为面材,以铝板或不锈钢板中间夹铝蜂窝板为基材。其最大特点是质量轻,并有弯曲弹性变形,适用于高层建筑和在重量方面有要求的装饰工程。缺点是抗压缩能力弱,不适合使用在地面,在不同的温差下板材会出现平面度方面的变化。

三、复合板技术要求

(一)加工质量

普型板规格尺寸允许偏差应符合表2-86的规定,面材最小厚度允许偏差为±0.5 mm,平面度允许公差应符合表2-87的规定,角度允许公差应符合表2-88的规定。普型板拼缝板材正面与侧面的夹角不得大于90°。

表2-86 普型板规格尺寸允许偏差 (单位:mm)

项目	镜面和亚光面板材			粗面板材		
	优等品	一等品	合格品	优等品	一等品	合格品
长度、宽度	0 -1.0		0 -1.5	0 -1.0		0 -1.5
厚度	+1.0 -1.0		+1.5 -1.5	+1.5 -1.0		+2.0 -1.5

表2-87 普型板平面度允许公差 (单位:mm)

板材长度	镜面和亚光面板材			粗面板材		
	优等品	一等品	合格品	优等品	一等品	合格品
≤400	0.30	0.40	0.50	0.40	0.50	0.60
400~800	0.60	0.70	0.80	0.70	0.80	0.90
>800	0.80	0.90	1.00	0.90	1.00	1.10

表2-88 普型板角度允许公差 (单位:mm)

板材长度	镜面和亚光面板材			粗面板材		
	优等品	一等品	合格品	优等品	一等品	合格品
≤400	0.30	0.50	0.80	0.40	0.60	0.90
>400	0.40	0.60	1.00	0.50	0.70	1.00

圆弧板壁厚最小值不小于20 mm,规格尺寸允许偏差应符合表2-89的规定。圆弧板

面材最小厚度允许偏差由供需双方协商确定,直线度与线轮廓度允许公差应符合表2-90的规定,角度允许公差应符合表2-91的规定。圆弧板侧面角应不小于90°。

表2-89 圆弧板规格尺寸允许偏差 (单位:mm)

项目	镜面和亚光面板材			粗面板材		
	优等品	一等品	合格品	优等品	一等品	合格品
弦长	0 -1.0		0 -1.5	0 -1.5		0 -2.0
高度						

表2-90 圆弧板直线度与线轮廓度允许公差 (单位:mm)

板材长度		镜面和亚光面板材			粗面板材		
		优等品	一等品	合格品	优等品	一等品	合格品
直线度(按板材高度)	≤600	0.70	0.90	1.10	0.80	1.00	1.20
	>600	0.90	1.10	1.30	1.00	1.20	1.40
线轮廓度		0.80	1.00	1.20	1.00	1.20	1.40

表2-91 圆弧板角度允许公差 (单位:mm)

镜面和亚光面板材			粗面板材		
优等品	一等品	合格品	优等品	一等品	合格品
0.50	0.60	0.80	0.60	0.70	1.00

(二)外观质量

同一批复合板的色调应基本调和,花纹应基本一致。面材为天然花岗石的复合板,外观质量应符合花岗石建筑板材标准规定,镜向光泽度不低于80光泽单位;面材为天然大理石的复合板,外观质量应符合大理石建筑板材标准规定,镜向光泽度不低于70光泽单位。对面材有特殊要求的,由供需双方协商确定。

(三)物理性能

复合板出厂应明示产品的面密度值,硬质基材复合板物理性能指标应符合表2-92的规定,基材为铝蜂窝的复合板物理性能指标应符合表2-93的规定。

表 2-92　硬质基材复合板物理性能要求

序号	项目		技术指标
1	弯曲强度(MPa),≥	干燥	7.0
		水饱和	7.0
2	弹性模量(GPa),≥	干燥	10.0
3	剪切强度(MPa),≥	标准状态	4.0
		热处理 80 ℃(168 h)	4.0
		浸水(168 h)	3.2
		冻融循环 25 次	2.8
4	落球冲击强度(300 mm)		表面不得出现裂纹、凹陷、掉角
5	耐磨性($1/cm^3$)		≥10(面材为天然大理石) ≥25(面材为天然花岗石)

表 2-93　铝蜂窝基材复合板物理性能要求

序号	项目		技术指标
1	抗折强度(MPa),≥	干燥	7.0(面材向下) 18.0(面材向上)
2	弹性模量(GPa),≥	干燥	1.5(面材向下) 3.0(面材向上)
3	粘结强度(MPa),≥	标准状态	1.0
		热处理 80 ℃(168 h)	1.0
		浸水后(168 h)	0.8
		冻融循环 25 次	0.7
4	落球冲击强度(300 mm)		表面不得出现裂纹、凹陷、掉角
5	耐磨性($1/cm^3$)		≥10(面材为天然大理石) ≥25(面材为天然花岗石)

四、试验方法

(一)尺寸及外观

面材为花岗石的复合板规格尺寸、角度、外观质量、光泽度的试验方法按花岗石建筑板材标准规定进行。面材为大理石的复合板规格尺寸、角度、外观质量、光泽度的试验方法按大理石建筑板材标准规定进行,其中角度的测量结果精确到0.05 mm。

(二)面材厚度

取长、宽尺寸不小于300 mm×300 mm的试样3块,如图2-37所示,将每块试样沿对角线方向切开,用游标卡尺测量每条对角线上面材的最小厚度,用全部测量结果中的最小值表示面材最小厚度,测量结果精确到0.1 mm。

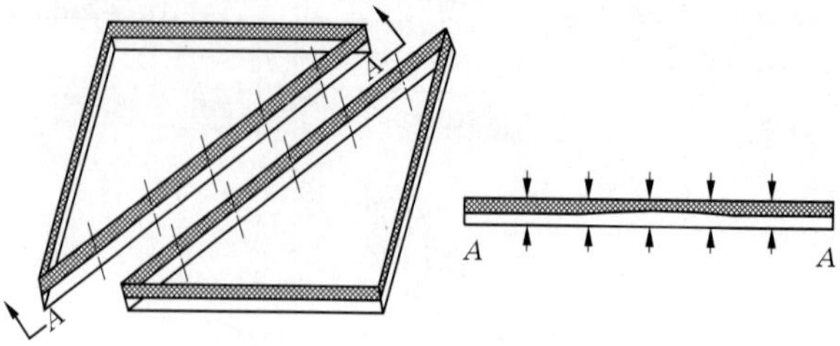

图2-37 面材厚度测量

(三)平面度

取3块干燥的试样面材向上置于试验平台上(实验室温度(20±2)℃;湿度50%±5%),放置0.5 h后用1 000 mm钢平尺置于板边10 mm处的四条边及两条对角线上,用塞尺测量尺面与板面的间隙。

然后将试样置于(20±2)℃的清水中,浸泡48 h后取出,用拧干的湿毛巾擦去试样表面水分,10 min内用1 000 mm钢平尺置于板边10 mm处的四条边及两条对角线上,用塞尺测量尺面与板面的间隙,用全部测量结果中的最大间隙值表示试样的平面度公差,测量结果精确到0.05 mm。

圆弧板直线度与线轮廓度试验方法按花岗石建筑板材标准规定进行。

(四)面密度

试样规格:100 mm×100 mm×厚度,尺寸偏差±0.5 mm,5块试样为一组。将试样置于(60±2)℃的干燥箱内干燥48 h至恒重,放入干燥器中冷却至室温,称其质量(M),精确至0.01 g。然后测量每块试样的长度(a)、宽度(b),精确至0.02 mm。

面密度$\rho_{面}$(kg/m^2)按下式进行计算,结果保留三位有效数字。

$$\rho_{面} = 1\,000M/(ab)$$

式中 M——试样质量,g;

a——试样长度, mm;

b——试样宽度, mm。

以5块试样的平均值报告结果。

(五)抗折强度和弹性模量

1. 设备及量具

万能材料试验机:测量误差不大于1%,能精确绘制力与位移曲线图,试样破坏载荷应在设备示值的20%~90%范围内。

加荷辊轴:压头曲率半径为10 mm,下支架支点曲率半径为15 mm。

游标卡尺:精度0.02 mm。

干燥箱:温度可控制在(60±2)℃。

2. 试样

试样尺寸：长度(200 ±1) mm，宽度(100 ±0.5) mm，厚度为实际厚度，每组5块。试样两受力面应平整且平行，不得有裂纹、缺棱和缺角。

3. 试验步骤

1) 干燥抗折强度和弹性模量

将试样置于干燥箱中，在(60 ±2) ℃下干燥48 h，放入干燥器中冷却至室温。

标出两支点与受力点的标记(见图2-38)，跨距150 mm，负荷点在中心线上，测量试样断裂处的宽度和厚度，精确到0.1 mm。

试验时加荷辊轴线必须与试件长轴中心线垂直。将试样的装饰面向下放在下支架支点的曲率半径上，以0.5 mm/min进行加压至试样破坏，记录试样破坏载荷值(F)，精确到10 N。抗折强度和弹性模量检测如图2-38所示。

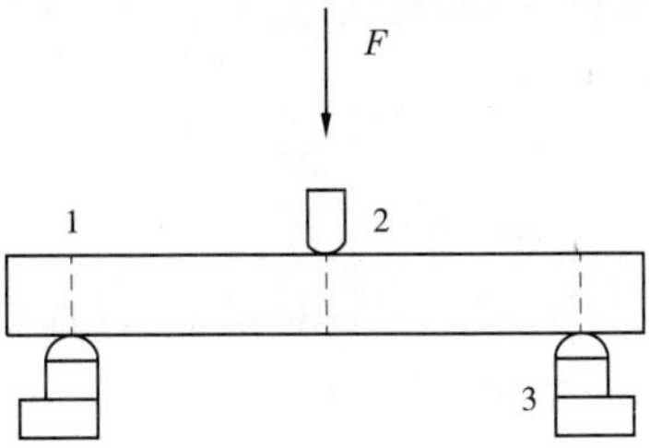

1—试样；2—加载压头；3—支架

图2-38 抗折强度和弹性模量检测

2) 水饱和抗折强度

将试样放在(20 ±2) ℃的清水中，浸泡48 h后取出，用拧干的湿毛巾擦去试样表面水分，按上述过程进行试验。

4. 结果计算

抗折强度按下式计算：

$$W = \frac{3FL}{2bh^2}$$

式中 W——抗折强度，MPa；

F——破坏载荷，N；

L——支点间距离，mm；

b——试样宽度，mm；

h——试样厚度，mm。

以每组试样抗折强度的算术平均值作为该组试样的抗折强度，数值修约到0.1 MPa。

弹性模量在力与位移曲线图的直线段上截取相应的力与位移的增量，按下式计算弹性模量结果：

$$E = \frac{L^3}{4bh^3} \times \frac{\Delta f}{\Delta s}$$

式中 E——弹性模量，GPa；

L——支点间距离，mm；

b——试样宽度，mm；

h——试样厚度，mm；

Δf——在曲线图中线性段内载荷的增加量，N；

Δs——在曲线图中与载荷增加量 Δf 对应的试件变形量，mm。

以每组试样弹性模量的算术平均值作为该组试样的弹性模量，数值修约到 0.1 GPa。

（六）剪切强度

1. 设备、量具及材料

万能材料试验机：测量误差不大于 1%，试样破坏载荷应在设备示值的 20% ~ 90% 范围内。

游标卡尺：精度 0.02 mm。

干燥箱：温度可控制在（80 ± 2）℃。

低温箱：温度可控制在（−25 ± 2）℃。

胶粘剂：符合 JC/T 989 标准指标要求。

2. 试样

试样尺寸为长度（50 ± 0.5）mm，宽度（50 ± 0.1）mm，厚度为实际厚度。试样不得有裂纹、缺棱和缺角。每种试验条件下的试件取相同尺寸样品两块为一对，面材相对用胶粘剂粘结，制成试件，固化时间达到标称值，每组 5 件。每个试件的两个受力面应平行、光滑且平面度公差不大于 0.05 mm。

3. 试验步骤

1）标准状态剪切强度

将试件在温度（60 ± 2）℃条件下烘 24 h 取出冷却至室温后进行试验。用游标卡尺分别测量试件的中心线的高度（l）、宽度（k），测量值精确到 0.1 mm。将试件置于剪切模具中，保证模具、试件与试验机同心，调整试件中心线与加荷辊轴线的力线一致。以 5.0 mm/min 对试件施加载荷至试件破坏，记录试件破坏载荷值（F），精确到 10 N，如图 2-39 所示。

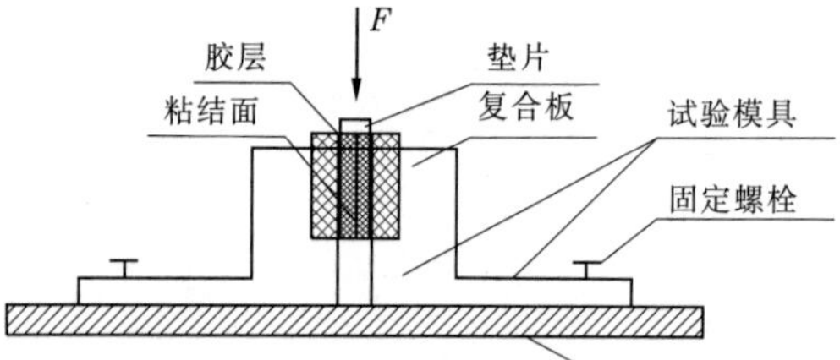

图 2-39　剪切强度试验

2）浸水后剪切强度

将试件置于（20 ± 2）℃的清水中，浸泡 168 h 后取出，用拧干的湿毛巾擦去试件表面水分。按上述测量和试验过程进行试验。

3）热处理后剪切强度

将试件放在（80 ± 2）℃的干燥箱中，干燥 168 h 后取出，放入干燥器中冷却至室温。

按上述测量和试验过程进行试验。

4)冻融循环后剪切强度

用清水洗净试件,将其置于(20±2) ℃的清水中,浸泡4 h取出后按第一章第五节方法中冻融试验过程进行处理。按上述测量和试验过程进行试验。

4. 结果计算

剪切强度按下式计算:

$$J = \frac{F}{2lk}$$

式中 J——剪切强度,MPa;

F——试件破坏载荷,N;

l——试件高度, mm;

k——试件宽度, mm。

以每组试件剪切强度的算术平均值作为该组试件的剪切强度,数值修约到0.1 MPa。

5. 数据处理

对异常数据的处理按照粗大误差剔除准则,即Dixon准则取舍。X_1、X_2、X_3、X_4、X_5为测试值(MPa),且$X_1 < X_2 < X_3 < X_4 < X_5$。若$(X_2 - X_1)/(X_5 - X_1) \geq 0.642$,则舍去$X_1$;若$(X_5 - X_4)/(X_5 - X_1) \geq 0.642$,则舍去$X_5$。

(七)粘结强度

1. 设备、量具及材料

万能材料试验机:测量误差不大于1%,试样破坏载荷应在设备示值的20%~90%范围内。

模具:材质为45号钢或铬钢材,规格尺寸为102 mm×102 mm×20 mm,允许偏差±0.1 mm。

胶粘剂:符合JC 887标准指标要求。

游标卡尺:精度0.02 mm。

2. 试样

试样尺寸为长度(100±1) mm,宽度(100±1) mm,厚度为实际厚度,每组试样5块。每个试样的两个受力面应平行。

将模具粘结面与试样上下两面打毛,并清除污渍,保持表面干净和干燥,用胶粘剂将模具与试样粘结。

胶粘剂应搅拌均匀,随粘随配,涂覆均匀,胶粘剂不应沾污非粘结面。

将粘结好的试件在室温状态下固化24 h以上。

3. 试验步骤

1)标准状态粘结强度

试样在温度为(60±2) ℃条件下烘24 h取出,放入干燥器中冷却至室温。冷却后用游标卡尺测量试样的长、宽尺寸,精确到0.1 mm,计算出受力面积S(mm^2)。

按上述试样粘结方法进行试件制备。

将试件置于试验平台上,夹紧卡具,同时使拉力杆通过卡具中心点。以0.5 mm/min

的速率对试件施加载荷，直至试样破坏，记录破坏载荷(F)，结果精确到10 N，如图2-40所示。

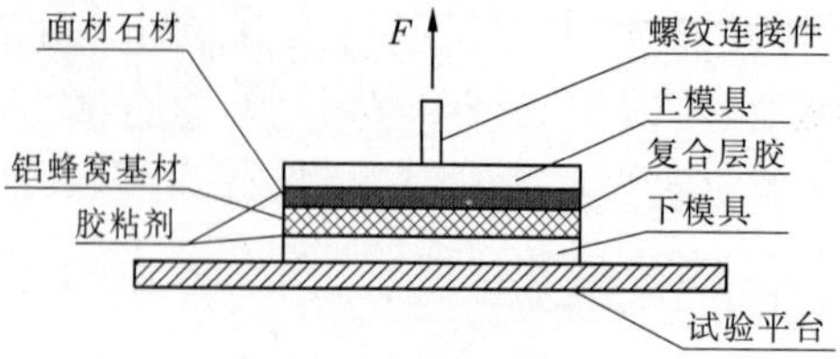

图2-40　粘结强度试验

2)水饱和状态的粘结强度

将试样置于(20±2)℃的清水中，浸泡168 h后取出，用拧干的湿毛巾擦去试样表面水分。待表面水分干燥后，用游标卡尺测量试样的长、宽尺寸，精确到0.1 mm，计算出受力面积$S(mm^2)$。按前述方法进行试件制备和试验。

3)热处理状态粘结强度

将试样放在(60±2)℃的干燥箱中，干燥168 h后取出，放入干燥器中冷却至室温。冷却后用游标卡尺测量试样的长、宽尺寸，精确到0.1 mm，计算出受力面积$S(mm^2)$。按前述方法进行试件制备和试验。

4)冻融循环后粘结强度

用清水洗净试样，并将其置于(20±2)℃的清水中浸泡4 h，取出后按第一章第五节方法中冻融试验过程进行处理。取出后用毛巾擦去试样表面水分。待表面水分干燥后，用游标卡尺测量试样的长、宽尺寸，精确到0.1 mm，计算出受力面积$S(mm^2)$。按前述方法进行试件制备和试验。

4.结果计算

粘结强度按下式计算：

$$N = \frac{F}{S}$$

式中　N——粘结强度，MPa；

F——试样破坏载荷，N；

S——受力面积，mm^2。

以每组试样粘结强度的算术平均值作为该组试样的粘结强度，数值修约到0.1 MPa。

5.数据处理

对异常数据的处理按照粗大误差剔除准则，即Dixon准则取舍。X_1、X_2、X_3、X_4、X_5为测试值(MPa)，且$X_1 < X_2 < X_3 < X_4 < X_5$。若$(X_2 - X_1)/(X_5 - X_1) \geq 0.642$，则舍去$X_1$；若$(X_5 - X_4)/(X_5 - X_1) \geq 0.642$，则舍去$X_5$。

(八)落球冲击强度

将300 mm×300 mm的试样面材向上四角平稳地卡在试验夹具中，距300 mm处用直径为55 mm、质量为0.5 kg的钢球自由落体在试样中心点ϕ50 mm范围内，记录试样试验情况。所用钢球球体光滑，无缺口、凹坑或其他表面缺陷。

观察试样，如未破坏则以每次 100 mm 的间隔递增继续进行自由落体运动，直至试样破坏，记录破坏前一次落球高度。

3 块试样为一组，取一组中最低值报告结果。

（九）耐磨度

按第一章第八节内容进行试验。

五、检验判定规则

（一）组批

同一品种、类别、等级的复合板为一批。

（二）抽样

普型复合板（检测项目为规格尺寸、平面度、角度、镜向光泽度、外观质量）、圆弧复合板（检测项目为规格尺寸、直线度与线轮廓度、角度、镜向光泽度、外观质量）按表 2-63 抽取样本。

抗折强度、剪切强度、粘结强度、耐磨性、落球冲击强度用试样可从产品中抽取。

（三）判定

单块复合板的所有检验结果均符合技术要求中相应等级时，则判定该块复合板符合该等级。

根据样本检验结果，若样本中发现的等级不合格数小于或等于合格判定数（A_c），则判定该批产品符合该等级；若样本中发现的等级不合格数大于或等于不合格判定数（R_e），则判定该批产品不符合该等级。

抗折强度、剪切强度、粘结强度、耐磨性中有一项不符合规定的要求时，则判定该批产品为不合格品。

第十二节　石材马赛克

一、术语和定义

石材马赛克（stone mosaic）：用于建筑装饰用的由多颗表面面积不大于 50 cm^2 石粒与背衬粘贴成联的石材砖。

背衬（back material）：为了便于铺贴，粘贴在石材砖背面的板状、网状或其他类似形状的衬材。

线路（line）：一联石材砖内石粒间的行间距和列间距。

联长（piece length）：每联石材砖的边长。

定型石材马赛克（normal stone mosaic）：每颗石粒均为规则形状的石材马赛克。

非定型石材马赛克（especial stone mosaic）：每联砖中石粒呈不规则形状的石材马赛克。

二、分类和规格

(一)分类

按形状分为定型和非定型两种。

(二)规格

马赛克石粒边长均不大于10 cm,表面面积不大于50 cm^2;砖联分正方形、长方形和其他形状;有特殊要求的,可由供需双方商定。

三、技术要求

石材马赛克中花岗石颗粒的放射性应符合GB 6566的规定,使用的胶粘剂应符合GB 18583的规定,产品应符合下面的技术要求。

(一)尺寸偏差

定型石材马赛克尺寸偏差应符合表2-94的规定。

表2-94 定型石材马赛克尺寸偏差 (单位:mm)

项目	偏差
石粒的长度、宽度、厚度	±0.5
线路和联长	±1.0

非定型石材马赛克石粒尺寸偏差和线路、联长的尺寸偏差由供需双方协商确定。

(二)外观质量

石材马赛克石粒正面不应有影响装饰效果的缺陷,同一色调石材马赛克联内及联间色差应基本一致。

(三)背衬的粘结性

石材马赛克与背衬经粘结性试验后,不应有石粒脱落。

(四)背衬面积

背衬使用背网时,网格面积应为最小石粒底面面积的50%~75%。

四、试验方法

(一)尺寸偏差

用最小读数为0.02 mm的游标卡尺测量单颗石粒中心部位的长度、宽度和厚度。分别用偏差的最大值和最小值表示长度、宽度、厚度的尺寸偏差。测量值精确到0.1 mm。

将成联马赛克样品平放在平台上,用最小读数为0.02 mm的游标卡尺测量线路的最大间距和最小间距。用偏差的最大值和最小值表示线路尺寸偏差。测量值精确到0.1 mm。

将成联马赛克样品平放在平台上,用最小读数为0.1 mm的游标卡尺分别测量距联边 10 mm 处的两端边长和中心线上的边长。用偏差的最大值和最小值表示联长尺寸偏差。测量值精确到 0.1 mm。

(二)外观质量

将成联样品平放在光线充足的地方,距砖约 0.5 m 处,目测检验外观缺陷。

将 9 联砖按 3 排 3 列排列,平放在光线较充足的地方,在距砖约 1.5 m 处目测检验色差。

(三)背衬的粘结性

将成联石材马赛克正面向上,用两手捏住联一边的两角垂直提起,轻微晃动,然后自然放平。反复 3 次,检查马赛克有无石粒脱落。

(四)背衬面积

用满足精度要求的量具分别测量网格面积和马赛克颗粒的底面面积。读数准确至 1 mm。用网格面积和马赛克颗粒的底面面积的百分比表示网格面积相对于马赛克颗粒的底面面积的大小。结果保留两位有效数字。

五、检验规则

(一)组批

相同品种、相同型号的产品 25～300 m^2 为一批。小于 25 m^2 时,由供需双方商定。

(二)抽样

从每批中随机抽取 3 m^2,然后从 3 m^2 中随机抽取满足表 2-95 各项规定的样本量。

表 2-95 抽样数量

检验项目		单位	样本量	合格判定数	不合格判定数
尺寸偏差	石粒长度、宽度、厚度	颗	40	3	4
	线路	联	15	1	2
	联长	联	15	1	2
外观质量	外观缺陷	联	3	≤5%[a]	>5%[a]
	色差	联	9	0	1
背衬的粘结性		联	3	0	1
背衬面积		联	3	0	1
放射性		kg	6	0	1
有害物质		桶	3	0	1

注:a 指 3 联试样中不合格石粒数占石粒总数的百分数。

(三)判定

对标准中规定的全部项目进行一次抽样检验。

根据表 2-95 样本检验结果,若样本中发现的不合格数小于或等于合格判定数,则判定该批产品该项目合格;若样本中发现的不合格数大于或等于不合格判定数,则判定该批产品该项目不合格。

每批产品中所有项目均合格时,则判定该批产品合格;否则判定该批产品不合格。

第十三节　广场路面石

一、术语定义和分类及等级

(一)定义

立方料(cubic stock):用于广场地面、路面或路缘铺设用的天然石料。通常使用花岗石,厚度大于 50 mm。

广场石(square slabs):用来铺设在广场的天然石料,宽度一般大于厚度的两倍以上。

路面石(setts):用来铺设在道路或人行道的天然石料。

路缘石(kerbs):作为道路或人行道路缘装饰的天然石料,主要有直线路缘石和弯曲路缘石,直线路缘石长度一般大于 300 mm,弯曲路缘石长度一般大于 500 mm。

精细面(fine textured):表面的凸起和凹陷高度差低于 0.5 mm 的加工面,例如磨光、打磨、金刚石锯或盘加工成的表面。

细面(honed):表面的凸起和凹陷高度差在 0.5 ~2 mm 的加工面,如粗磨、砂锯加工成的表面。

粗面(coarse textured):表面的凸起和凹陷高度差大于 2 mm 的加工面,例如经敲、钻、凿等而形成的纹理面。

(二)广场路面石分类

按照产品用途分为广场石、路面石和路缘石。

按照石材材质种类分为花岗石、大理石、石灰石、砂岩和板石。

(三)等级

按照尺寸偏差、外观质量分为 A 级和 B 级两个等级。

二、技术要求

(一)规格尺寸

广场路面石规格尺寸系列见表 2-96,特殊要求由供需双方商定。

表 2-96　广场路面石规格尺寸　(单位:mm)

长度、宽度系列	150、200、300、400、500、600、700、800、900、1 000、1 200、1 500、1 800
边长系列(多边形)	50、100、150、200、250、300
厚(高)度系列	50、75、100、150、200、250、300、350、400

广场石尺寸偏差应符合表 2-97 的规定，特殊要求由供需双方协商确定。

表 2-97　广场石尺寸偏差要求　　（单位：mm）

<table>
<tr><th colspan="3" rowspan="2">项目</th><th colspan="2">技术要求</th></tr>
<tr><th>A</th><th>B</th></tr>
<tr><td rowspan="2">长度、宽度偏差</td><td colspan="2">≤700</td><td>±1</td><td>±2</td></tr>
<tr><td colspan="2">>700</td><td>±3</td><td>±5</td></tr>
<tr><td colspan="3">端面为劈裂面时边长偏差</td><td>±5</td><td>±8</td></tr>
<tr><td rowspan="2">厚度偏差</td><td colspan="2">≤60</td><td>±3</td><td>±4</td></tr>
<tr><td colspan="2">>60</td><td>±4</td><td>±5</td></tr>
<tr><td rowspan="6">平面度公差</td><td rowspan="2">长度≤500</td><td>细面或精细面</td><td>2.0</td><td>3.0</td></tr>
<tr><td>粗面</td><td>4.0</td><td>5.0</td></tr>
<tr><td rowspan="2">长度>500
且≤1 000</td><td>细面或精细面</td><td>3.0</td><td>4.0</td></tr>
<tr><td>粗面</td><td>5.0</td><td>6.0</td></tr>
<tr><td rowspan="2">长度>1 000</td><td>细面或精细面</td><td>4.0</td><td>6.0</td></tr>
<tr><td>粗面</td><td>6.0</td><td>8.0</td></tr>
<tr><td rowspan="2">对角线差</td><td colspan="2"><700</td><td>3</td><td>5</td></tr>
<tr><td colspan="2">≥700</td><td>5</td><td>8</td></tr>
</table>

路面石尺寸偏差应符合表 2-98 的规定，特殊要求由供需双方协商确定。

表 2-98　路面石尺寸偏差要求　　（单位：mm）

<table>
<tr><th colspan="2" rowspan="2">项目</th><th colspan="2">技术要求</th></tr>
<tr><th>A</th><th>B</th></tr>
<tr><td rowspan="3">长度、宽度（或边长）偏差</td><td>两个细面或精细面间</td><td>±3</td><td>±5</td></tr>
<tr><td>细面或精细面与粗面间</td><td>±5</td><td>±8</td></tr>
<tr><td>两个粗面间</td><td>±8</td><td>±10</td></tr>
<tr><td rowspan="3">厚度偏差</td><td>两个细面或精细面间</td><td>±5</td><td>±10</td></tr>
<tr><td>细面或精细面与粗面间</td><td>±8</td><td>±15</td></tr>
<tr><td>两个粗面间</td><td>±10</td><td>±20</td></tr>
<tr><td rowspan="2">表面平面度公差</td><td>细面或精细面</td><td>2.0</td><td>3.0</td></tr>
<tr><td>粗面</td><td>3.0</td><td>5.0</td></tr>
<tr><td rowspan="2">端面垂直度公差</td><td>厚度≤60</td><td>2.0</td><td>5.0</td></tr>
<tr><td>厚度>60</td><td>5.0</td><td>10.0</td></tr>
</table>

路缘石尺寸偏差应符合表 2-99 的规定，特殊要求由供需双方协商确定，路缘石常见

截面形状见图 2-41。

表 2-99　路缘石尺寸偏差要求　（单位：mm）

项目		技术要求	
		A	B
长度、宽度偏差	两个细面或精细面间	±2	±3
	细面或精细面与粗面间	±4	±5
	两个粗面间	±8	±10
高度偏差	两个细面或精细面间	±5	±10
	细面或精细面与粗面间	±10	±15
	两个粗面间	±15	±20
斜面尺寸偏差[a]	精细面	±2	±5
	细面	±5	±5
	粗面	±10	±15
平面度公差[b]	细面或精细面	2.0	3.0
	粗面	5.0	6.0
垂直度公差		5.0	7.0

注：a 为适用于带有斜面的路缘石。

b 为适用于直线的路缘石。

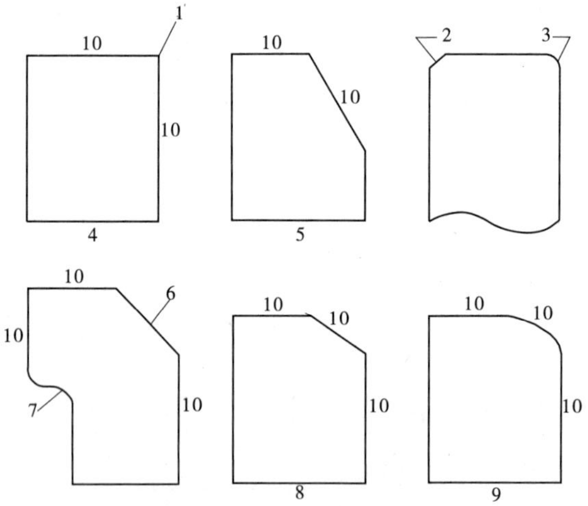

1—实际加工中进行倒角或圆弧；2—倒角；3—圆弧；4—矩形；
5—斜坡；6—倒角或斜角；7—内凹面；8—倒角或斜角；9—倒圆角；10—表面

图 2-41　路缘石常见截面形状

广场路面石表面棱应进行倒角处理，倒角一般不超过 2.0 mm，特殊要求由供需双方协商确定。

(二)外观质量

同一批石材应无明显色差,花纹应基本一致。外观缺陷应符合表 2-100 的要求。

表 2-100　外观缺陷技术要求

缺陷名称	规定内容	技术要求	
		A	B
缺棱	长度不超过 15 mm,宽度不超过 5.0 mm(长度小于 5 mm,宽度小于 2.0 mm 不计),周边每米长允许个数(个)	1	2
缺角	沿边长,长度≤15 mm,宽度≤15 mm(长度≤5 mm,宽度≤5 mm 不计),每块允许个数(个)		
裂纹	长度不超过两端顺延至边总长度的 1/10(长度小于 20 mm 的不计),每块允许条数(条)		
色斑	面积不超过 20 mm × 30 mm(面积小于 10 mm × 10 mm 不计),每块允许个数(个)	2	3
色线	长度不超过两端顺延至边总长度的 1/10(长度小于 40 mm 的不计),每块允许条数(条)		

(三)防滑性能

石材表面防滑系数应不小于 0.5。

三、物理性能

广场路面石材的物理性能指标应符合表 2-101 的规定。石材应按照用途进行表面化学处理,并在出厂时予以注明。

表 2-101　物理性能指标要求

项目		技术指标				
岩矿		花岗石	大理石	石灰石	砂岩	板石
吸水率(%),≤		0.60	0.50	3.00	3.00	0.25
压缩强度(MPa),≥	干燥 水饱和	100.0	52.0	55.0	68.9	—
抗折强度(MPa),≥	干燥 水饱和	8.0	6.9	6.9	6.9	20.0
耐磨性($1/cm^3$),≥		25	10	10	8	8
抗冻性(%),≥		80				
坚固性(%),≤		0.5				

四、试验方法

(一)尺寸偏差

用精度为 1 mm 的钢直尺或能满足精度要求的量器具测量石材的长度、宽度和厚度

（或高度）。长度、宽度分别在板材的三个部位测量（见图 2-42），厚度或高度测量 4 条边的中点部位（见图 2-43）。分别用测量值与标称值之间偏差的最大值和最小值表示长度、宽度、厚度（或高度）的尺寸偏差，测量值精确到 1 mm。

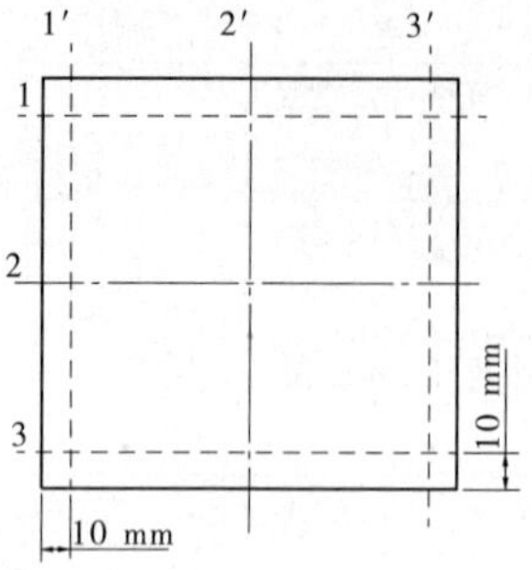

1,2,3—长度测量线；1′,2′,3′—宽度测量线

图 2-42　石材长度、宽度测量

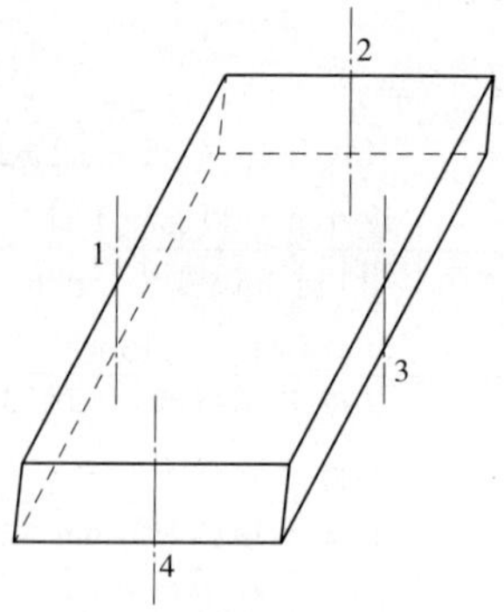

1,2,3,4—厚度或高度测量线

图 2-43　石材厚度或高度测量

用精度为 1 mm 的钢直尺或能满足精度要求的量器具在上下表面测量石材的多边形边长，多边形石材的厚度测量点在每条边长的中心线。分别用测量值与标称值之间的最大值和最小值表示边长和厚度的尺寸偏差，测量值精确到 1 mm。

用精度为 1 mm 的钢直尺或能满足精度要求的量器具在路缘石左右两个端面测量带有斜面路缘石的斜面尺寸。分别用测量值与标称值之间的最大值和最小值表示尺寸偏差，测量值精确到 1 mm。

将平面度公差为 0.1 mm 的 1 000 mm 钢平尺分别自然贴放在距棱边 10 mm 处和被检表面的两条对角线上，用塞尺测量尺面与板面的间隙。当被检面边长或对角线长度大于 1 000 mm 时，用钢平尺沿边长和对角线分段检测，重叠位置不小于钢平尺长度的 1/3。以最大间隙的测量值表示测量表面的平面度公差，测量值精确到 0.1 mm。

用精度为 1 mm 的钢直尺或能满足精度要求的量器具在石材表面测量两条对角线长度，测量值精确到 1 mm，用差值的最大值表示对角线差。

用内角垂直度公差为 0.13 mm，内角边长为 500 mm × 400 mm 的 90°钢角尺检测。将钢角尺短边紧靠石材的上表面，长边贴靠石材的端面或侧表面，用塞尺测量端面或侧表面与钢角尺长边之间的最大间隙。测量位置应选择在中心线和距边缘 10 mm 的三个位置，以最大间隙的测量值表示石材的垂直度公差，测量值精确到 0.1 mm。

用平面度公差为 0.1 mm 的 600 mm 钢平尺平靠在石材的表面，用精度为 0.02 mm 的游标卡尺或能满足精度要求的量器具测量倒角距表面的距离。测量位置应选择在中心线和距边缘 10 mm 的三个位置，以最大测量值表示石材的倒角，测量值精确到 0.1 mm。

（二）外观质量

将石材样品平放在光线充足的地方，在距样品约 2 m 处目测色差和花纹。目测并用精度为 0.02 mm 的游标卡尺检验缺棱、缺角、裂纹、色斑、色线等缺陷。

（三）防滑性

按第一章第九节内容进行试验。

(四)理化性能

1. 岩矿检验

按第二章第一节中检测方法进行。

2. 吸水率

按第一章第七节方法进行。

3. 干燥、水饱和压缩强度

按第一章第五节方法进行。

4. 干燥、水饱和抗折强度

1)仪器设备

切石机、磨石机等岩石试件加工设备。

压力试验机或万能试验机。

游标卡尺、角尺等。

烘箱,能使温度控制在105~110 ℃范围内。

2)试件制备

用切石机、磨石机将岩石试样制成50 mm×50 mm×250 mm、表面平整、各边互相垂直的试件。石质均匀(无层理或纹理)者,制备6个试件,其中3个在温度为105~110 ℃的烘箱内烘至恒重,冷却后进行试验;3个按自由饱水处理后试验,即将试件置于盛水容器内,先注水至试件高度的1/4处,以后每隔2 h分别注水至试件高度的1/2和3/4处,6 h后将水加至高出试件顶面20 mm,以利于试件内空气逸出,试件全部被水淹没后再自由吸水48 h。若岩石有显著纹理,则须制备与纹理垂直及平行的试件各6个,施力方向在与纹理垂直及平行的情况下,以3个为一组,分别在干燥状态下与饱和状态下进行试验。

3)试验步骤

描述试件并编号,测量试件中央断面的尺寸,精确至0.1 mm。

将试件放在试验机的抗折支架上,如图2-44,跨径为200 mm,采用跨中单点加荷,然后开动试验机,以15~20 MPa/min的应力速度连续均匀地增加荷载,直至试件折断为止,记录破坏荷载并测量其断面尺寸。

4)结果整理

按下式计算抗折强度,试验结果精确至0.1 MPa:

$$R_b = \frac{3PL}{2bh^2}$$

式中 R_b——抗折强度,MPa;

P——破坏荷载,N;

L——支点跨距,采用200 mm;

b——试件断面宽, mm;

h——试件断面高,mm。

以3个试件的算术平均值作为试验结果,如单个值与平均值之差大于25%,应予剔除,再计算平均值。

抗折试验记录应包括岩石名称、试验编号、试件编号、试件描述、破坏荷载、抗折强度。

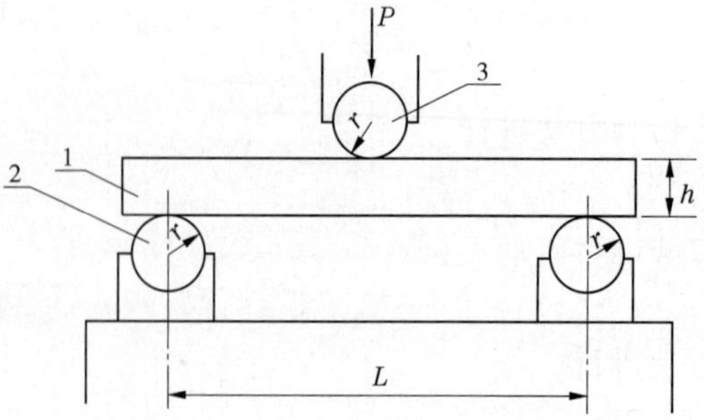

L—试样跨度；h—试样高度；P—集中荷载；

1—试样；2—下支点；3—上支点；r—支点曲率半径

图2-44　抗折装置

5. 耐磨性

按第一章第八节内容进行试验。

6. 抗冻性

路面石的抗冻性试验按第一章第五节试验方法进行，循环次数为50次，用冻融后压缩强度平均值与水饱和压缩强度平均值的比值百分数作为冻融系数。

广场石和路缘石的抗冻性试验按以下方法进行。

1）仪器设备

切石机、钻石机及磨石机等岩石试件加工设备。

冰箱，温度能控制在 −15 ~ −20 ℃。

压力试验机或万能试验机。

游标卡尺、角尺等。

2）试件制备

用切石机、磨石机将岩石试样制成50 mm×50 mm×250 mm、表面平整、各边互相垂直的试件，石质均匀（无层理或纹理）者，制备6个试件；若岩石有显著纹理，则须制备与纹理垂直及平行的试件各6个，施力方向在与纹理垂直及平行的情况下，以3个为一组，分别在水饱和状态下与冻融循环状态下进行试验。

将试件置于盛水容器内，先注水至试件高度的1/4处，以后每隔2 h分别注水至试件高度的1/2和3/4处，6 h后将水加至高出试件顶面20 mm，以利于试件内空气逸出，试件全部被水淹没后再自由吸水48 h。一组即可用于水饱和状态试验。

另一组取出擦去表面水分，放在铁盘中，试件与试件之间应留有一定间距。待冰箱温度下降到 −15 ℃以下时，将铁盘连同试件一起放入冰箱，并立即开始计时。冻结4 h后取出试件，放入(20±5)℃的水中融解4 h，如此反复冻融至50次为止。每隔一定的冻融循环次数（如10次、15次、25次等）详细检查各试件有无剥落、裂缝、分层及掉角等现象，并记录检查情况。然后进行冻融循环状态试验。

3）试验步骤

描述试件并编号，测量试件中央断面的尺寸，精确至0.1 mm。

将试件放在试验机的抗折支架上，如图2-44所示，跨径为200 mm，采用跨中单点加荷,然后开动试验机,以 15 ~20 MPa/min 的应力速度连续均匀地增加荷载,直至试件折断为止,记录破坏荷载并测量其断面尺寸。

4)结果整理

按下式计算各状态抗折强度,试验结果精确至 0.1 MPa:

$$R_b = \frac{3PL}{2bh^2}$$

式中符号意义同前。以 3 个试件的算术平均值作为该状态抗折强度试验结果,如单个值与平均值之差大于 25%,应予剔除,再计算平均值。

按下式计算冻融系数,试验结果精确至 1%:

$$K_f = \frac{R_f}{R_s} \times 100\%$$

式中 K_f——冻融系数(%);

R_f——50 次冻融试验后的试件饱水抗折强度,MPa;

R_s——未经冻融试验的试件饱水抗折强度,MPa。

抗冻性记录应包括岩石名称、试验编号、试件编号、试件描述、冻融循环次数、冻融试验后的试件饱水抗折强度、未经冻融试验的试件饱水抗折强度。

7. 坚固性

1)仪器设备

切石机、钻石机及磨石机等岩石试件加工设备。

天平,感量 0.1 g,称量大于 500 g。

烘箱,能使温度控制在 105 ~110 ℃。

瓷、玻璃或釉盛器:容积不小于 5 L。

温度计。

密度计。

放大镜、钢针等。

2)试验材料或试剂

饱和硫酸钠溶液:取约 400 g 的无水硫酸钠(或 800 g 的结晶硫酸钠)溶解于温度为 30 ~50 ℃的 1 000 mL 纯净水中配制而成(溶液总需要量约等于试件体积的 5 倍)。其配制方法是:边加热洁净水(水温为 30 ~50 ℃),边慢慢加入硫酸钠,并用玻璃棒不断搅拌,待硫酸钠全部溶解直至饱和并有部分结晶析出为止。让溶液冷却至室温(20 ~25 ℃)并静置 48 h 后待用。使用时需将溶液充分搅拌,试验过程中应保持溶液密度在 1 150 ~1 175 kg/m^3 范围内。

10% 氯化钡溶液。

3)试件制备

边长为(50 ±2) mm 立方体试件 3 件。

4)试验步骤

将试件放入烘箱,在 105 ~110 ℃下烘至恒重,烘干时间一般为 12 ~24 h,取出置于干燥器内,冷却至室温,称其质量(精确至 0.01 g,以下皆同此)。

把烘干的试件浸入装有硫酸钠溶液的盛器中，溶液应高出试件顶面 2 cm 以上，用盖将盛器盖好，静置 20 h。然后将试件取出，再用瓷皿衬住置于 105 ~ 110 ℃的烘箱中烘 4 h。4 h 后取出试件，将其冷却至室温，再重新浸入硫酸钠溶液中，至硫酸钠结晶溶解后取出试件，用放大镜及钢针仔细观察岩石试件有无破坏现象，并详细描述记录。

按上述方法反复浸烘 5 次，最后一次循环后，用热洁净水煮洗几遍，直至将试件中硫酸钠溶液全部洗净为止。是否洗净可用 10% 氯化钡溶液进行检验，具体操作为：取洗试件的水若干毫升，滴入少量氯化钡溶液，如无白色沉淀，则说明硫酸钠已被洗净。将洗净的试件烘至恒重，准确称出其质量。

5）结果整理

按下式计算岩石的坚固性试验质量损失率，试验结果精确至 0.1%：

$$Q = \frac{m_1 - m_2}{m_1} \times 100\%$$

式中 Q——硫酸钠浸泡质量损失率（%）；

m_1——试验前烘干试件的质量，g；

m_2——试验后烘干试件的质量，g。

取 3 个试件试验结果的算术平均值作为测定值。

坚固性试验记录应包括岩石名称、试验编号、试件编号、试件描述、浸烘试验次数、试验前后的干试件质量。

五、检验判定规则

（一）组批

同一品种、类别、等级及同一供货批的石材为一批。

（二）抽样

尺寸偏差、外观质量根据表 2-63 抽取样本。其余项目的样品从检验批中随机抽取双倍数量样品。

（三）判定

单块石材的尺寸偏差、外观质量检验结果均符合技术要求中相应等级时，则判定该块石材该项目合格，否则判定为不合格。根据样本检验结果，若样本中发现的等级不合格数小于或等于合格判定数（A_c），则判定该批石材该项目合格；若样本中发现的等级不合格数大于或等于不合格判定数（R_e），则判定该批石材为不合格。

防滑性、吸水率、压缩强度、抗折强度、耐磨性、抗冻性、坚固性的试验结果，均符合相应要求时，则判定该批石材该项目合格；有两项及以上不符合相应要求时，则判定该批石材为不合格；有一项不符合相应要求时，利用备样对该项目进行复检，复检结果合格时，则判定该批石材以上项目合格，否则判定该批石材为不合格。

第三章　石材工程相关材料检测及控制

第一节　粘结材料

一、石材胶粘剂产品分类

(1)按用途分为：

生产用胶粘剂：包括复合用胶粘剂(V)、增强用胶粘剂(S)、修补用胶粘剂(M)、组合连接用胶粘剂(A)。

施工用胶粘剂：包括地面粘贴用胶粘剂(F)、墙面粘贴用胶粘剂(W)、干挂用胶粘剂(D)。

(2)按组成分为：

水泥基胶粘剂(C)、反应型树脂胶粘剂(R)。

二、承载用石材胶粘剂技术要求

产品不应对人体与环境造成有害影响，其安全与环保要求，应符合我国相关标准和规范的规定。产品不应对所用石材造成污染。

(一)水泥基胶粘剂

饰面石材安装用水泥基胶粘剂的物理力学性能指标应符合表3-1的技术要求。

表3-1　水泥基胶粘剂的物理力学性能指标　(单位：MPa)

<table>
<tr><th colspan="3">项　目</th><th>普通地面</th><th>重负荷地面及墙面</th></tr>
<tr><td rowspan="5">普通型</td><td>拉伸粘结强度</td><td>≥</td><td rowspan="5">0.5</td><td rowspan="5">1.0</td></tr>
<tr><td>浸水后拉伸粘结强度</td><td>≥</td></tr>
<tr><td>热老化后拉伸粘结强度</td><td>≥</td></tr>
<tr><td>冻融循环后拉伸粘结强度</td><td>≥</td></tr>
<tr><td>晾置20 min后拉伸粘结强度</td><td>≥</td></tr>
<tr><td rowspan="6">快速硬化型</td><td>拉伸粘结强度</td><td>≥</td><td rowspan="6">0.5</td><td>1.0</td></tr>
<tr><td>早期拉伸粘结强度(24 h)</td><td>≥</td><td>0.5</td></tr>
<tr><td>浸水后拉伸粘结强度</td><td>≥</td><td rowspan="3">1.0</td></tr>
<tr><td>热老化后拉伸粘结强度</td><td>≥</td></tr>
<tr><td>冻融循环后拉伸粘结强度</td><td>≥</td></tr>
<tr><td>晾置10 min后拉伸粘结强度</td><td>≥</td><td>0.5</td></tr>
</table>

(二)反应型树脂胶粘剂

胶粘剂各组分分别搅拌后应为细腻、均匀黏稠液体或膏状物,不应有离析、颗粒和凝胶,各组分颜色应有明显差异。胶粘剂的适用期一般应大于 30 min,快固型和有特殊要求的可由供需双方商定。饰面石材安装用反应型树脂胶粘剂的物理力学性能指标应符合表 3-2的技术要求。

表 3-2 反应型树脂胶粘剂的物理力学性能指标

<table>
<tr><th rowspan="2" colspan="2">项 目</th><th colspan="3">生产</th><th colspan="2">安装</th></tr>
<tr><th>复合</th><th>增强</th><th>组合连接</th><th>地面</th><th>墙面</th></tr>
<tr><td>压剪粘结强度(MPa)</td><td>≥</td><td rowspan="3">5.0</td><td rowspan="3">5.0</td><td>10.0</td><td rowspan="4">2.0</td><td>10.0</td></tr>
<tr><td>浸水后压剪粘结强度(MPa)</td><td>≥</td><td>8.0</td><td>8.0</td></tr>
<tr><td>热老化后压剪粘结强度(MPa)</td><td>≥</td><td>8.0</td><td>8.0</td></tr>
<tr><td>高低温交变循环后压剪粘结强度(MPa)</td><td>≥</td><td>—</td><td>—</td><td>—</td><td>—</td></tr>
<tr><td>冻融循环后压剪粘结强度(MPa)</td><td>≥</td><td>4.0</td><td>4.0</td><td>8.0</td><td>—</td><td>8.0</td></tr>
<tr><td>拉剪粘结强度(石材-金属)(MPa)</td><td>≥</td><td>—</td><td>—</td><td>8.0</td><td>—</td><td>8.0</td></tr>
<tr><td>冲击强度(kJ/m²)</td><td>≥</td><td>—</td><td>—</td><td>3.0</td><td>—</td><td>3.0</td></tr>
<tr><td>弯曲弹性模量(MPa)</td><td>≥</td><td>—</td><td>—</td><td>2 000</td><td>—</td><td>2 000</td></tr>
</table>

三、试验方法

(一)试验基本要求

1. 标准试验条件

实验室标准试验条件:环境温度(23 ±2)℃,相对湿度(50 ±10)%。

2. 粘结试件基材

混凝土板基材应符合 GB/T 12954.1—2008 附录 A 的要求,石材基材应选用具有足够强度的石材,石材品种推荐用丰镇黑(G1510)或济南青(G3701)。基材尺寸为50 mm × 50 mm × (20 ~ 25) mm,采用机切面或打磨成细面。用清水对石材进行清洗,在(105 ± 2)℃烘箱内烘干 2 h 后备用。

金属基材采用符合 JC 830.2 要求的金属挂件材料,推荐用 1Cr18Ni9Ti 不锈钢,试件基材尺寸为 100 mm ×50 mm ×2 mm。基材表面应干净、干燥,不得有油污或其他杂质。

3. 试验材料准备

所有试验材料试验前应在标准试验条件下放置至少 24 h。

(二)仪器设备

1. 试验仪器

试验机:应有适宜的灵敏度及量程,并应通过适宜的连接方式和夹具,不产生任何弯曲应力,以 0.5 ~5 mm/min 速度对试件施加载荷;试验机的精度为 1%,量程应选用使最大破坏荷载处于仪器量程的 20% ~80% 范围内。

天平：最大称量 100 g，感量 0.1 g。

2. 试验器具

压块：截面面积略小于 50 mm × 50 mm，质量(2.00 ± 0.015) kg。

拉拔接头：(50 ± 1) mm × (50 ± 1) mm 的正方形金属板，最小厚度 10 mm，有与试验机相连接的部件。

齿型抹刀：带有 6 mm × 6 mm 凹口，中心间距 12 mm 的方齿型抹刀。

鼓风烘箱：具有空气循环，控温精度为 ±2 ℃。

低温试验箱：可达到(−20 ± 3) ℃的低温箱。

恒温水浴：能保持给定温度 ±0.5 ℃。

（三）试件制备

1. 水泥基胶粘剂

1）拌和

取 2 kg 样品，采用符合 JC/T 681 要求的搅拌机，按下列步骤进行操作：

(1) 根据样品标明的配比（如标明的配比是一个数值范围，则应取平均值），将液体组分放入搅拌锅中。

(2) 将干粉撒入。

(3) 低速搅拌 30 s。

(4) 取出搅拌叶。

(5) 60 s 内清理搅拌叶和搅拌锅壁上的胶粘剂。

(6) 重新放入搅拌叶，低速搅拌 60 s。

(7) 按生产厂商的说明让胶粘剂熟化，然后继续搅拌 15 s。

2）粘结

将拌和好的胶粘剂用直边抹刀在混凝土板上抹一层胶粘剂。然后用齿型抹刀抹上稍厚一层胶粘剂，并梳理。握住齿型抹刀与混凝土板约成 60°的角度，与混凝土板一边成直角，平行地抹至混凝土板另一边（直线移动）。5 min 后，分别放置至少 10 块石材基材于胶粘剂上，彼此间隔 40 mm，在每块石材基材上加载(2.00 ± 0.015) kg 的压块并保持 30 s。每组需 10 个试件。

2. 反应型树脂胶粘剂

按供货方给定的配比准确称量各组分试样后立即搅拌均匀，注意避免混入空气，然后尽快成型试件。浇铸成型时，预先将模具薄涂一层脱模剂，快速将搅拌好的胶粘剂倒入，用刮刀抹压，然后刮平。粘结成型时，将搅拌好的胶粘剂分别涂抹在两块粘结基材上，对合时轻轻揉压，确保粘结均匀。压剪和拉剪粘结强度试件胶粘面积均为 50 mm × 40 mm，每组各需 10 个试件。

（四）试验步骤

1. 水泥基胶粘剂

1）拉伸粘结强度

制作好的试件在标准试验条件下养护 27 d 后，用适宜的高强度胶粘剂将拉拔接头粘在石材基材上，在标准试验条件下继续放置 24 h 后，以 0.5 mm/min 速度拉伸，测定拉伸粘结强度。若要测试胶粘剂的快硬性能，则测定 24 h 后标准条件下的拉伸粘结强度。

2）浸水后拉伸粘结强度

制作好的试件在标准试验条件下养护 7 d，然后在(23 ±2)℃的水中养护 20 d。从水中取出试件，用布擦干，用适宜的高强度胶粘剂将拉拔接头粘在石材基材上，7 h 后把试件放入水中，17 h 后从水中取出试件测定拉伸粘结强度。

3）热老化后拉伸粘结强度

将制作好的试件在标准试验条件下养护 14 d，然后将试件放入(70 ±2)℃鼓风烘箱中，14 d 后从烘箱中取出，用适宜的高强度胶粘剂将拉拔接头粘在石材基材上。继续将试件在标准试验条件下养护 24 h 后，测定拉伸粘结强度。

4）冻融循环后拉伸粘结强度

在石材基材放置前，在其背面用抹刀加涂 1 mm 厚的胶粘剂。

将制作好的试件在标准试验条件下养护 7 d，然后在(23 ±2)℃的水中养护 21 d。从水中取出试件，进行冻融试验。每次冻融循环为：

(1)将试件从水中取出，放入(-20 ±3)℃的低温箱中保持 4 h ±20 min。

(2)将试件从低温箱中取出，浸入(23 ±2)℃水中保持 4 h ±20 min。

重复 50 次循环。在最后一次循环后取出试件，在标准试验条件下养护，用适宜的高强度胶粘剂将拉拔接头粘在石材基材上。继续将试件在标准试验条件下养护 24 h 后，测定拉伸粘结强度。

5）晾置后拉伸粘结强度

石材基材放置前，在试验区循环风速小于 0.2 m/s 和标准条件下，晾置规定时间(普通型为 20 min，快速硬化型为 10 min)。将制作好的试件在标准试验条件下养护 27 d 后，用适宜的高强度胶粘剂将拉拔接头粘在石材基材上，在标准试验条件下继续放置 24 h，然后测定拉伸粘结强度。

6）结果评价与表示

试件的拉伸粘结强度按下式计算，精确到 0.1 MPa：

$$A_s = \frac{L}{A}$$

式中 A_s——拉伸粘结强度，MPa；

L——拉力，N；

A——胶粘面积，mm^2。

按下列规定确定每组的拉伸粘结强度：

(1)求 10 个数据的平均值。

(2)舍弃超出平均值 ±20% 范围的数据。

(3)若仍有 5 个或更多数据被保留，求新的平均值。

(4)若少于 5 个数据被保留，重新试验。

(5)参照 GB/T 12954.1—2008 的试件破坏模式，确定试件破坏形式，当破坏发生在石材与拉拔接头之间的粘结层时，试验需重做。

2. 反应型树脂胶粘剂

1) 外观

目测。

2) 适用期

将适量试样倒入 100 mL 烧杯，加入规定量固化剂，制成 50 g 混合物。以加入固化剂的时间作为起始时间，随后把烧杯置于水浴温度为(23 ± 1)℃的恒温水浴中，并使试样表面位于液面以下约 2 cm。

不断观察试样，读取试样产生异状的时间，从起始时间到产生异状的时间即适用期。试样发生异状，指明显出现黏度上升、凝胶化、沉淀、分离、变色等有碍胶粘剂使用的现象。

同一试样测定两次，求其平均值，以 min 表示。

3) 压剪粘结强度

在标准试验条件下，将 10 个试件养护 7 d。养护结束后，将试件放入压剪试验夹具中，以 5 mm/min 的速度加载，直至试件破坏。

4) 浸水后压剪粘结强度

在标准试验条件下，将 10 个试件养护 7 d，然后浸入(23 ± 2)℃的水中 7 d，将试件取出，用布擦干，测定压剪粘结强度。

5) 热老化后的压剪粘结强度

在标准试验条件下，将 10 个试件养护 7 d，然后将试件放入(80 ± 2)℃鼓风烘箱中保持 7 d。应保证每个试件周围空气自由循环。将试件取出，在标准状态下放置 24 h，测定压剪粘结强度。

6) 高低温交变循环后压剪粘结强度

在标准试验条件下，将 10 个试件养护 7 d。然后浸入(23 ± 2)℃的水中浸泡 30 min，再放在 100 ℃的水中浸泡 30 min，重复 4 次循环。试件放在室温下冷却 30 min 后，测定压剪粘结强度。

7) 冻融循环后的压剪粘结强度

在标准试验条件下，将 10 个试件养护 7 d。然后在(23 ± 2)℃的水中浸泡 4 h ± 20 min，放在(−20 ± 3)℃低温箱冻 4 h ± 20 min，再放入(23 ± 2)℃的水中浸泡 4 h，重复 50 次循环。取出试件在室温下放置 4 h，测定压剪粘结强度。

8) 拉伸粘结强度

在标准试验条件下，将 10 个试件养护 7 d，养护结束后，将试件放入拉剪试验夹具中，以 5 mm/min 的速度加载，直至试件破坏。

9) 结果评价与表示

试件的压剪或拉剪粘结强度按下式计算，精确到 0.1 MPa：

$$A_f = \frac{F}{S}$$

式中 A_f——压剪或拉剪粘结强度，MPa；

F——压缩或拉伸剪切力，N；

S——胶粘面积，mm^2。

按下列规定确定每组试件的压剪或拉剪粘结强度：

(1)求 10 个数据的平均值。

(2)舍弃超出平均值 ±20% 范围的数据。

(3)若仍有 5 个或更多数据被保留,求新的平均值。

(4)若少于 5 个数据被保留,重新试验。

10)弯曲弹性模量

按照 GB/T 2567 的规定进行。

11)冲击强度

按照 GB/T 2567 的规定进行。

四、检验判定规则

(一)组批

以连续生产、统一配料工艺条件制得的产品为一批。一般水泥基胶粘剂 100 t 为一批,反应型树脂胶粘剂 10 t 为一批,不足上述数量时亦作为一批。

(二)抽样

每批产品随机抽样,水泥基胶粘剂抽取 20 kg 样品,反应型树脂胶粘剂抽取 2 kg 样品,充分混匀。取样后,将样品一分为二,一份检验,另一份留样。

(三)检验规则

产品检验结果按 GB/T 8170 修约后判定,符合标准规定时,则判该批产品合格。若结果中有一项不符合标准要求,重新取留样对该项目复检。若该项目符合标准规定,则判该批产品合格;若仍不符合标准规定,则判该批产品不合格。

第二节　填缝材料

石材填缝材料适用于粘结法施工的墙地面石材缝隙的密封,不包括伸缩缝选用的填缝材料。因没有专门的石材填缝剂分类和标准要求,可使用陶瓷墙地砖用填缝剂,但应选用不污染石材、容易清理干净的品牌型号。材料性能符合陶瓷墙地砖填缝剂标准要求。

一、产品分类

(一)产品分类

石材填缝材料按照组成分为水泥基填缝剂(CG)和反应型树脂填缝剂(RG)。水泥基填缝剂是由水硬性胶凝材料、矿物集料、有机和无机外加剂等组成的粉状混合物,使用时需与水或液态外加剂混合。反应型树脂填缝剂是由合成树脂、骨料、有机和无机外加剂等组成的混合物,通过化学反应而硬化,产品可以是单组分或多组分。

水泥基填缝剂还可以分成以下品种:

根据产品的性能分为:普通型填缝剂(1)、改进型填缝剂(2)。

根据产品的附加性能分为:快硬性填缝剂(F)、低吸水性填缝剂(W)、高耐磨性填缝剂(A)。

(二)填缝剂的品种

水泥基填缝剂可根据不同的附加性能任意组合成不同的品种,填缝剂的这些品种用不同的代号来表示。产品代号由三部分组成,第一部分用字母表示产品的分类,第二部分用数字表示产品的性能,第三部分用字母表示不同的附加性能,其中第三部分允许空缺,表示没有附加性能。表 3-3 给出了目前比较常用的填缝剂品种的分类和代号。

表 3-3　目前比较常用的填缝剂品种的分类和代号

分类	性能	说明
CG	1	普通型－水泥基填缝剂
CG	1F	快硬性－普通型－水泥基填缝剂
CG	2A	高耐磨－改进型－水泥基填缝剂
CG	2W	低吸水－改进型－水泥基填缝剂
CG	2WA	低吸水－高耐磨－改进型－水泥基填缝剂
CG	2AF	高耐磨－快硬性－改进型－水泥基填缝剂
CG	2WF	低吸水－快硬性－改进型－水泥基填缝剂
CG	2WAF	低吸水－高耐磨－快硬性－改进型－水泥基填缝剂
RG	1	反应型树脂填缝剂

注:改进型水泥基填缝剂是指至少具有低吸水性和高耐磨性两项性能中的一项的水泥基填缝剂。

二、填缝剂技术要求

填缝剂产品不应对人体、生物与环境造成有害的影响,所涉及与使用有关的安全与环保要求,应符合我国相关标准和规范的规定。关于抗化学侵蚀性,标准中未给出指标和化学作用的种类。当工程项目需要具体的抗化学侵蚀数据时,可根据试验方法(反应型树脂填缝剂抗化学侵蚀性能的试验方法)进行,化学溶液的浓度和浸泡温度可模拟工程需要的环境条件。试验用介质应包括所应用的抗化学侵蚀材料所处的介质,试验条件(温度等)应尽可能模拟所期望的工程使用条件和环境条件。

(一)水泥基填缝剂

水泥基填缝剂应满足表 3-4 中的技术要求。表 3-5 给出了水泥基填缝剂附加性能要求。在所有的试验项目中,拌水泥基填缝剂(CG)所需的水或者液态外加剂的比例必须保持一致。对于横向变形,标准没有具体的要求,但生产厂商可以选择是否提供横向变形的数据,为用户提供更多的信息。

表 3-4　水泥基填缝剂(CG)的技术要求

项目			指标	
			CG1	CG1F
耐磨损性(mm^3)		<	2 000	
收缩值(mm/m)		<	3.0	
抗折强度(MPa)	标准试验条件	>	2.50	
	冻融循环后	>	2.50	
抗压强度(MPa)	标准试验条件	>	15.0	
	冻融循环后	>	15.0	
吸水量(g)	30 min	<	5.0	
	240 min	<	10.0	
标准试验条件 24 h 抗压强度(MPa)		>	—	15.0

表 3-5　水泥基填缝剂的附加性能要求

项目		指标
高耐磨损性(mm^3)	≤	1 000
30 min 低吸水量(g)	≤	2.0
240 min 低吸水量(g)	≤	5.0

(二)反应型树脂填缝剂

反应型树脂填缝剂应当满足表 3-6 中的技术要求。

表 3-6　反应型树脂填缝剂(RG)的技术要求

项目		指标
耐磨损性(mm^3)	≤	250
标准试验条件 28 d 的抗折强度(MPa)	≥	30.0
标准试验条件 28 d 的抗压强度(MPa)	≥	45.0
收缩值(mm/m)	≤	1.5
240 min 吸水量(g)	≤	0.1

三、试验方法

(一)一般规定

1. 取样

每次拌和至少需要 2 kg 的试样。

2. 标准试验条件

标准试验条件:环境温度(23 ± 2)℃,相对湿度(50 ± 5)%,试验区的循环风速小于

0.2 m/s。所有试件的养护时间偏差应满足如下要求：

养护时间	时间偏差
24 h	±5 h
7 d	±3 h
14 d	±6 h
21 d	±9 h
28 d	±12 h

3. 试验材料

所有试验材料（包括水）试验前应在标准试验条件下放置至少 24 h。

4. 拌和程序

拌水泥基填缝剂（CG）所需的水或液态外加剂与干粉料之间的比例应由生产厂商提供（若给定范围，应当采用其中间值）。至少应准备 2 kg 的干粉料。采用符合 JC/T 681 规定的行星式搅拌机，在（140 ±5）r/min 低速旋转以及（62 ±5）r/min 行星式运动的情况下搅拌。

按下列步骤进行操作：

（1）将水或液体倒入搅拌锅中。

（2）将干粉料撒入。

（3）搅拌 30 s。

（4）取出搅拌叶。

（5）60 s 内清理搅拌叶和搅拌锅壁上的填缝剂。

（6）重新放入搅拌叶，再搅拌 60 s。

（7）如果生产厂商对产品有熟化要求，按其规定的时间熟化，继续搅拌 15 s 后使用。

反应型树脂填缝剂（RG）应遵循生产厂商的使用说明。

5. 试验报告

在试验报告中应提供以下信息：

（1）标准名称。

（2）试验日期。

（3）填缝剂的类型、商业名称和生产厂商名称。

（4）样品来源，来样日期以及样品完整的证明资料。

（5）试验前样品的处理和储存。

（6）试验条件。

（7）填缝剂拌和用水量或液体用量。

（8）试验结果（单个数据、平均值）。

（9）可能影响结果的任何其他因素。

（二）抗折强度和抗压强度

1. 试件成型

按上述的规定拌和填缝剂。按 GB/T 17671—1999 中 7.2.1 条方法成型试件。从振实台上轻轻拿起试模，用扁平镘刀刮去多余的材料并抹平表面。擦掉留在试模周围的填缝剂。把尺寸为 210 mm×185 mm、厚度为 6 mm 的平板玻璃放在试模上。亦可以用尺寸类似的钢板或其他不能渗透的材料。把试模编号后，水平放在标准试验条件下养护。24 h后，小心地脱模。每个填缝剂成型 3 个试件。对于快硬性填缝剂，脱模后立即进行试验。

2. 标准试验条件下的抗折强度

脱模后的试件在标准试验条件下养护 27 d，应保持试件之间的距离不小于 25 mm。养护完毕，按 GB/T 17671—1999 中 9.2 条方法进行抗折强度的测定。取 3 个试件测定值的算术平均值为试验结果，精确到 0.01 MPa。

3. 标准试验条件下的抗压强度

按 GB/T 17671—1999 中 9.3 条方法将抗折强度试验后的试件进行抗压强度测定。取 6 个试件测定值的算术平均值为试验结果，精确到 0.1 MPa。

4. 冻融循环后的抗折强度和抗压强度

采用前述成型试件，脱模后在标准试验条件下养护 6 d，浸入水中养护 21 d。到 28 d 龄期，根据 JC/T 547—2005 中 7.5.5 条规定的程序进行 25 次冻融循环。冻融循环结束并在强度测定之前，把试件在标准试验条件下养护 3 d。记录试件表面状况。根据以上规定测定抗折强度、抗压强度。

（三）吸水量

吸水量的测定应在标准试验条件下进行。

1. 仪器

三联模：符合 JC/T 726—2005 规定的试模。

隔板：3 个 1 mm 厚的硬质塑料片（例如聚四氟乙烯）或金属片，尺寸为（40±0.1）mm×（40±0.1）mm。

振动仪器或振实台：符合 GB/T 17671 的仪器。

平底盘子：能够放置 6 个待测试件的平底盘子。

2. 试件制备

按照试件成型规定的程序为每个填缝剂制备 6 个试件。成型时把隔板插入试模的中间，与试模较小的面相平行，使原来的一个试件自然分割成两个试件。脱模后，试件在标准试验条件下养护 20 d。用中性的密封材料涂抹于试件的 4 个长方形面上加以密封。然后把试件在标准试验条件下养护 7 d。

3. 试验步骤

成型 28 d 后，称取每个待测试件的质量，精确到 0.01 g。之后，把试件垂直放在盘子里，使未密封的中间面朝下，并使之与水完全接触。浸入水中的深度为 5～10 mm。注意防止试件因移动而相互接触。必要时加水以保持水面恒定。30 min 时，从水中取出该件，用拧干的湿布迅速地擦去表面的水分，称量并记录。之后，把试件再放入盘子里，210 min 后重复上述操作。

4. 试验结果计算

按下式计算每个试件的吸水量：

$$W_{ab} = m_d - m_t$$

式中　W_{ab}——吸水量,g;

m_t——浸水前试件的质量,g;

m_d——规定时间浸水后试件的质量,g。

吸水量取6个试验结果的算术平均值,精确到0.1 g。

(四)收缩值

收缩值的测定应在标准试验条件下进行。

1.仪器

带孔三联模:符合JC/T 726—2005要求的试模,且在试模的两个端面中心各开一个ϕ6.5 mm的孔洞,并配有相应的收缩头,见图3-1。

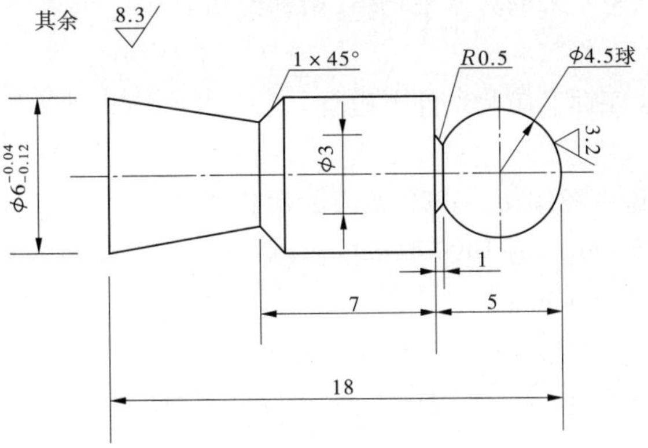

图3-1　收缩头　(单位:mm)

衬垫:6个光滑的硬质不吸水材料(如聚乙烯或聚四氟乙烯),尺寸为(40±0.1) mm×(160±0.4) mm,厚度为(15±0.1) mm。

振动仪器:符合GB/T 17671的规定。

测量仪:应包括一个测量配件和带有调节螺纹的基杆。测量配件包括安装在测量框架上的精度为0.01 mm的刻度表。

校准杆或参比杆:其长度作为标准长度,刻度表的读数可以借此测量出,应由膨胀系数可以忽略的材料(如镍铁合金)制成。

2.试件制备

将6个衬垫放入试模中,使最终试件的尺寸为10 mm×40 mm×160 mm。将收缩头固定在试模两端面的孔洞中,使收缩头露出试件端面(8±1) mm。按拌和程序的规定拌和填缝剂后立即成型,试模应紧固在振实台上。利用合适的铲子直接从搅拌锅内把填缝剂分两层放到试模内。第一层均匀摊平后,振动捣实60次。放入第二层填缝剂,摊平并振动捣实60次。从振实台上轻轻拿起试模,用扁平镘刀刮去多余的材料并抹平表面。擦掉留在试模周围的填缝剂。根据试件成型的规定,用玻璃板覆盖。做好标记后,把试模放在标准试验条件下的水平板上。24 h后,小心地脱模。每个填缝剂准备3个试件。

3.试验步骤

脱模后立即用测量仪测量试件的初始长度。之后,把试件放在宽度为10 mm的板上并使试件的间隔不小于25 mm,养护条件为标准试验条件。成型28 d时,测量每个试件的长度。

4. 试验结果计算

按下式计算每个试件的收缩值：

$$S = (L_0 - L_1)/(L - L_d) \times 10^3$$

式中 S——收缩值，mm/m；

L_0——试件初始长度，mm；

L_1——成型 28 d 时试件的长度，mm；

L——试件本体的长度，160 mm；

L_d——两个收缩头埋入填缝剂试件中的长度之和，即 20 ± 2 mm。

收缩值取 3 个试验结果的算术平均值，精确到 0.1 mm/m。

（五）耐磨性

耐磨性的测定应在标准试验条件下进行。

1. 仪器

耐磨仪：符合 GB/T 3810.6—1999 要求的耐磨试验机。

磨料：符合 GB/T 3810.6—1999 要求的白刚玉。

测量标尺：精度为 0.1 mm。

模板：光滑硬质的，内部尺寸为（150 ± 1）mm ×（150 ± 1）mm 或其他适合于相应耐磨试验机的尺寸，厚度为（10 ± 1）mm 的不吸水正方形框架（如聚乙烯或聚四氟乙烯）。

2. 试件制备

按照拌和程序的规定制备填缝剂。把模板放在聚乙烯薄膜上。在模板上涂抹足量的填缝剂，刮平以保证完全填充模板空隙并使之平整。按照试件成型的规定，用玻璃板覆盖。24 h 脱模后在标准试验条件下养护 27 d。制备两个试件。

3. 试验步骤

把待测试件放入耐磨仪器，使抹平的成型面朝向圆盘以保证其与旋转圆盘成切线。应使磨料以（100 ± 10） g/100 r 的速度均匀地进入研磨区域。不锈钢圆盘旋转 50 r。从仪器中取出试件，测量槽沟的弦长度（L），精确到 0.5 mm。一个试件至少在两个不同的位置进行试验，弦长取两个数值的平均值。磨料不能再重复利用。

4. 试验结果计算

按 GB/T 3810.6—1999 的规定进行。耐磨性试验结果用体积表示，取两个试件的平均值，精确到 1 mm^3。

（六）抗化学侵蚀性

1. 取样

每种待测填缝剂最少取 2 kg 作为样品。

2. 标准试验条件

标准试验条件为（23 ± 2）℃，相对湿度（50 ± 5）%，试验环境的风速小于 0.2 m/s。

3. 试验材料

所有试验材料（包括水）试验前应在标准试验条件下放置至少 24 h。

4. 仪器

1) 试模

标准试模应为：中间有内径(25 ±1) mm 的圆孔，厚(25 ±1) mm 的塑料平板，应能通过机械方式固定在厚6 mm 平整光滑的无孔塑料板上。标准试模也可以是包括一个内径和长度均为(25 ±1) mm 的塑料圆管，在成型时塑料圆管应具有足够的硬度和尺寸稳定性，以及一个上述塑料圆管任一端都能直立在其上面的6 mm 厚塑料平板（试模用材料应具有化学惰性及防粘性能。聚乙烯、聚丙烯、聚四氟乙烯以及带有聚四氟乙烯涂层的金属材料能够满足要求）。

2) 容器

广口瓶：应配有塑料质的螺旋型盖子或塑料衬里、金属质的螺旋型盖子。用于测定低温下低挥发性的介质。

烧瓶：应配有标准锥形连接管和回流冷凝器。用于测定挥发性的介质。

容器：应使用如广口瓶和烧瓶所述的合适衬里材料。用于盛放对玻璃有侵蚀性的介质。

3) 压力机

压力机应有适当的量程和灵敏度以及可调加载速率。压力机应能通过适当的夹具进行加压试验，并能自动调节试件位置。

4) 化学试剂

化学试剂是进行抗化学侵蚀试验所需的介质。

5. 试件

1) 数量

所需试件数量取决于所用化学介质的种类、不同的试验温度和试验次数。在每种试验条件下，一种介质在一种温度下进行一次试验，最少需要3个试件。总的所需试件数量按下式计算：

$$N = n(M \times T \times I) + n \times T + n$$

式中 N——试件数量，个；

n——一次试验所需试件数量，个；

M——介质种类；

T——试验温度的数量（指不同温度下试验次数）；

I——试验次数。

2) 尺寸

试件尺寸为直径和高度均为(25 ±1) mm 的圆柱体，其圆柱面应平整光滑，应在试模所述的模具中成型，并且不能使用脱模剂。

3) 试件准备

根据生产厂商提供的配比混合搅拌。使用适当的手工搅拌器或机械搅拌机混合，保证各组分混合均匀。搅拌好后，用抹刀把材料放入模具中，应小心地把材料填满模具，以防模具中含有未排出的气体。用铲刀刮去多余的材料，并尽可能抹平表面。试样带模具养护到可以脱模为止。

4)养护条件

在标准试验条件下养护 7 d,7 d 养护龄期包括试件在模具中养护的时间。

6. 试验步骤

养护到龄期后,在标准试验条件下立即用游标卡尺测定试件的直径,精确到 0.02 mm。在相互垂直的方向上测量两次,并记录测量结果的平均值。测量好直径后,立即用分析天平测量试件质量,精确到 0.001 g,并记录数据。浸入侵蚀液体前,记录试件的颜色和表面情况以及试验用介质的颜色和透明度。

把称量好的试件放入符合要求的容器中,其侧面与容器底部接触,并保证不使试件圆柱面相互接触。每个容器中放的试件个数应根据容器容量和待测试件数量来确定。

每个试件应有(100 ±5) mL 的化学侵蚀溶液包容,把密封好的容器放在已调到所需温度的恒温箱,或放在适当的可调恒温水浴中,以尽可能模拟实际的侵蚀环境。在试验过程中应保持溶液的浓度。

浸泡 28 d 后,取出试件,测定其化学侵蚀情况。如有必要,可以改变浸泡龄期。用冷的自来水快速冲洗 3 次试件,并在每次冲洗后迅速用纸巾把水吸走以干燥试件。最后把试件在标准试验条件下垂直站立干燥 30 min,按前述方法称量,精确到 0.001 g,并测量试件直径。应注明试件表面侵蚀情况、试件褪色情况以及生成的沉淀物的情况。

测定每个试件的抗压强度:

(1)到养护龄期后立即测定。

(2)在不同试验温度下不同化学介质中侵蚀后立即测定。

(3)在不同试验温度下空气养护后立即测定。

试验时,从化学侵蚀介质溶液中取出试件到抗压强度试验的时间间隔应保持一致。试验时,应保证试件的平面紧贴压力机承压面。压力机加荷速度为(5.5 ±0.5)mm/min,加载到试件破坏,并记录最大荷载值。

7. 试验结果计算

1)质量变化

按下式计算侵蚀后每个试件质量的变化百分比,精确到 0.01%:

$$\Delta W = [(m_w - m_c)/m_c] \times 100\%$$

式中 ΔW——试件质量的变化(%);

m_w——试件侵蚀后的质量,g;

m_c——试件初始养护后的质量,g。

质量变化取三个或更多试验结果的算术平均值。结果应标明 + 或 -,以说明经化学侵蚀后试件质量是增加还是减少。

2)直径变化

测定不同侵蚀龄期时试件直径变化百分比,精确到 0.01%,取 7 d 标准养护后的直径为 100%。

直径变化按下式计算:

$$\Delta d = [(d_2 - d_1)/d_1] \times 100\%$$

式中 Δd——试件直径的变化(%);

d_1——试件初始养护后的直径,mm;

d_2——试件侵蚀后的直径,mm。

直径变化取三个或更多试验结果的算术平均值。结果应标明 + 或 - ,以说明经侵蚀后试件直径是增加还是减少。

3)抗压强度的变化

测定不同侵蚀龄期时试件抗压强度变化百分比,精确到0.01%,取7 d标准养护后的抗压强度为100%。按直径计算圆柱体试件的截面面积。

抗压强度变化按下式计算:

$$\Delta C = [(C_2 - C_1)/C_1] \times 100\%$$

式中 ΔC——试件抗压强度的变化(%);

C_1——试件初始养护后的抗压强度,MPa;

C_2——试件侵蚀后的抗压强度,MPa。

抗压强度变化取三个或更多试验结果的算术平均值。结果应标明 + 或 - ,以说明经侵蚀后试件抗压强度是增加还是减少。

8.试验报告

试验报告应包括如下内容:

(1)本标准的名称、标准号。

(2)试验日期。

(3)填缝剂的型号、商标以及生产厂商名称。

(4)取样的地点、日期和时间。

(5)试验前样品的存储和处理情况。

(6)试验条件。

(7)试验结果(单个数据、平均值以及破坏形式)。

(8)化学侵蚀条件、化学试剂更换频率、温度等的完整记录。

(9)其他任何可能影响试验结果的因素。

(10)试验前试件的颜色和表面情况。

(11)完整的试验和侵蚀周期,单位为d。每一个试验周期应包括以下数据:

①试件质量变化百分比平均值;

②试件直径变化百分比平均值;

③侵蚀后试件的表面情况(表面裂纹、色泽的变化,蚀斑情况,软化情况等);

④试件抗压强度变化百分比平均值;

⑤化学侵蚀介质的情况(颜色变化、沉淀物情况等)。

(七)横向变形

1.试验材料

1)试验用基材

基材是厚度为0.15 mm以上的聚乙烯薄膜。

2)试验用塑料密封箱

塑料密封箱的尺寸为(600 ± 20)mm × (400 ± 10)mm × (110 ± 10)mm,能有效密封。

3）试验用垫座

用于支撑聚乙烯薄膜的刚性光滑平整垫座。

4）试验测试头

该测试头的金属构造和尺寸见图3-2。

5）试验支架

两个直径为(10 ±0.1)mm、最小长度为60 mm的圆柱形辊轴支架，其中心距为(200 ±1)mm（见图3-3）。

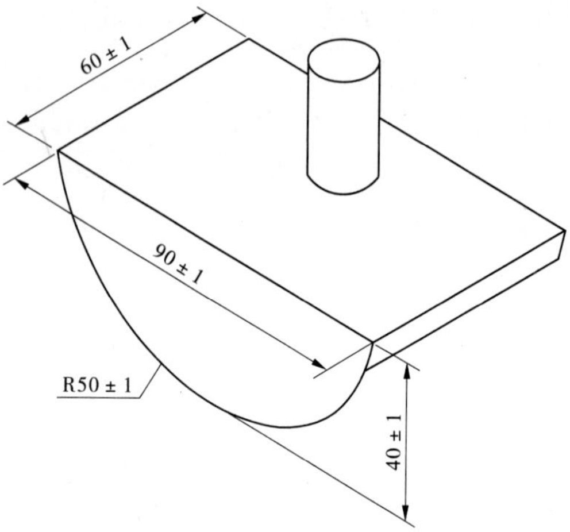

图3-2　横向变形试验测试头　（单位：mm）

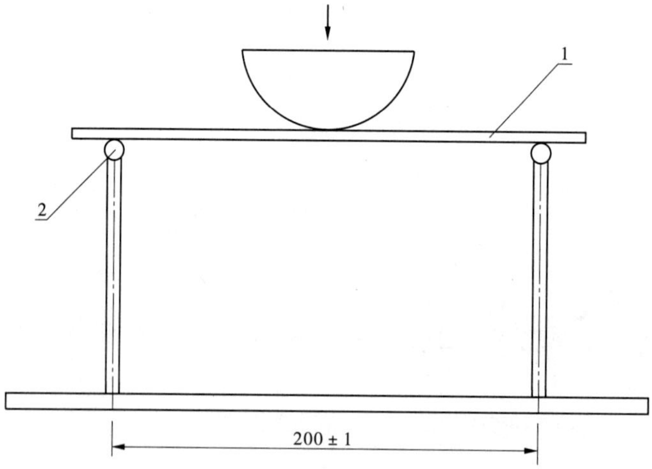

1—圆柱形辊轴支架，直径为(10 ±0.1)mm，最小长度为60 mm；

2—填缝剂厚度，为(3 ±0.1)mm

图3-3　横向变形试验支架　（单位：mm）

6)A 型试验模具

一个刚性光滑防粘的矩形框架,其内部尺寸为(280 ±1)mm×(45 ±1)mm,厚度为(5 ±0.1)mm,由聚四氟乙烯或金属制成。建议在内部每个角落钻一个直径为2 mm的圆洞以方便制备测试样品。横向变形A型试验模具见图3-4。

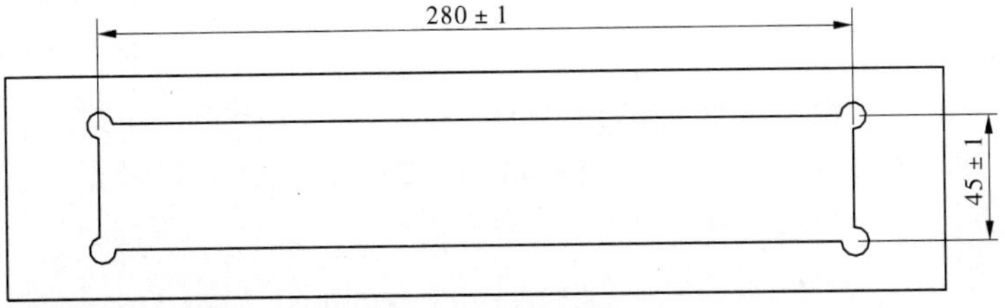

图3-4　横向变形A型试验模具　(单位:mm)

7)B 型试验模具

一个钢制光滑无吸附的模具,能使试样形成尺寸为(300 ±1)mm×(45 ±1)mm×(3 ±0.05)mm的装置。横向变形B型试验模具见图3-5。

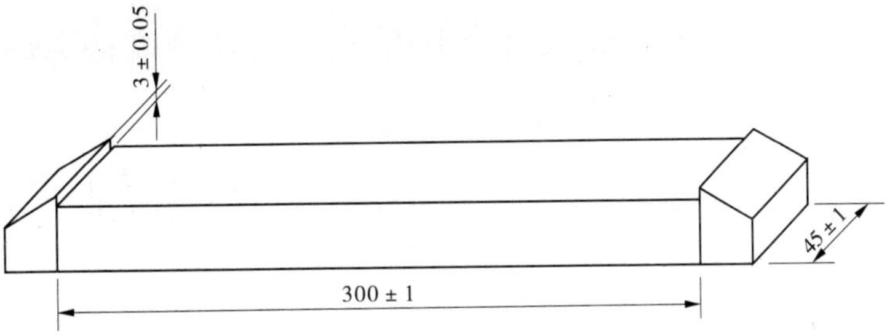

图3-5　横向变形B型试验模具　(单位:mm)

8)试验仪器

试验仪器是一个能以2 mm/min的速度进行试验的压力机。

9)振动设备

采用水泥跳桌试验机,能有效固定模具。

2. 试验方法

1)试验基材准备

将聚乙烯膜固定在刚性垫座上。确保填缝剂将要粘贴的表面不会发生扭曲变形,即没有皱纹。

2)试件制备

将A型模具紧密压放在聚乙烯膜上。将足够的填缝剂涂抹在模具内,然后涂抹均匀,使其完全平整地装填于模具内,用水泥跳桌试验机,振动70次。最后小心地垂直移走模具。将B型模具对准试样放好。在B型模具上放置截面面积为290 mm×45 mm、重量为(100 ±1)N的重块。用小刀将压出的多余填缝剂刮除,1 h后取下重块。48 h后移走B型模具。每种填缝剂制备6个试件。

3)试件养护

将B型模具移走后的试件,立即连同垫座一起放入塑料密封箱中,每个箱中放入6

个试件，并密封箱口。在(23±2)℃下养护12 d后，将试件连同垫座从密封箱中取出，在标准试验条件下养护14 d。

4）试验步骤

养护完成后，将试件从聚乙烯薄膜上移走，测量试件的厚度。用精度为0.01 mm的游标卡尺在试件的中间以及距试件两端(50±1) mm处测量其厚度，如果3个数据均在(3.0±0.1) mm内，则记录其平均值。如果有任何一个数据超出范围，该试件无效。

将符合要求的试件放在试验支架上(见图3-3)。以2 mm/min的速度对试件施加荷载使试件变形，直至试件破坏。记录下该点的荷载，以N表示，以及最大变形量，以mm表示。

5）试验结果

横向变形取试验结果的算术平均值，以mm表示，精确到0.1 mm。每个填缝剂样品至少需要3个有效试件。

四、检验判定规则

(一)组批

连续生产，同一配料工艺条件制得的产品为一批。CG类产品50 t为一批，RG类产品10 t为一批。不足上述数量时亦作为一批。

(二)抽样

每批产品随机抽样，抽取12 kg样品，充分混匀。取样后，将样品一分为二，一份检验，另一份留样复检。

(三)判定规则

按标准规定的方法试验，若全部试验结果符合标准规定，则判该批产品合格；若有两项或两项以上不符合标准要求，则判该批产品不合格。若结果中仅有一项不符合标准要求，重新用留样对该项目复检。若该项复检项目符合标准规定，则判该批产品合格；若仍不符合标准规定，则判该批产品不合格。

第三节　修补材料

一、定义和分类

(一)定义

非结构承载用石材胶粘剂(云石胶)：以不饱和聚酯树脂和(或)环氧树脂等为基体树脂、添加其他改性材料及适当的固化剂，适合于石材的定位、修补等非结构承载粘结用途的石材胶粘剂。

(二)分类

按基体树脂分为不饱和聚酯树脂型(UP)和(或)环氧树脂型(EP)等。

按用途分为Ⅰ型和Ⅱ型，Ⅰ型适用于耐水要求较高的产品，Ⅱ型适用于一般要求的产品。

二、技术要求

（一）外观

产品应为色泽均匀、细腻的黏稠膏状体，无明显离析、凝胶及明显的粗颗粒，搅拌无困难，各组分的颜色或包装应有明显区别。

（二）物理力学性能

产品的物理力学性能指标应符合表 3-7 的要求。

表 3-7　物理力学性能指标

项目			技术指标	
			Ⅰ型	Ⅱ型
适用期			符合标称值	
弯曲弹性模量（MPa）　≥			2 000	1 500
冲击强度（kJ/m^2）　≥			3.0	2.0
压剪粘结强度（MPa）　≥	石材－石材	标准条件	8.0	7.0
		高温处理	7.0	7.0
		浸水处理	6.0	3.0
		冻融循环处理	5.0	3.0
	石材－不锈钢		8.0	7.0

三、试验方法

（一）试验基本要求

1. 试验条件

除特别说明外，试验均在标准试验条件下进行，即温度（23 ± 2）℃，相对湿度（50 ± 5）%。试验前，试样应在标准条件下放置 24 h 以上。

2. 试验配比

产品若有标准配比，按产品的标准配比作为试验配比；若产品的配比是一个范围，则以该配比范围的中值作为试验配比。

3. 粘结基材

1）石材基材

采用符合 GB/T 18601 性能要求且具有足够强度的石材，石材品种推荐用丰镇黑或济南青。基材尺寸为 50 mm × 30 mm ×（20 ~ 25）mm，采用非抛光面粘结。试件制备前，应将石材清洗干净，在（105 ± 2）℃烘箱内烘干 2 h 后备用。

2）不锈钢基材

采用符合 JC 830.2 要求的奥氏体不锈钢材料，推荐用 1Cr18Ni9Ti 不锈钢。基材尺寸为 50 mm × 30 mm ×（10 ~ 15）mm。试件制备前，应先用 P120 砂布打磨被粘表面，并用丙酮清洗干净，干燥后备用。

4. 试件制备

按试验配比准确称量各组分试样后迅速搅拌均匀，注意避免混入空气，然后尽快成型试件。

1）浇铸成型试件

浇铸成型的模具应预先薄涂一层脱模剂，快速将搅拌好的胶粘剂倒入，用刮刀填实抹平，胶粘剂初步固化后应及时脱模。

制备一组符合 GB/T 2570 要求的弯曲弹性模量试件和一组符合 GB/T 2571 要求的冲击韧性试件（无缺口型试件）。弯曲弹性模量试件 5 个为一组，冲击韧性试件 10 个为一组。

2）粘结成型试件

快速将搅拌好的胶粘剂分别涂抹在两块粘结基材上，对合时轻轻揉压，确保粘结均匀，胶层厚度控制在 0.5 ~ 1 mm。压剪粘结强度试件胶粘面积为 30 mm × 30 mm。共成型 4 组石材 - 石材粘结试件和一组石材 - 不锈钢粘结试件，5 个试件为一组。

5. 养护条件

制备的试件应在标准试验条件下养护 168 h。

（二）外观

用适当工具手动搅拌样品，目测样品的颜色、外观及状态。

（三）适用期

适用期按照 GB/T 12954 中 5.6 条的规定进行，水浴温度为（23 ± 1）℃。

（四）弯曲弹性模量

弯曲弹性模量按照 GB/T 2570 的规定进行。

（五）冲击韧性

冲击韧性按照 GB/T 2571 的规定进行。

（六）压剪粘结强度

1. 标准条件下压剪粘结强度

试验在（23 ± 2）℃条件下进行，材料试验机的选用应保证试件的破坏荷载在材料试验机满量程的 15% ~ 85% 范围内。用游标卡尺测量粘结面尺寸，计算粘结面面积。将试件安放在材料试验机的压剪夹具上，压剪夹具应保证试件的粘结面与材料试验机的力线一致。以 5 mm/min 的速度加载直至试件破坏，测量最大载荷，然后按下式计算压剪粘结强度：

$$\tau = \frac{F}{S}$$

式中 τ——压剪粘结强度，MPa；

F——最大载荷，N；

S——粘结面面积，mm^2。

以 5 个试件测量值的算术平均值作为检验结果，计算结果修约到小数点后一位。

对异常数据的处理，按粗大误差剔除准则即 Dixon 准则进行处理。X_1、X_2、X_3、X_4、X_5

为 5 个试件剪切粘结强度的测试值，且 $X_1 < X_2 < X_3 < X_4 < X_5$。若 $\frac{X_2 - X_1}{X_5 - X_1} \geq 0.642$，则舍去$X_1$；若 $\frac{X_5 - X_4}{X_5 - X_1} \geq 0.642$，则舍去 X_5。

2. 高温处理后压剪粘结强度

将固化养护好的试件在(80 ±1)℃条件下恒温 168 h，取出试件自然冷却到室温，再按标准条件下试验进行。

3. 浸水处理后压剪粘结强度

将固化养护好的试件浸于室温下的蒸馏水中 168 h，取出擦干后在 10 min 内按标准条件下试验进行。

4. 冻融循环处理后压剪粘结强度

将固化养护好的试件首先在(20 ±2)℃的水中浸泡 4 h，然后进行冻融循环，即将试件在(-20 ±2)℃下冻 4 h，再在(20 ±2)℃的水中浸泡 4 h，如此为一个冻融循环，共进行 25 次循环。取出试件在室温下放置 4 h，再按标准条件下试验进行。

5. 石材 - 不锈钢压剪粘结强度

按标准条件下试验进行。

四、检验判定规则

(一) 组批

以同一生产条件生产的 20 t 产品为一批，不足 20 t 的按一批计算。

(二) 抽样

从同一批产品中随机抽取一组产品进行检验。

(三) 判定规则

若检验结果全部符合规定的要求，判定该批产品合格；若检验结果中有一项不符合规定的要求，可从该批产品中随机抽取双倍数量样品对该项进行复验，若复验结果全部合格，判定该批产品合格，否则判定该批产品不合格；若检验结果中有两项或多项不符合规定的要求，则判定该批产品不合格。

第四节　护理材料

一、清洗材料

石材清洗材料是指一些化学药剂或化学合成材料，其通过化学反应过程来清除石材表面上的一些污染物和污迹。例如，使用酸性的清洗剂清除花岗石上的锈迹；使用一些氧化剂清除石材上的霉变物；使用一些含有离子表面活性剂的材料来清除石材上的常见污染物。

石材的清洗材料有很多，现在市场上经常将一些强酸性或强碱性的清洗液加水释稀后使用，一些石材过早丧失光泽或产生一些病变，同时也造成了较大的环境污染。正常的石材专用清洗剂 pH 值为 8 ~9,采用离子表面活性剂配方,使用时可兑水。有的清洗剂呈现一点弱酸性,可使用在花岗石上,但使用后应再用清水擦洗,去除酸性液体的影响。

石材清洗材料应选用专用清洗剂,所用石材清洗剂不得对石材造成污染、腐蚀、改变石材颜色及其他形式的损害,不应对石材产生内在破坏性影响,不得降低石材安全性能。产品应有详细的使用说明和适用范围。

二、防护材料

(一)定义

石材防护是使用专用石材防护剂涂刷在石材表面,形成防护层防止水、油污等各类污染物的进入,预防天然石材产生白华、水斑、锈斑等病变现象。它能够有效降低石材的吸水率,提高石材的耐污性和耐腐蚀性。

(二)防护剂分类

(1)按照溶剂类型分为:

水剂型:以水为分散介质的防护剂。

溶剂型:以有机溶剂为分散介质的防护剂。

(2)按照功能分为:

防水型:能阻止水及水性污染物渗入石材内部的防护剂。

防油型:能阻止油及油性污染物渗入石材内部的防护剂。

(3)按使用部位分为:

饰面型:用于干挂石材(六面)、湿贴石材装饰面(包含四个侧面)的防护剂。

底面型:用于粘贴石材底面的防护剂。

(4)按保护层型式分为:

渗透型防护剂、密封型防护剂。

(三)等级

饰面型的防护剂按防水性能分为优等品、一等品、合格品三个等级。

(四)防护剂的主要成分

(1)有机硅:透气、耐老化、耐高温和低温、化学稳定性好,耐酸性尚可,但不耐碱。

(2)有机氟:耐碱、耐磨,化学稳定性好、耐污性好、耐候性好,价格高。

(3)氟硅:将有机硅和有机氟改性共聚,兼容两者的优点(耐污性稍逊于有机氟类),价格较高。

(4)甲基硅酸盐:属硅酸盐类单分子化合物,透气、环保、价廉,多属强碱性防护剂,pH 值多大于 10。其用于石材表面时由于具强碱性会破坏石材的内部结构,加速石材的粉化和风化,起不到防护作用,反而可能生成白斑或绿斑。因此,其不宜作为石材防护剂,应谨慎选用。

(五)水剂型和溶剂型防护剂的主要区别

1. 水剂型

目前主要有三大类产品,即有机硅类、丙烯酸氟化物类和氟硅类。

环保性能较好,但渗透性较差,不耐强碱,使用寿命不如溶剂型防护剂。

2. 溶剂型

目前主要有三大类产品，即有机硅类、纯氟类和氟硅类。一般情况下，耐污性纯氟类较氟硅类略胜一筹，而耐候性则氟硅类稍优于纯氟类。

渗透性强，耐紫外线老化性一般情况下均优于水剂型防护剂，使用寿命长，但应考虑其环保性能是否满足使用要求。

（六）渗透型和密封型防护剂的区别

1. 渗透型

渗透型防护剂能渗入石材微小缝隙中，沉积于石材毛细孔内部的微小颗粒间，或附着于石材表面下的个体矿物分子上，在基材内部形成一个防护层，表面不成膜。通过改变天然石材表面的张力，不但可防止水、油和污染物进入石材，而且可防止因吸附基层内部及缝隙中的水分而产生的色渍、锈斑和白华现象。由于不封闭石材孔隙，故保持了石材的透气性。由于表面不成膜，故涂抹后基本不改变石材外观（颜色、光泽）及质感，广泛用于天然石材和混凝土等材料，保持基材的原貌。

2. 密封型

密封型防护剂在石材表面形成一层易磨损的防护层将石材微孔密封，防止水、油和污染物从石材毛细孔渗入。密封型防护剂一般价格较便宜，但易发黏、老化、变黄。表面膜层虽可提高石材表面的光亮度，但易磨损，若用于地面易出现刮痕和脚印，故需经常保养。部分密封型防护剂会堵塞石材表面毛细孔，透气性差，石材内部湿气不能释放，会缩短石材寿命。因此，密封型防护剂不宜用做地面石材表面密封，一般只用于表面或底面的单面密封，不用做六面密封。

三、防护剂技术要求

（一）饰面型

用饰面型防护剂进行石材防护时，应保持石材颜色基本不变，用户有特殊要求时除外。防水性、耐污性应符合表3-8的规定，pH值范围应在3～13，在稳定性方面要求无分层、漂油和沉淀。饰面型防护剂耐酸性、耐碱性应大于等于40%，其中天然大理石防护可不进行耐酸性检验，耐紫外线老化性应大于等于40%。

表3-8　防水性、耐污性要求

项目		优等品	一等品	合格品
防水性（%）		防水性≥85	70≤防水性＜85	50≤防水性＜70
耐污性[a]	食用植物油[b]	0		1
	蓝黑墨水			

注：a 表示客户对污染源有特殊要求时，可按客户要求进行。

b 表示防水型防护剂可不进行此项检验。

（二）底面型

底面型防护剂抗渗性试验应无水斑出现，水泥粘结强度下降率不大于5%。

（三）有毒有害物质

水剂型防护剂中挥发性有机化合物（VOC）≤200 g/L。

溶剂型防护剂中苯含量≤0.5%，甲苯和二甲苯的总含量≤10%。

四、防护剂试验方法

（一）pH 值

用精密 pH 试纸测定。

（二）稳定性

取 10 mL 样品两份分别放入两支试管中，置于电动离心机的相对两面，以 3 000 r/min的速度旋转 5 min，取出试管，观察有无分层、漂油和沉淀。

（三）防水性

1. 设备及器具

干燥箱：温度可控制在（60 ±2）℃范围内。

天平：最大称量 1 000 g，感量 10 mg。

干燥器。

2. 试样

取 100 mm ×100 mm ×20 mm 的天然石材样品 14 块（建议使用 G3503 天然花岗石）。

3. 测试步骤

将防护剂按照防护剂产品说明书或委托单位的要求进行准备。

用 0.25 mm 碳化硅砂将试样六面磨平，清水洗净，置于（60 ±2）℃的干燥箱内干燥 48 h，然后取出放入干燥器中冷却至室温。其中 5 块作为参比样品保存于干燥器中，另外 9 块为试验样品。

取 9 块试验样品，用蘸满防护剂的毛刷，对每块试验样品的六个面进行均匀涂覆，平放于底部垫有玻璃棒的瓷盘中，室温下自然干燥 1 h；将与玻璃棒相接触的石材表面向上放置，室温下继续干燥 1 h。然后按以上步骤涂刷一遍，在湿度不大于 60% 的室温下自然干燥 48 h。

将参比样品和试验样品按 GB/T 9966.3—2001 中 4.1.1、4.1.2、5.2 条的规定进行吸水率试验和计算，烘干温度为（60 ±2）℃。分别计算参比样品和试验样品的吸水率平均值。

4. 结果计算

防水性按下式计算：

$$K = \frac{A - B}{A}$$

式中 K——防水性（%）；

A——参比样品的吸水率平均值（%）；

B——试验样品的吸水率平均值（%）。

5. 试验报告

试验报告应包括以下内容：

(1)试验按标准进行。

(2)参比样品、试验样品的吸水率平均值及该组试验的防水性。

(3)防护剂名称、防护剂外观描述、石材品种及名称。

若产品有使用说明或客户提出不同要求,则按产品说明或客户要求进行涂刷,并在试验报告中予以注明。

(四)耐污性

1. 器皿

干燥箱:温度可控制在(60 ±2) ℃范围内。

25 mL 滴瓶。

干燥器。

2. 污染试剂

食用植物油。

蓝黑墨水。

3. 试样

取 100 mm ×100 mm ×20 mm 的 G3503 天然花岗石样品 12 块,吸水率在(0.3 ±0.1)%。

4. 测试步骤

将防护剂按照防护剂产品说明书或委托单位的要求进行准备。用 0.25 mm 碳化硅砂将试样六面磨平,用清水洗净,置于(60 ±2) ℃的烘箱内干燥 48 h,然后取出放入干燥器中冷却至室温。其中 6 块作为参比样品保存于干燥器中,另外 6 块为试验样品,按照规定的方法进行防护。

将防护后的试验样品和参比样品水平放置,将每种污染试剂分别滴加 2 滴在 3 块样品的中心部位(防止崩溅),室温下放置 1 h 后,在流动清水中冲洗并用软布轻擦,待表面干燥后,观察表面污染状况,取污染最严重的样品污染状况作为试验结果。

5. 判定

0:表示试样表面无污染。

1:表示试样表面轻微污染。

2:表示试样表面严重污染。

6. 试验报告

试验报告应包括以下内容:

(1)试验按标准进行。

(2)防护剂名称、判定、防护剂外观描述。

(五)水泥粘结强度的下降率

1. 设备、量具及材料

试验机:测量精度 ±1%,试样破坏载荷在设备示值的 20% ~90% 范围内。

游标卡尺:精度为 0.02 mm。

水泥:符合 GB 175—1999 中 425 水泥。

连接件:连接试验机与试样的挂件。

砂:实际工程用砂。

2. 试样

长度 300 mm,宽度 300 mm,厚度为实际使用厚度;每组样品 10 块,其中涂覆防护剂与未涂覆防护剂各一组,每组 5 块。

3. 试验步骤

石材试验面粗糙程度与实际工程使用相同。水泥砂浆按 1∶2.5(水泥∶砂子)或实际使用配比进行配制并搅拌均匀。将试样背面向上平放在地面上,在试样背面涂 15 ~ 20 mm 厚的水泥砂浆,保证水泥砂浆和试样背面接触充分,避免空鼓。在试样中心预埋连接件,再在上面覆盖 25 ~ 30 mm 厚的水泥砂浆层,凝固成 100 mm × 100 mm 的正方形砌块。在室温下养护 14 d,养护期内保持水泥砂浆层湿润。养护结束后将试样放置在试验机上,夹紧上下卡具(如图 3-6 所示),以 0.5 mm/min 的速率对试件施加载荷至试件破坏,记录破坏载荷值(F),精确到 10 N。用游标卡尺测量试样与水泥粘结面的长、宽尺寸,精确至 0.1 mm。

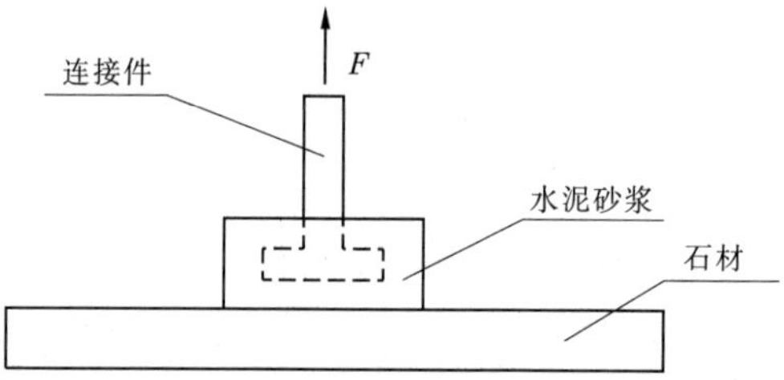

图 3-6　粘结强度测试装置

4. 计算公式

粘结强度按下式计算:

$$P = \frac{F}{l \times b}$$

式中　P——粘结强度值,MPa;

F——破坏荷载,N;

l——粘结面长度,mm;

b——粘结面宽度,mm。

粘结强度值保留两位有效数字。

粘结强度下降率按下式计算:

$$P' = \frac{P_1 - P_2}{P_1}$$

式中　P'——粘结强度下降率,%;

P_1——未涂覆防护剂的粘结强度算术平均值,MPa;

P_2——涂覆防护剂的粘结强度算术平均值,MPa。

粘结强度下降率结果保留两位有效数字。

5. 试验报告

试验报告应包括以下内容:

(1)试验按标准进行。

(2)涂覆防护剂与未涂覆防护剂的粘结强度算术平均值及粘结强度下降率。

(3)该组试件的单块被破坏状况。

(4)石材品种及名称、防护剂名称、防护剂外观描述。

(六)耐酸性

1. 器具

干燥箱:温度可控制在(60 ±2) ℃范围内。

天平:最大称量 1 000 g,感量 10 mg。

塑料容器。

2. 试液

1%(体积比)硫酸溶液。

3. 试样

取进行完防水性试验的样品 3 块。

4. 测试步骤

将进行完防水性试验的湿态下的试验样品直接放入体积比为 1% 的硫酸溶液中浸泡 48 h,液面高出试样的上表面约 50 mm。取出试样,用清水清洗干净,按照 GB/T 9966.3 中 4.1.1、4.1.2、5.2 条的规定进行吸水率试验和计算,烘干温度为(60 ±2) ℃。

5. 结果计算

耐酸性按下式计算:

$$E = \frac{E_1 - E_2}{E_1}$$

式中 E——耐酸性,%;

E_1——参比样品的吸水率平均值,%;

E_2——试验样品浸酸后的吸水率平均值,%。

6. 试验报告

试验报告应包括以下内容:

(1)试验按标准进行。

(2)参比样品的吸水率平均值,试验样品浸酸前、后的吸水率平均值。

(3)防护剂名称、防护剂外观描述、石材品种及名称。

(七)耐碱性

1. 设备

干燥箱:温度可控制在(60 ±2) ℃范围内。

天平:最大称量 1 000 g,感量 10 mg。

塑料容器。

2. 试液

过饱和氢氧化钙溶液:温度为(23 ±2) ℃时,100 g 水中溶解 1 g 氢氧化钙。

3. 试样

取进行完防水性试验的样品 3 块。

4. 测试步骤

将进行完防水性试验的湿态下的试验样品直接放入过饱和氢氧化钙溶液中浸泡 48 h,液面高出试样的上表面约 50 mm。取出试样,用清水清洗干净,按照 GB/T 9966.3 中 4.1.1、4.1.2、5.2 条的规定进行吸水率试验和计算,烘干温度为(60 ±2) ℃。

5. 结果计算

耐碱性按下式计算:

$$J = \frac{J_1 - J_2}{J_1}$$

式中 J——耐碱性,%;

J_1——参比样品的吸水率平均值,%;

J_2——试验样品浸碱后的吸水率平均值,%。

耐碱性试验结果保留两位有效数字。

6. 试验报告

试验报告应包括以下内容:

(1)试验按标准进行。

(2)参比样品的吸水率平均值,试验样品浸碱前、后的吸水率平均值。

(3)防护剂名称、防护剂外观描述、石材品种及名称。

(八)耐紫外线老化性

1. 器具

装有 500 W 直管高压汞灯耐紫外线老化箱,灯管与箱体平行。

2. 试样

取进行完防水性试验的样品 3 块。

3. 测试步骤

将进行完防水性试验的湿态下的试验样品直接放入 500 W 直管高压汞灯耐紫外线老化箱内,灯管与箱体平行,试样与灯管的距离为 500 mm 左右,试样表面空间温度为(45 ±2) ℃,恒温照射 300 h。然后取出试样,在温度(23 ±2) ℃、相对湿度 45% ~70% 条件下放置 2 h,称量其质量,精确至 0.02 g,按照 GB/T 9966.3 中 4.1.2、5.2 条的规定进行吸水率试验和计算,烘干温度为(60 ±2) ℃。

4. 结果计算

耐紫外线老化性按下式计算:

$$F = \frac{F_1 - F_2}{F_1}$$

式中 F——耐紫外线老化性,%;

F_1——参比样品的吸水率平均值,%;

F_2——经老化处理后试验样品的吸水率平均值,%。

耐紫外线老化性试验结果保留两位有效数字。

5. 试验报告

试验报告应包括以下内容:

(1)试验按标准进行。

(2)参比样品的吸水率平均值,试验样品经老化处理前、后的吸水率平均值。

(3)防护剂名称、防护剂外观描述、石材品种及名称。

(九)抗渗性

按照 JC/T 973—2005 附录 A 中 A.3.1 至 A.3.3,将底面和四个侧面防护后的 150 mm×150 mm×20 mm 的5块石材,底面朝下平放于盛有水泥砂浆(水泥和砂子按1∶2.5用水进行配制)的容器(容积为 160 mm×160 mm×25 mm 的宽边盒子,内衬 240 mm×240 mm 的塑料薄膜)顶部,水泥砂浆没至石材厚度的约1/2处,用塑料胶带将石材侧面外露部分和容器的周边进行密封,放置7 d,每隔一天,观察一次试样表面颜色变化和有无水斑出现,记录表面异常状况。

(十)水剂型防护剂有害物质限量

挥发性有机化合物(VOC)的测定按 GB 18582 中附录 A 进行。

(十一)溶剂型有害物质限量

苯、甲苯和二甲苯的测定按 GB 18581 中附录 A 进行。

五、防护剂检验判定规则

(一)组批

同一类型、同一等级3 000 kg为一批,不足3 000 kg视为一批。

(二)抽样

产品按照 GB/T 3186 取样,混合均匀,取两份试样,各为1 kg,一份作为备份,另一份用做检验。

(三)判定

产品的所有检验结果均符合技术要求及相应等级时,则判定该产品符合该等级。

根据检验结果,若有一项不符合该等级,应对备份样品进行复检,如复检结果仍不符合该等级,则判定该批产品不符合该等级。试验结果中有一项不符合要求时,判定该批产品为不合格品。

六、石材结晶硬化材料

结晶硬化剂、结晶硬化粉不应对石材产生污染和腐蚀,不得降低石材原有质感。

结晶硬化处理后的石材地面防滑系数应大于0.5。

结晶硬化处理后应提高石材表面硬度、耐磨性、光泽度和使用寿命,同时应改善石材防水、抗污染性能,能够修补石材表面的一些细小缺陷。

七、防滑材料

(一)定义

地面石材防滑性能是通过防滑系数衡量的,防滑系数是指物体克服最大静摩擦力,刚好产生滑动时的切向力与垂直力的比值。

（二）等级划分

按照防滑系数的不同，将防滑性能划分为三个等级，见表3-9。

表3-9 地面石材防滑性能等级

防滑等级	不安全	安全	非常安全
防滑系数	小于0.50	0.50~0.79	不小于0.80

（三）执行标准

JC/T 1050—2007《地面石材防滑性能等级划分及试验方法》。

JCG/T 60001—2007《天然石材装饰工程技术规程》。

（四）主要技术性能参数

（1）防滑材料应能提高石材干态和湿态条件下的防滑性能。

（2）经防滑材料处理后的石材地面防滑性能应达到规定要求，一般情况下应满足表3-10的技术要求。

表3-10 地面石材防滑性能一般要求

使用范围	防滑系数	
	干燥	湿润
水平地面	不低于0.50	不低于0.50
斜坡地面	不低于0.80	不低于0.80

（3）防滑材料应具有耐久性，在规定的适用期内防滑性能不应降低。

（4）防滑材料应注明正常条件下的使用寿命。

（5）防滑试验按JC/T 1050—2007《地面石材防滑性能等级划分及试验方法》标准的要求。

（6）石材地面防滑系数符合表3-10的规定。石材应根据使用场合和不同要求选择不同的表面工艺以达到防滑规定。镜面、亚光面、细面板材若达不到防滑要求，应采取防滑材料进行必要的处理，以达到规定的要求。

石材防滑材料的使用寿命指保证石材表面静摩擦系数在正常条件下基本保持不变的最长使用时间。防滑材料应具有耐久性，在规定的适用期内防滑性能不应降低。

第五节 锚件和挂件

一、金属锚件

石材幕墙所使用的各类紧固件，如垫片、卡件、螺栓、螺钉、螺柱、螺母等，应选用不锈钢制品，产品应符合现行国家标准的规定：GB/T 818、GB/T 3098.1、GB/T 3098.2、GB/T

3098.4、GB/T 3098.5、GB/T 3098.6、GB/T 3098.15、GB/T 5277。

二、石材挂件

(一)定义

石材挂件主要有弯板、插板和背栓三类。

弯板(curve plate):连系插板或石材与结构体的金属结构件(参考图 3-7(a));

插板(panel):连系石材与弯板或钢架的金属结构件(参考图 3-7(a));

背栓(anchor):在石材背面通过打孔固定干挂石材的金属结构件(参考图 3-7(b))。

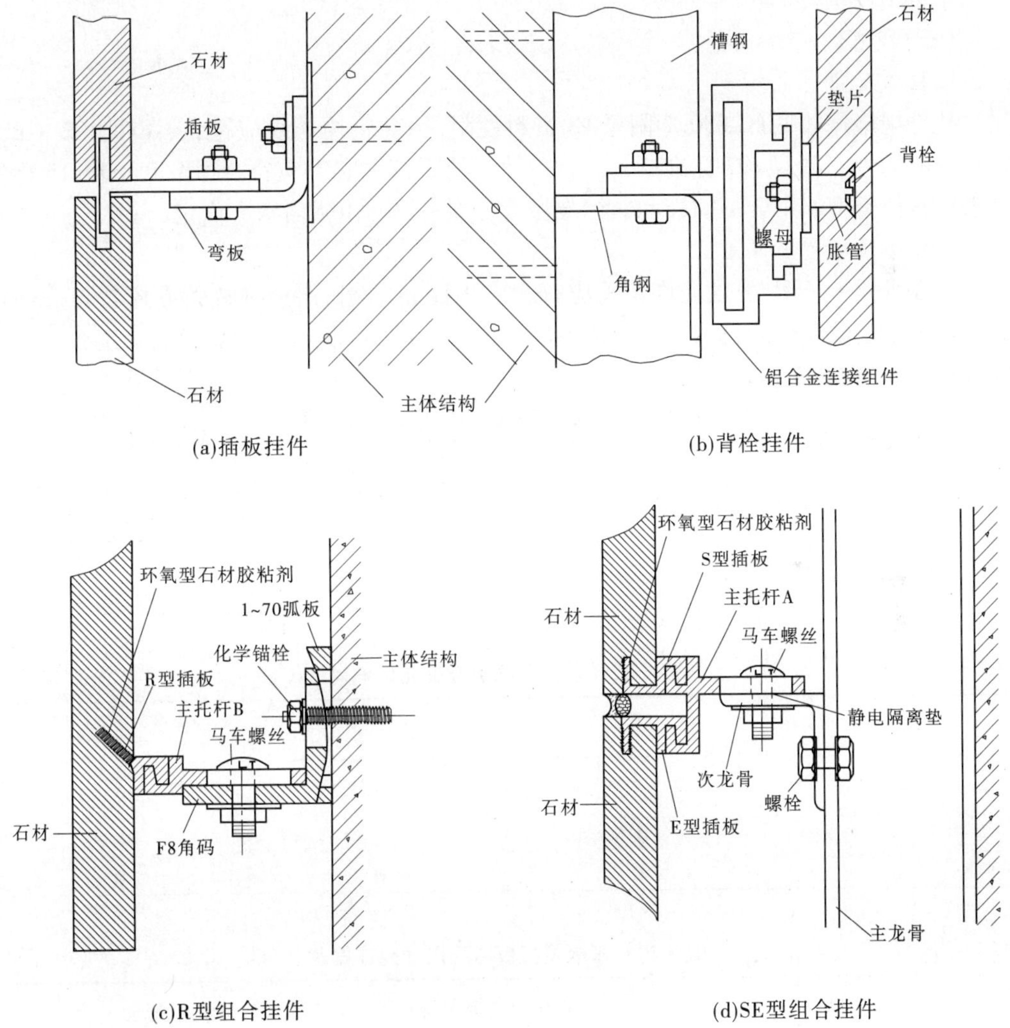

图 3-7　石材干挂结构示意图

(二)分类

(1)插板按使用要求分为四种类型:

R 型插板(代号为 R,适用于大面积外墙)。

蝶形插板(代号为 Y,适用于小面积内墙)。

T 型插板(代号为 T,适用于小面积内外墙)。

组合插板(代号为 X,适用于内外墙面,见图 3-7(c)、(d))。

(2)背栓按使用要求分为两种类型:

标准型(A)。

非标准型(B)。

(3)弯板按使用要求分为两种类型:

带插件型(H)。

不带插件型(L)。

(三)尺寸

1. 挂件尺寸

挂件规格尺寸见 JC 830.2 附录 C(资料性附录)。背栓螺纹应符合 GB/T 192、GB/T 193、GB/T 196、GB/T 197 标准要求。背栓使用的不锈钢螺母应符合 GB/T 3098.15 标准要求。其他类型的组合型插板和非标准型背栓规格尺寸由供需双方商定。

2. 挂件尺寸允许偏差

弯板及插板长度、宽度允许偏差应符合表 3-11 的要求,厚度允许偏差应符合表 3-12 的要求。弯板及插板冲孔尺寸允许偏差应符合表 3-13 的要求。背栓直径、长度允许偏差应符合表 3-14 的要求。

表 3-11 弯板及插板长度、宽度允许偏差 (单位:mm)

项目	长度、宽度			
参数	30~50	50~80	80~120	≥120
允许偏差	+3.9 0	+4.6 0	+5.4 0	+6.3 0

表 3-12 弯板及插板厚度允许偏差 (单位:mm)

项目	厚度		
参数	≥3.0	≥5.0	≥6.0
允许偏差	+0.50 0	+0.60 0	+0.70 0

表 3-13 弯板及插板冲孔尺寸允许偏差 (单位:mm)

项目	冲孔的最大尺寸	冲孔的最大尺寸
参数	<10	10~50
允许偏差	+0.10 0	+0.15 0

表 3-14　背栓直径、长度允许偏差　（单位:mm）

项目	直径	长度
允许偏差	±0.40	±1.0

3. 形状位置公差

背栓直线度公差为 1 mm，弯板、插板平面度允许公差应符合表 3-15 的要求。

表 3-15　弯板、插板平面度允许公差　（单位:mm）

项目	长度			
参数	30 ~ 50	50 ~ 80	80 ~ 120	≥120
允许公差	+0.15	+0.20	+0.25	+0.30

4. 弯板、插板角度允许偏差

弯板和插板角度允许偏差为 ±2°。

5. 特殊要求

如有特殊要求由供需双方协商确定。

（四）技术要求

1. 规格尺寸

室外装饰用插板的竖板面积（见图 3-8）应不小于 50 mm × 15 mm，室内装饰用插板的竖板面积（见图 3-8）应不小于 15 mm × 10 mm。插板的横板（见图 3-8）和弯板的宽度应不小于 30 mm。弯板、插板的厚度应不低于 3.0 mm，铝合金件的厚度应不低于 4.0 mm。背栓用于室外装饰时最小截面直径不小于 4.0 mm，用于室内装饰时最小截面直径不小于 3.0 mm。

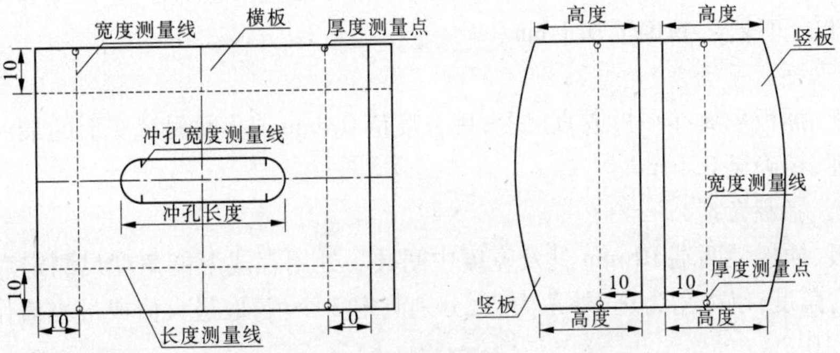

图 3-8　测点布置　（单位:mm）

2. 表面质量

表面不得有气泡、裂纹、结疤、折叠、夹杂和端面分层，允许有不大于厚度公差一半的轻微凹坑、突起、压痕、发纹、擦伤和压入的氧化铁皮。

T 型插板角焊缝的焊脚尺寸应为插板最小厚度，焊缝应焊实，不得采用点焊连接。

冷加工后表面缺陷允许用修磨方法清理，但清理深度不得超过厚度公差的一半。

冷加工后配件厚度减薄量不得超过厚度公差的一半。

冲压孔边加工后应平整光滑，不得有毛刺、毛边。

3. 挂件的拉拔强度

挂件的拉拔强度应满足工程设计要求，最小值应不低于表3-16的规定。

表3-16 挂件的拉拔强度最小值

项目	室内	室外
拉拔强度	2.40 kN	10.00 kN

（五）试验方法

1. 尺寸

1）弯板、插板的长度、宽度、高度、厚度

弯板、插板的长度、宽度、高度、厚度用分度值0.02 mm的游标卡尺测量，测量的位置如图3-8所示，以测量的最大偏差作为试件的实际偏差，精确至0.1 mm。

2）冲孔长度和宽度

用分度值0.02 mm的游标卡尺测量冲孔长度和宽度，宽度测量三个不同位置（见图3-8），取最大偏差作为实测偏差值，精确至0.1 mm。

3）背栓的直径和长度

背栓的直径和长度用分度值0.02 mm游标卡尺测量，直径测量位置应选在无螺纹处的最小直径，精确至0.1 mm。

4）背栓直线度

将背栓放在平板或直尺上，背栓底座应伸出平板或直尺边缘，用塞尺测量变形的最大值作为试件的直线度，精确至0.1 mm。

5）弯板、插板平面度

将弯板、插板平放在平板或直尺上，用分度值0.1 mm塞尺测量变形的最大值作为试件的平面度，精确至0.1 mm。

6）弯板、插板角度

在弯板、插板距两端10 mm处及宽度中间共3处用表式万能角度尺测定弯板和插板的冷弯角的角度，以内角为正，外角为负，分别测定3个值，取最大值或最小值作为角度偏差，精确至10′。

2. 表面质量

近距离在室内白天光线或15～20 W日光灯照明条件下，对试件进行目测检查。

3. 挂件的拉拔强度

1）原理

试验是模拟石材在建筑中受风压、地震等荷载时作用在金属挂件上的拉伸力，一般拉至试样明显变形（屈服）或从卡具中拉出或者直接断裂等破坏状态。

试验一般在室温 10 ~ 35 ℃范围内进行，对试样有特殊要求的，应按要求进行处理后再进行拉拔试验。

2）设备及量具

试验机：测量精度为 ±1%，试样破坏载荷应在设备示值的 20% ~ 90% 范围内，能显示并记录拉力变化曲线。

平台和卡具：当加载到最大负荷时，其变形不能大于 2°。

胶垫：符合 GB/T 5574 规定要求，硬度为 A45 ~ A60 度。

游标卡尺：精度 0.02 mm。

3）试样

试样表面质量应符合标准要求。试样表面应平整，相同类型的试件每组 5 件。

4）试验步骤

用游标卡尺测量试样规格尺寸，准确到 0.1 mm。在平台上安装试样并在卡具与试样间垫放胶垫。卡具端面与试样的间隙应根据试样规格确定，一般应不小于最小厚度。T 型焊接件的受力面不应超过焊脚，冷弯件的受力面不应超过弯角的圆弧。背栓试样应配备相应的垫圈，垫圈内径与背栓直径间隙不超过 1 mm，卡具压力面应作用在垫圈上。

以 2.0 mm/min 的速率对试样施加载荷至试样出现明显变形（屈服）或从卡具中拉出或者直接断裂等破坏状态，压力曲线明显开始下降，依据试件形状按图 3-9 ~ 图 3-11 进行试验。

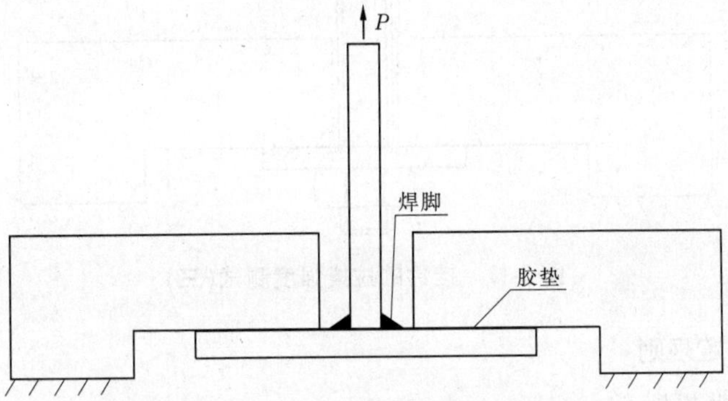

图 3-9　挂件的拉拔强度测试（一）

记录试样破坏时载荷最大值，精确到 10 N，描述试样破坏时的状态。

5）试验结果

挂件拉拔强度为试样破坏时的最大载荷，以 kN 表示。

6）试验报告

试验报告应包含以下内容：

（1）每个试样破坏时承受的最大载荷值。

（2）破坏状态描述。

（3）试样型号、尺寸、生产单位。

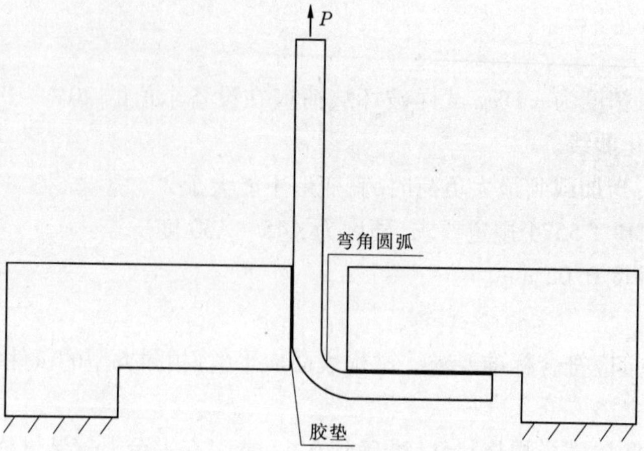

图 3-10　挂件的拉拔强度测试(二)

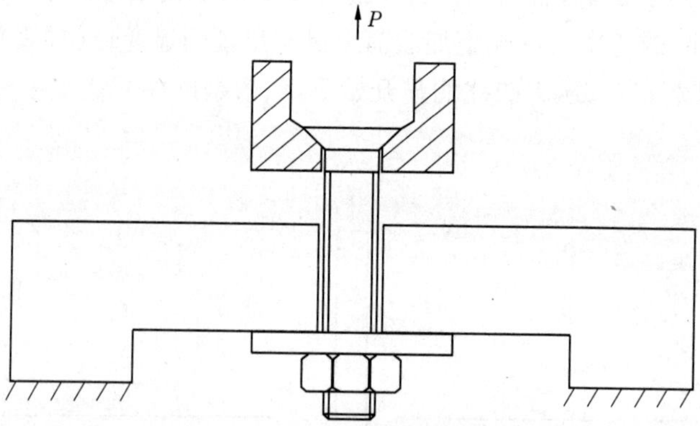

图 3-11　挂件的拉拔强度测试(三)

(六)检验判定规则

1. 抽样与组批规则

班产量大于 2 000 件者,以 2 000 件同型号、同规格的产品为一批;班产量不足 2 000 件者,以实际班产量为一批。每批随机抽取 6 件进行检验。

2. 判定规则

所检项目中有一项不合格即为不合格试件;不合格挂件不多于 1 件,且挂件的规格尺寸、表面质量、拉拔强度均满足技术要求则判为该批次合格。

对不符合技术要求的批次,允许重新抽取双倍数量试件,对不合格的项目进行重检,若仍有一组试件不合格,则判定该批次不合格。

第六节 干挂胶

一、分类和应用

胶粘剂为双组分环氧型,按固化速度分为快固型(K)和普通型(P)。

干挂石材幕墙挂件与石材间粘结固定适用双组分环氧型胶粘剂。

二、技术要求

(一)外观

胶粘剂各组分分别搅拌后应为细腻、均匀黏稠液体或膏状物,不应有离析、颗粒和凝胶,各组分颜色应有明显差异。

(二)物理力学性能

胶粘剂的物理力学性能指标应符合表3-17的规定。

表3-17 胶粘剂的物理力学性能指标

序号	项目				技术指标	
					快固	普通
1	适用期*(min)				5~30	30~90
2	弯曲弹性模量(MPa)			≥	2 000	
3	冲击强度(kJ/m^2)			≥	3.0	
4	拉剪强度(MPa) 不锈钢-不锈钢			≥	8.0	
5	压剪强度(MPa) ≥	石材-石材	标准条件48 h		10.0	
			浸水168 h		7.0	
			热处理80 ℃,168 h		7.0	
			冻融循环50次		7.0	
		石材-不锈钢	标准条件48 h		10.0	

注:*适用期指标也可由供需双方商定。

三、试验方法

(一)试验基本要求

1. 标准试验条件

实验室标准试验条件:温度(23±2)℃,相对湿度(50±5)%。

2. 粘结试件基材

1)石材基材

应选用具有足够强度的石材,石材品种推荐用丰镇黑或济南青。基材尺寸为50 mm×

30 mm×(20～25) mm,采用非抛光面粘结。

试件制备前,应用清水对石材进行清洗,然后在(105±2)℃烘箱内烘干2 h后备用。

2)不锈钢基材

采用符合JC 830.2要求的奥氏体不锈钢材料,推荐用1Cr18Ni9Ti不锈钢。拉剪强度试件基材尺寸为100 mm×25 mm×2 mm,压剪强度试件基材尺寸为50 mm×30 mm×(10～15) mm。

试件制备前,应先用P120砂布打磨被粘表面,并用丙酮进行清洗,干燥后备用。

3.试件制备

制备前,试样应在标准条件下放置24 h以上。

按生产厂商给定的配比准确称量各组分试样后立即搅拌均匀,注意避免混入空气,然后尽快成型试件。

浇铸成型时,预先将模具薄涂一层脱模剂,快速将搅拌好的胶粘剂倒入,用刮刀抹压,然后刮平。

粘结成型时,将搅拌好的胶粘剂分别涂抹在两块粘结基材上,对合时轻轻揉压,确保粘结均匀。

拉剪强度试件胶粘面积为25 mm×12.5 mm。压剪强度试件胶粘面积为50 mm×20 mm。共成型4组石材-石材粘结试件和1组石材-不锈钢粘结试件,每组5个试件。

4.固化条件

将制备好的试件放置在标准条件下固化48 h后测试或进行预处理。

(二)外观

打开原包装容器,人工搅拌后目测检查。

(三)适用期

按GB/T 12954—1991中5.6条进行试验,恒温水浴温度为(23±0.5)℃。

(四)弯曲弹性模量

按GB/T 2570试验。采用标准试件,浇铸成型。

(五)冲击强度

按GB/T 2571试验。采用无缺口小试件,浇铸成型。

(六)拉剪强度

按GB/T 7124试验,试验结果取5个试件的算术平均值。

(七)压剪强度

按JC/T 547—1994中6.3.4条进行试验。

标准条件:试件在标准条件下固化48 h后,分别测试石材-石材、石材-不锈钢的压剪强度。

浸水:试件在标准条件下固化48 h,接着在(23±2)℃水中浸泡168 h,在10 min内擦干试件表面水分并进行测试。

热处理:试件在标准条件下固化48 h,接着在(80±2)℃烘箱中放置168 h,在标准条件下冷却2 h后测试。

冻融循环:试件在标准条件下固化48 h后,接着按GB/T 9966.1—2001中4.3.1条进行冻融循环处理50次，在10 min内擦干试件表面水分并进行测试。

数据处理：试验结果取5个试件的算术平均值。如果出现可疑极值，按照粗大误差剔除准则，即Dixon准则取舍。X_1、X_2、X_3、X_4、X_5为测试值（MPa），且$X_1 < X_2 < X_3 < X_4 < X_5$。若$\frac{X_2 - X_1}{X_5 - X_1} \geqslant 0.642$，则舍去$X_1$；若$\frac{X_5 - X_4}{X_5 - X_1} \geqslant 0.642$，则舍去$X_5$。

四、检验判定规则

（一）组批

以同一品种、同一配比生产的每釜为一批。

（二）抽样

在同批产品中分别随机抽取一组包装，样品总量不少于1 kg。

（三）判定规则

检验结果全部符合要求时，则判定该批产品合格。如果有两项或两项以上不合格，则判定该批产品不合格。如果有一项不合格，允许在同批产品中双倍抽样进行单项复验，如该项仍不合格，则判定该批产品不合格。

第七节　骨架材料

一、钢材

金属骨架一般采用建筑角钢和槽钢，钢材技术要求和性能应符合相应国家标准，其规格、型号应符合设计要求。室外如采用型钢，宜选用热浸镀锌产品。

石材幕墙所使用的钢材，包括碳素结构钢、低合金结构钢、耐候钢、不锈钢，其材料的牌号与状态、化学成分、机械性能、尺寸允许偏差、质量等级等，均应符合现行国家标准的规定：GB/T 699、GB/T 700、GB/T 912、GB/T 1591、GB/T 3077、GB/T 3274、GB/T 4171、GB/T 4172、GB/T 8162。

碳素结构钢和低合金结构钢应进行表面热镀锌处理、无机富锌涂料处理、涂防锈漆或其他有效的防腐处理。采用热镀锌防腐处理应符合GB/T 13912，热镀锌处理时涂层应完全覆盖钢材表面；采用氟碳漆喷涂或聚氨酯漆喷涂时膜厚不宜小于35 μm，特殊区域其膜厚应大于45 μm。

石材幕墙采用的不锈钢构件宜采用奥氏体不锈钢材，其技术要求和性能试验方法应符合现行国家标准的规定：GB/T 1220、GB/T 3280、GB/T 4226、GB/T 4237、GB/T 4239、GB/T 4240、YB/T 5090。

钢材焊接材料应符合现行国家标准的规定：GB/T 983、GB/T 5117、GB/T 5118。钢材焊接工艺应符合建筑行业标准JGJ 81的规定。

二、铝合金材料

石材幕墙所使用的铝合金材料，包括铝合金建筑型材、铝合金轧制板材的材料牌号与状态、化学成分、机械性能、表面处理、尺寸允许偏差、精度等级均应符合现行国家标准 GB/T 3190 的要求。

铝合金型材应进行表面阳极氧化、电泳涂漆、粉末喷涂、氟碳喷涂等有效的表面防腐处理，其阳极氧化膜厚度不低于 15 μm，并应符合 GB/T 5237.1 ~ GB/T 5237.6 的规定。

铝合金建筑型材的几何尺寸偏差应符合 GB/T 5237.1 ~ GB/T 5237.6 的规定，幕墙铝型材应采用高精度级。

铝合金型材表面清洁，色泽均匀，不应有皱纹、裂纹、起皮、腐蚀斑点、气泡、电灼伤、流痕、发黏以及膜(涂)层脱落等缺陷存在。

第八节 密封材料

石材幕墙所采用的结构密封胶、耐候密封胶、防火密封胶等均应符合工程需要和相关国家标准的规定，并应具有出厂检验合格证书。与石材接触的结构密封胶、建筑密封胶不应对石材产生污染，使用前应进行污染性试验。结构密封胶和建筑密封胶必须在有效期内使用，结构密封胶和建筑密封胶不可替用。

耐候建筑密封胶应符合国家标准 GB/T 14683 的规定，硅酮结构密封胶应符合国家标准 GB 16776 的规定。

石材干挂幕墙接缝嵌填用弹性密封胶应符合下面的要求。

一、石材用建筑密封胶分类和级别

(一)分类

产品按聚合物分为硅酮(SR)、改性硅酮(MS)、聚氨酯(PU)等。

产品按组分分为单组分型(1)和双组分型(2)。

(二)级别

产品按位移能力分为 12.5、20、25、50 等级别，见表 3-18。

表 3-18 密封胶级别

级别	试验拉压幅度(%)	位移能力(%)
12.5	±12.5	12.5
20	±20	20
25	±25	25
50	±50	50

20、25、50 级密封胶按拉伸模量分为低模量(LM)和高模量(HM)两个次等级。12.5 级密封胶按弹性恢复率不小于 40% 为弹性体(E)，50、25、20、12.5 级密封胶为弹性密封胶。

二、石材用建筑密封胶要求

(一)外观

密封胶应为细腻、均匀膏状物或黏稠体,不应有气泡、结块、结皮或凝胶,无不易分散的析出物。双组分密封胶的各组分的颜色应有明显差异。产品的颜色也可由供需双方商定,产品的颜色与供需双方商定的样品颜色相比,不得有明显差异。

(二)物理力学性能

双组分密封胶的适用期由供需双方商定。密封胶物理力学性能指标应符合表 3-19 的规定。

表 3-19　密封胶物理力学性能指标

序号	项目		技术指标						
			50LM	50HM	25LM	25HM	20LM	20HM	12.5E
1	下垂度(mm)	垂直 ≤	3						
		水平	无变形						
2	表干时间(h) ≤		3						
3	挤出性(mL/min) ≥		80						
4	弹性恢复率(%) ≥		80						40
5	拉伸模量(MPa)	+23 ℃	≤0.4 和	>0.4 或	≤0.4 和	>0.4 或	≤0.4 和	>0.4 或	—
		-20 ℃	≤0.6	>0.6	≤0.6	>0.6	≤0.6	>0.6	—
6	定伸粘结性		无破坏						
7	冷拉热压后粘结性		无破坏						
8	浸水后定伸粘结性		无破坏						
9	质量损失(%) ≤		5.0						
10	污染性(mm)	污染宽度 ≤	2.0						
		污染深度 ≤	2.0						

三、试验方法

(一)基本规定

1. 标准试验条件

实验室的标准试验条件:温度(23 ± 2)℃,相对湿度(50 ± 5)%。

2. 试验基材

弹性恢复率、拉伸模量、定伸粘结性、冷拉热压后粘结性、浸水后定伸粘结性试验基材为结构密实的花岗石(如 603 花岗石)。污染性试验基材为汉白玉。对于实际工程评价,应采用工程用石材为基材。实际工程用基材粘结性试验见 GB 16776—2005 附录 B。试件浸水取出后，在标准试验条件下放置 24 h，再进行剥离粘结性试验。

3. 试件制备

制备试件前，用于试验的密封胶应在标准条件下放置 24 h 以上。试验基材选用合适的清洗剂（对石材无污染、腐蚀）清洁。制备时单组分试样应用挤枪从包装容器中直接挤出注模，使试样充满模具内腔，避免形成气泡。双组分试样应按生产厂商注明的比例，在负压约 0.09 MPa 的真空条件下搅拌均匀，混合时间约为 5 min。若事先无特殊要求，应在 20 min 内完成注模和修正。粘结性和污染性试件可采用 GB/T 13477.8—2002 中试件形状，仲裁试验应采用 GB/T 23261—2009 标准图 1 的试件形状。

粘结试件数量见表 3-20。

表 3-20　粘结试件数量

序号	项目		试件数量（个）		基材
			试验组	备用组	
1	弹性恢复率		3	3	花岗石
2	拉伸模量	+23 ℃	3	—	花岗石
		-20 ℃	3	—	花岗石
3	定伸粘结性		3	—	花岗石
4	冷拉热压后粘结性		3	—	花岗石
5	浸水后定伸粘结性		3	—	花岗石
6	污染性		12	4	汉白玉或工程用石材

4. 试件养护

制备后的粘结性、污染性试件按下列条件养护：

双组分密封胶在标准试验条件下放置 14 d。

单组分密封胶在标准试验条件下放置 21 d。

在不损坏试件条件下，养护期间垫块应尽早分离。

（二）外观

产品刮平后目测。

（三）适用期

按 GB/T 13477.3—2002 中 7.3 条进行试验，喷嘴内径 4 mm，读取挤出率为 50 mL/min所对应的时间即为适用期。

（四）下垂度

按 GB/T 13477.6—2002 试验，试件在（50 ±2）℃的烘箱内放置 24 h。

（五）表干时间

按 GB/T 13477.5—2002 试验，型式试验采用 A 法试验，出厂检验可采用 B 法试验。

（六）挤出性

按 GB/T 13477.3—2002 试验，喷嘴内径 4 mm。

（七）弹性恢复率

按 GB/T 13477.17—2002 试验，试验伸长率和拉压幅度见表 3-21。

表 3-21　试验伸长率和拉压幅度

项目		类别						
		50LM	50HM	25LM	25HM	20LM	20HM	12.5E
伸长率	弹性恢复率 拉伸模量 定伸粘结性 浸水后定伸粘结性	150%	150%	100%	100%	60%	60%	60%
拉压幅度	冷拉热压后粘结性	±50%	±50%	±25%	±25%	±20%	±20%	±12.5%

（八）拉伸模量

拉伸模量以相应伸长率时的强度表示，按 GB/T 13477.8—2002 试验，测定并计算试件拉伸至表 3-21 规定的相应伸长率时的强度（MPa）作为模量，其平均值修约至小数点后一位。

（九）定伸粘结性

按 GB/T 13477.10—2002 试验，试验伸长率见表 3-21，试件破坏按 GB/T 22083—2008 中 7.3 条进行判定。

（十）冷拉热压后粘结性

按 GB/T 13477.13—2002 试验，试件的拉压幅度见表 3-21，试件破坏按 GB/T 22083—2008 中 7.3 条进行判定。

（十一）浸水后定伸粘结性

按 GB/T 13477.11—2002 试验，试验伸长率见表 3-21，试件破坏按 GB/T 22083—2008 中 7.3 条进行判定。

（十二）质量损失

按 GB/T 13477.19—2002 试验。

（十三）污染性

1. 范围

本方法规定了接缝密封胶对多孔性基材（如大理石、石灰石、砂石、花岗石）污染的加速试验程序，适用于所有弹性密封胶和任何多孔性基材。

2. 概述

本方法的试件应经受如下处理：12 个试件按 50% 压缩并夹紧，其中 1/3 试件保持受压状态放置于标准试验条件中 28 d，1/3 试件保持受压状态放置于烘箱中 28 d，1/3 试件保持受压状态放置于紫外线箱中 28 d。

试验结果目测产生的变化，用污染深度和宽度的平均值评价。

3. 意义和用途

建筑材料的污染是实际应用中不希望产生的现象。本试验方法评价由于密封胶内部物质渗出在多孔性基材上产生早期污染的可能性。由于这是一个加速试验，无法预测试验的密封胶长期使用后使多孔性基材污染和变色的程度。

4. 仪器

鼓风干燥箱：温度可控制在(70±2)℃。

紫外线箱：符合 GB 16776—2005 附录 A 规定。

"C"型夹或其他使试件保持压缩的装置。

防粘垫块。

5. 试验试件

基材尺寸为 75 mm×25 mm×25 mm，共需 24 块基材，用于制成 12 个试件。

底涂料——当生产厂商推荐使用底涂料时，则每个试件的两块基材中，一块基材加底涂料，另一块不加底涂料，试验结束后，分别记录加底涂料基材和不加底涂料基材的污染值。

在标准试验条件下按试样制备方法制备试件，把遮蔽带贴在上表面防止密封胶固化于表面，打胶后立即将遮蔽带除去。

6. 养护条件

按养护方法养护试件。

7. 步骤

1）试验准备

在容器中将符合 GB/T 9780—2005 要求的污染源 100 g 与 90 g 水调配成悬浮液，使用前应搅拌均匀。将 12 个试件压缩 50% 并固定夹紧。

2）标准试验条件

将 4 个压缩试件浸入已配置好的污染源的溶液中 10 s，然后取出在标准试验条件下放置 2 h。将试件放置于标准试验条件下，7 d 后将试件取出，擦去污染源，观察并记录试件污染情况。重复上述步骤，28 d 后取出试件，结束试验。

3）加热处理

将 4 个压缩试件浸入已配置好的污染源的溶液中 10 s，然后取出在标准试验条件下放置 2 h。将试件放置于(70±2)℃烘箱中，7 d 后将试件取出，擦去污染源，观察并记录试件污染情况。重复上述步骤，28 d 后取出试件，结束试验。

4）紫外线处理

将 4 个压缩试件浸入已配置好的污染源的溶液中 10 s，然后取出在标准试验条件下放置 2 h。将试件放置于紫外线箱中，胶面朝向光源，按 GB 16776—2005 附录 A 方法照射。每 7 d 将试件取出，擦去污染源，观察并记录试件污染情况。重复上述步骤，28 d 后取出试件，结束试验。

5）结果评价

取出试件冷却后，擦去污染源，用水冲洗表面，然后在标准条件下放置 1 d，检查试件的每个基材表面，判定表面的任何变化，测量至少 3 点的污染宽度，记录其平均值，精确到 0.5 mm。若使用底涂料，则需分别记录每个试件加底涂料基材和不加底涂料基材的污染值。

将基材从中间敲成两块，最后的基材尺寸约为 40 mm × 25 mm × 25 mm，若表面有污染，则从最大污染表面处敲开基材，测量至少 3 点的污染深度，记录测量的平均值，精确到 0.5 mm。若使用底涂料，则需分别记录每个试件加底涂料基材和不加底涂料基材的污染值。

四、检验判定规则

（一）组批

以同一品种、同一级别的产品每 5 t 为一批进行检验，不足 5 t 也可作为一批。

（二）抽样

产品随机取样，样品总量约为 4 kg，双组分产品取样后应立即分别密封包装。

（三）判定规则

1）单项判定

下垂度、表干时间、定伸粘结性、冷拉热压后粘结性、浸水后定伸粘结性的试验结果，每个试件都符合标准规定，则判定该项合格。其余项目试验结果的算术平均值符合标准规定，则判定该项合格。

2）综合判定

检验项目全部符合标准要求时，则判定该批产品合格。

外观质量或污染性不符合标准规定时，则判定该批产品不合格。物理力学性能的检验结果中有两项及两项以上指标不符合标准规定时，则判定该批产品不合格。在外观质量和污染性均合格的条件下，物理力学性能项目的检验结果若有一项不符合标准规定，用备用样品对该项进行单项检验，若合格则判定该批产品合格，否则判定该批产品不合格。

第二篇　石材装饰工程应用与验收

第四章　石材工程设计要素

第一节　石材产品应用

天然石材因其独具的美观、高雅和耐久性，一直受到建筑界的青睐。天然石材不仅经久耐用，而且取材方便，在天然石材的生产中，只有矿山开采和石材加工需要消耗能源，产生的废料又可成为人造石材、砌块、混凝土的原材料，符合我国节能、节材和可持续发展战略。天然石材主要应用在建筑地基和外围幕墙、室内墙面和地板装饰、广场路面、步道、路缘、桥梁等方面。近年来，随着城市建设的加快以及居民生活质量的提高，建筑装修越来越多地采用无公害的天然石材。因此，国内石材的需求非常强劲，这极大地推动了我国石材行业的快速发展。

一、石材应用发展概况

在石材应用方面，我国起步更晚，整体技术比较落后，快速发展是近几年的事，仍有大量技术空白需要填补。我国传统的石材应用最初主要是建筑用石，如地基、桥梁、堤坝等，使用水泥砌缝。随后出现了水磨石地面，采用碎石颗粒经水泥凝固，再经打磨抛光后作为地面装饰，使用水泥砂浆作为胶粘剂。在20世纪80年代后期，我国开始加工天然石材建筑板材，出现了“三石产品”，即大理石、花岗石、水磨石。在施工安装方面，我国一直沿用传统的水泥砂浆安装法，采用陶瓷砖的安装步骤，对石材进行墙地面安装。有些墙面安装时，为保证安全，增加了销钉和金属丝捆绑方式加固。这是我国早期落后的石材应用技术，造成石材装饰工程质量问题不断出现，石材墙地面大量出现返水、泛碱，由于水泥砂浆与石材的粘结力有限，室外石材经过几年的冻融循环后，纷纷脱落。

20世纪90年代后期，一种在石材上使用销钉和建筑幕墙龙骨进行中空连接的干挂方式在国外出现，并且逐渐引入我国，在许多工程上使用，由于其克服了水泥粘结技术的种种弊端，因而得到迅速应用。但是销钉孔会造成应力过于集中，在出现了不少石材脱落事故后，该施工方法最终还是被淘汰。然而，销钉干挂施工开拓了石材墙面干挂技术的发展历程，带动了石材幕墙安装技术的大发展。随后我国出现了不锈钢T型焊接件、Y型挂件、R型挂件，由于采用侧面开月牙形短槽连接，施工方便，成本降低，因而得到广泛应用。同时吸收国外先进的干挂技术，不断改进干挂件，出现了背栓式、背挂式、SE型等新型挂件和通槽连接等，幕墙结构也正在向生态型、舒适型和智能型方向发展。目前石材幕墙高度已达230 m，最大风载荷已达12 kPa，建筑幕墙中有70%使用了石材幕墙，大大提高了石材在建筑中的应用。

石材防护技术从20世纪90年代引入我国，经过10多年的快速发展，石材应用护理水平有了很大的提高，石材防护、保养、清洗以及石材病症治理等方面出现了许多新产品和新工艺，也积累了丰富的经验。石材防护技术是在石材表面涂刷一种憎水材料，形成防水防油保护层，避免以水为载体进入的各种污染物和油污，保障石材亮丽如新。石材防护技术的出现，解决了水泥砂浆胶粘剂对石材的污染，使石材应用工程质量上了一个新台阶，同时开拓了一个新的应用领域，即石材清洗、护理和翻新维护服务。

结晶硬化技术是石材应用和护理发展起来后出现的一门新工艺。由于大理石表面的硬度低，耐磨性差，最早使用氧化铝漆增加硬度和耐磨性，提高地面石材的使用寿命。随着国外出现的一种结晶硬化技术引入我国，将一些化学专用材料在机械的作用下借助于摩擦时产生的热量，与石材表层的结构和组织产生结合和微流变反应，从而产生新的质地较为坚硬和光亮的共混结晶层，以提高石材硬度和耐磨性。此过程称为再结晶硬化处理（re - crystallized process），可以有效地提高石材的光泽度，增加使用寿命，同时可有效地改善防滑性能。

地面石材的粘结材料在我国一直使用水泥砂浆，后期出现了素水泥施工，即在底层使用半干态砂和少量水泥的找平层，粘结层使用 107 建筑胶拌水泥形成的胶泥。防护技术的出现解决了许多污染问题，但是没能彻底解决石材的返渗和泛碱问题。而且水泥砂浆和素水泥与石材的粘结力不够，许多工程经过几个冬天就出现了开裂和脱落等现象。随着国外先进的干态水泥胶粘剂、乳液状胶粘剂、反应型树脂胶粘剂等的出现，其有效地解决了石材的泛碱和变形大等问题，在国际上被普遍采用。我国于 2007 年开始逐渐采用了先进的石材专用胶粘剂，湿粘工艺逐步取消传统的水泥砂浆材料。

二、石材的用途

目前我国有关石材的分类和主要用途见表 4-1。

表 4-1　目前我国有关石材的分类和主要用途

<table>
<tr><th colspan="5">石材的类型及制品</th><th>具体用途</th></tr>
<tr><td rowspan="10">天然石材</td><td rowspan="10">装饰石材</td><td rowspan="5">饰面石材</td><td>花岗石</td><td rowspan="4">镜面板、细面板、粗面板、异型板</td><td rowspan="4">墙地面湿贴、干挂</td></tr>
<tr><td>大理石</td></tr>
<tr><td>石灰石</td></tr>
<tr><td>砂岩</td></tr>
<tr><td>板石</td><td>剥片平面板</td><td>墙地面湿贴</td></tr>
<tr><td rowspan="5">文化石</td><td>花岗石</td><td rowspan="3">片石、毛石、石板、蘑菇石等</td><td rowspan="5">文化墙、背景墙、矮墙、铺路、盖瓦、假山</td></tr>
<tr><td>大理石</td></tr>
<tr><td>砂石</td></tr>
<tr><td>板石</td><td>板石、板状砂石等</td></tr>
<tr><td>砾石</td><td>鹅卵石、分化石、冲击石</td></tr>
</table>

续表 4-1

<table>
<tr><th colspan="6">石材的类型及制品</th><th>具体用途</th></tr>
<tr><td rowspan="22">天然石材</td><td rowspan="10">装饰石材</td><td rowspan="7">文化石</td><td rowspan="7">品石</td><td rowspan="2">抽象石</td><td>灵壁石、红河石、风砺石等</td><td>案几摆设、观玩赏</td></tr>
<tr><td>太湖石、海蚀石、风蚀石</td><td rowspan="2">园林、公园、街景等构景用</td></tr>
<tr><td>无象石</td><td>黄山石、泰山石等山石</td></tr>
<tr><td rowspan="3">象形石</td><td>大型象形山石</td><td>构成风景区的美景</td></tr>
<tr><td>鱼、鸟、草、木等化石</td><td rowspan="2">案几摆设、观玩赏</td></tr>
<tr><td>雨花石、钟乳石等</td></tr>
<tr><td>图案石</td><td>云灰、彩花等大理石及少量花岗石、砂石的平面板</td><td>屏风、背景墙、家具装饰</td></tr>
<tr><td rowspan="3">宝石</td><td>宝石</td><td colspan="2">钻石、红宝石、祖母绿、翡翠、蓝宝石、琥珀等</td><td rowspan="3">首饰、佩饰、工艺品雕刻、观玩赏等</td></tr>
<tr><td>玉石</td><td colspan="2">硬玉、白玉、碧玉及岫玉、水晶、鸡血石、玛瑙、青田石、寿山石、田黄等</td></tr>
<tr><td>彩石</td><td colspan="2">密玉、煤玉、砚石、火山玻璃、菊花石、汉白玉、部分花岗石</td></tr>
<tr><td rowspan="3">建筑石材</td><td colspan="2" rowspan="3">建筑辅料用石</td><td colspan="2">碎石、角石、米石</td><td>混凝土拌料、人造石材</td></tr>
<tr><td colspan="2">块石、毛石、整形石</td><td>基石、墙体、铺路</td></tr>
<tr><td colspan="2">河海砂、砾、碎石</td><td>建筑混凝土用</td></tr>
<tr><td rowspan="9">用品石材</td><td colspan="2">墓葬用石</td><td colspan="2">花岗石、大理石</td><td>墓碑、骨灰盒等</td></tr>
<tr><td colspan="2">雕刻用石</td><td colspan="2">花岗石、大理石、砂岩</td><td>仿古、壁画、影雕等雕像</td></tr>
<tr><td colspan="2">工艺用石</td><td colspan="2">滑石岩、叶蜡石岩、蛇纹岩、石膏岩等</td><td>工艺品雕刻等</td></tr>
<tr><td colspan="2">生活用石</td><td colspan="2">花岗岩、大理石块石、条石</td><td>石凳、石桌、茶几、屏风、烟灰缸、花瓶等</td></tr>
<tr><td colspan="2">化学工业用石</td><td colspan="2">块石、条石</td><td>酸碱、废水油、电解电镀池槽等</td></tr>
<tr><td colspan="2">工业原料用石</td><td colspan="2">海砂、辉长类花岗石、白云质岩、大理岩</td><td>玻璃、铸造、岩棉、冶金熔剂、水泥、电石等</td></tr>
<tr><td colspan="2">农业用石</td><td colspan="2">石类岩、蛇纹岩类</td><td>肥料、磨碾、水沟等</td></tr>
<tr><td colspan="2">轻工业用石</td><td colspan="2">重钙粉、轻钙粉、纳米级碳酸钙石粉等</td><td>造纸、油漆、涂料的填料，制糖、石油化工净化材料等</td></tr>
</table>

石材建筑板材分类及主要用途见表 4-2。

表 4-2　石材建筑板材分类及主要用途

名称		成分结构特征和种类	分类	性能特点	主要用途
天然石材	花岗石	主要成分为硅酸盐，岩浆岩或变质岩	一般用途	硬度高，耐酸碱、抗风化能力强，装饰效果为冷色调，庄重	适用于室内外墙面、地面、柱面、广场、路面等装饰和一般性结构承载
			功能用途	硬度、强度高，耐酸碱，抗风化能力强	地基、路基、水库等高要求结构用途
	石灰石	主要成分为碳酸钙或碳酸钙镁的一类沉积岩。商业上有灰屑岩、壳灰岩、白云岩、微晶石灰石、鲕状灰岩、再结晶石灰石、凝灰石（洞石）	低密度	密度在 1.76～2.16 g/cm^3，疏松，吸水率大，无光泽	适用于室内墙面装饰
			中密度	密度在 2.16～2.56 g/cm^3，吸水率大，不易抛出光泽，常有花纹图案	适用于室内墙地面和室外墙面装饰
			高密度	密度在 2.56 g/cm^3 以上，致密，吸水率低，可抛出光泽	适用于室内外墙地面装饰
	大理石	主要成分为碳酸盐矿物的变质岩。商业上有方解石大理石、白云石大理石、石灰石大理石、玛瑙条纹大理石、蛇纹石大理石、凝灰石大理石等	方解石	以方解石（碳酸钙）矿物为主，密度高，吸水率低，可抛出光泽，暖色调	适用于室内墙地面装饰
			白云石	以白云石（碳酸钙镁）矿物为主，常温遇酸不反应，密度最高，吸水率低，可抛出光泽，具有富丽堂皇的装饰效果	适用于室内墙地面、室外墙面装饰
			蛇纹石	以蛇纹石（硅酸镁水合物）矿物为主，绿色或深绿色，伴有由方解石、白云石或菱镁矿等组成的脉纹。硬度高，耐酸碱、抗风化，具有流行颜色	适用于室内外墙地面装饰
			石灰石（洞石）	多孔渗水分层结构，密度小，吸水率大，强度中等，具有特征纹理	适用于室内墙地面装饰，室外使用时需补洞、加固、防水
	砂岩	主要由二氧化硅（石英砂）以及多种矿物、岩石颗粒凝结而成的一种多孔隙结构沉积岩。商业上有蓝灰砂岩、褐色砂岩、石英砂岩、石英岩、砾岩、粉砂岩	杂砂岩	二氧化硅含量在 50%～90%，多孔结构，强度随结构变化大，具有独特古朴装饰风格	适用于室内外墙面装饰
			石英砂岩	二氧化硅含量在 90%～95%	
			石英岩	二氧化硅含量在 95% 以上	

续表 4-2

<table>
<tr><th colspan="2">名称</th><th>成分结构特征和种类</th><th>分类</th><th>性能特点</th><th>主要用途</th></tr>
<tr><td rowspan="3">天然石材</td><td rowspan="2">板石</td><td rowspan="2">微晶变质岩，通常大部分源于页岩，可沿层理面劈开形成薄而坚硬的石板。商业上主要有饰面板和瓦板</td><td>瓦板</td><td>弯曲强度大于 40 MPa</td><td>适用于屋顶盖板</td></tr>
<tr><td>饰面板</td><td>弯曲强度大于 10 MPa，具有返璞归真的装饰效果</td><td>适用于室内外墙地面</td></tr>
<tr><td>其他类</td><td>亚宝石级的一些石材，起点缀作用，一般不常用。诸如玉石、雪花石膏、绿岩、片岩、皂石等</td><td>—</td><td>—</td><td>用于与其他石材的连接处，起对照或突出重点作用</td></tr>
<tr><td rowspan="6">人造石</td><td>熔融烧结型</td><td>由适当组成的玻璃颗粒经烧结和晶化，制成由结晶相和玻璃相组成的复相装饰材料</td><td>微晶石</td><td>质地坚实、致密均匀同，具有颜色一致性和可选择性的特点，耐磨性差</td><td>更多适用于墙面装饰，参照采用干挂法安装</td></tr>
<tr><td rowspan="2">无机胶粘剂型</td><td rowspan="2">使用水泥为胶粘剂，利用石渣或陶粒、浮石等材料制成的装饰石材。主要有水磨石、文化石等</td><td>水磨石</td><td>工艺简单，成本低，档次较低</td><td>最早的人造石产品，家居环境逐渐淘汰，多使用在广场和特殊场合，如防静电</td></tr>
<tr><td>文化石</td><td>随意性大，可模仿任何实际图案和形状，工艺简单，成本低</td><td>广泛用于仿古建筑和装饰中</td></tr>
<tr><td rowspan="3">树脂胶粘剂型</td><td rowspan="3">使用不饱和树脂为胶粘剂，利用石粉、石渣或其他填充材料制成的装饰石材。主要有人造大理石、人造石英石、实体面材（亚克力）</td><td>人造大理石</td><td>由大理石粉和 8% 的不饱和树脂组成，具有天然大理石的特征，强度高，吸水率低，无色差等。缺点是硬度低、不耐磨，不耐老化</td><td>适用于室内墙面装饰</td></tr>
<tr><td>人造石英石</td><td>由石英颗粒和不饱和树脂组成，具有天然石材的特征，强度高，吸水率低，无色差等。硬度和耐磨有一定提高</td><td>适用于室内墙地面装饰</td></tr>
<tr><td>台面板</td><td>由树脂和石英或其他填充阻燃剂材料组成，树脂胶含量一般在 15% ~25%。具有耐污、耐磨、耐火和环保等特征，易变形。一些新型石英石台面板的树脂含量可达 6%</td><td>适用于厨房台面等</td></tr>
<tr><td rowspan="4">复合石材</td><td rowspan="3">硬质基材复合板</td><td rowspan="3">石材面材与陶瓷、石材、玻璃等硬质材料复合。主要有石材－陶瓷复合板、石材－石材复合板、石材－玻璃复合板</td><td>石材－陶瓷</td><td>规格化生产，施工便利</td><td>适用于家居的墙地面装饰</td></tr>
<tr><td>石材－石材</td><td>经济，低档石材，具有高档石材的装饰效果</td><td>适用于室内装修</td></tr>
<tr><td>石材－玻璃</td><td>具有透光性</td><td>适用于前台、柱面等发光装饰</td></tr>
<tr><td>软质基材复合板</td><td>石材面材与铝蜂窝、树脂等柔性材料复合。主要有石材－铝蜂窝复合板</td><td>石材－铝蜂窝</td><td>具有天然石材装饰效果，质量轻，具有弹性变形</td><td>适用于室内外高层装饰、吊顶等特殊场合</td></tr>
</table>

天然石材表面各种加工工艺特征和通常用途见表4-3。

表4-3 天然石材表面各种加工工艺特征和通常用途

工艺种类	工艺说明	特征与用途	说明
抛光	在生产过程中使用抛光磨料或抛光粉得到有光泽的、平滑的表面。这种工艺显示出了石材的全部颜色和强烈的明暗差对比及特征	具有强烈的镜面效果，适用于室内外墙地面	表面光滑，沾水后防滑系数低。经常行走或暴露在露天易擦伤、磨损或风化，光泽度会下降，需要保养
细磨	在生产过程中使用磨料将石材表面打磨平滑，低光泽或无光泽	具有柔和的视觉效果，适用于室内外墙地面，也用于窗台、黑板或专业游泳池的地面	不需要强烈的反光效果
喷砂	通过高压气流或高压水流将砂喷射到石材表面形成不光滑的表面，无光泽	有防滑作用或装饰效果，可减轻色差影响，与镜面石材具有不同的外观效果，适用于室内外墙地面	—
水喷	高压水流喷射到石材表面形成不光滑的表面，无光泽	防滑，具有古朴的装饰效果，适用于室内外墙地面	—
仿古	用研磨刷将石材表面打磨成无光泽的不光滑表面	多用于大理石，防滑，具有古典的装饰效果，适用于室内外墙地面	也可采用振筛或滚筛将表面和棱角磨圆滑
酸蚀	用酸对大理石和石灰石等表面腐蚀后形成自然风化面	适用于大理石和石灰石的防滑，具有仿古等装饰效果	由于会对石材产生长期影响，不建议多用
火烧	用火焰喷射表面引起结晶爆裂而形成粗糙的表面	能提供良好的防滑保护，适用于花岗石墙地面	颗粒结构明显的石材效果会更佳，但破坏了表层结构，物理力学性能会下降，需要加厚
劈裂	沿着层里面或表面劈开而产生自然表面	具有自然的装饰效果，适用于板石室内外墙地面。花岗石劈裂面用于墙面具有厚重的效果	花岗石劈裂面常称为蘑菇石
其他	如剁斧面、琢石面、粗锯和刀具切割面	具有特殊的装饰效果，适用于室内外墙地面	特殊需要

第二节 石材工程设计综述

为了得到一个良好的石材装修效果，除合格的产品和正确的安装外，还应注重石材装饰工程的设计和各种相关材料的选择，重视各种石材品种及其适用范围和安装工艺、做法的选择，避免因石材天然特性引发工程相关问题。石材种类不同，性能也相差较大，尤其是不同品种之间或同种品种不同矿点和层面石材性能也各异，有时切割方向也会造成花纹和强度不同。应根据用途合理选用适当的石材种类和品种，不应单纯地以外观好感选取。

一、石材设计选用要点

（一）天然石材

石材是天然装饰材料，使用者应适应石材的天然属性，深入了解其结构特征、物理力学性能及主要化学成分，以确定其适用范围。

天然石材小块效果与饰面整体效果会有差异，有时差异会很大，故不能简单地根据单块样品的颜色、花纹来选定产品，应考虑大面积铺贴后的整体装饰效果，这通常需要借鉴既有工程的饰面效果。同一矿山生产出的石材，尽管从其建筑装饰效果上看没有什么不同，但由于开采时的矿层深度不同，其岩石生成条件不同，理化性质也可能有很大差异。设计时选定的石材，应考虑与施工到货的石材其理化性能、外观是否相近，需要封存样板。当批量订货很大时，即使是同一时期供货，也可能是从不同矿层上开采出来的性质有所不同的石材。更何况有的矿体不是整体形成的，而是球状、柱状等矿体，其里外的“天然性质”相差甚大。由此可知，当选用大块石材作外饰面时，建筑师必须了解石材，而要了解石材又必须先了解矿山，要从矿石荒料开始控制。

无论哪种天然石材，都会涉及色差问题。当一个品种铺装在面积较大的同一平面时应尤为注意。色差反应在具体的石材品种上程度是不同的，有的石材品种近千平方米不会有问题，而有的品种几十平方米也得不到保证（特别是某些红色花岗石）。这也是选择石材最初应考虑的问题。因此，矿山开采时，对荒料要排序编号，加工后石材供应商在出厂时也应对石材进行排序编号，石材到达工地安装时按照供应商提供的编号和码单顺序安装，这样石材即使有色差也会因渐渐的过渡，整体上看不太明显。

天然石材的装饰效果，主要是通过色彩花纹及表面处理来表现的。严格地讲，只有在同一矿床、同一矿层上开采的石材，其颜色、花纹等才是相近的，尽善尽美的石材是不存在的，色差和各种缺陷是不可避免的。建筑师从美学角度选择板材的颜色、花纹时，必须了解施工供货时的品种能否与设计选样时的相近。而在安装时，必须做挑选或试铺，尽可能使色调、花纹一致，或者就近安装，或者利用颜色的差异，使其逐次变化，或者构成图案。切忌杂乱无章，顺手牵来，胡乱铺砌。用石材做外饰面时，有抛光、磨光、火烧、凿毛、剁斧、喷砂、仿古等不同工艺处理，使得同一种石材也呈现出不同的装饰效果。近年来，随着工艺及技术不断改进，出现了各种不同的饰面形式，即使同一块板上也可做出不同的饰面，丰富了天然石材的表面装饰效果，也给设计提供了更大的范围。

干挂石材中组合件各部位均应设置单独的挂件连接点。过于小的部件无法安装干挂件时应采用金属件和环氧型胶粘剂与相邻主件连接,不能单独采用结构胶粘结。石材湿贴时填缝剂选用水泥基填缝剂或反应型树脂填缝剂,石材地面宜采用反应型树脂填缝剂。湿贴法施工不允许采用对接接缝,避免引起石材病变并导致石材的剥落。石材规格尺寸应尽可能选用规格化板,有利于降低成本,提高出材率,节约资源。有特殊需要时应采用适宜加工和安装的规格,尽可能采用相同规格、大小搭配规格和较少的规格型号,以便于批量生产和安装更换。地面的防滑性能用摩擦系数表示,涉及人身安全,国外列为强制性要求。当地面摩擦系数达不到使用要求时,应对石材表面做防滑处理。

石材质量的评价内容包括颜色、花纹、光泽度、强度、结构构造、放射性等。颜色和花纹是主要评价指标,决定石材市场价格。花岗石石材的品种,高、中、低档石材的划分没有严格的界限,主要以颜色和花纹确定。花色评价的原则是颜色鲜艳、流行或有特殊花纹(条纹)的等级较高,一般普通的等级较低。目前将花岗石及大理石花色的等级依次划分为:

花岗石:蓝色—绿色—黑色—纯白色—红色—黄色—紫黄色—灰白色—灰色;

大理石:绿色—红色—米黄色—黑色—白色—灰色。

但以上划分并不是绝对的,任何一种花色由于其有特殊的花纹、纯净程度或当前是否流行等,都可能有名品产生,所以花色等级只能作为参考,不能作为优质的唯一标准。就目前世界各国来说,普遍喜欢红色、黑色系列,蓝色、绿色系列产地不多,属罕见品种。以上品种目前均属高档花岗石石材,价格比一般花岗石浅色品种高出 1 ~ 2 倍以上。中、低档难以区分,统称中低档石材较为合适。常见的品种以浅色为主,各花岗石生产国都有,因此价格较低。大理石的整体价格水平高于花岗石。

天然板石豪华贵重不如花岗石,晶莹亮丽不如大理石,但在回归自然的流行趋势下,因其价格便宜,广泛采用湿贴法用于别墅、餐饮娱乐场所的内外墙以及卫生间等。

随着建筑装饰行业追求自然理念的流行,纹理绚丽多彩、极富装饰性的砂岩,在装饰石材中受到重视。砂岩分海砂岩和泥砂岩两种,海砂岩的石材成分结构颗粒较粗,硬度较泥砂岩硬,空隙率比较大,较脆硬,作为石材工程,装饰装修用板的厚度大多为 15 ~ 20 mm,主要品种有澳大利亚砂岩、西班牙砂岩;而泥砂岩比较细腻,硬度稍软于海砂岩,花纹变化奇特,如同自然界里树木年轮、木材花纹、山水画,是墙面石材的上好品种。砂岩因其内部构造空隙率大的特性,具有吸声、吸潮、防火、亚光的特点,适用于具有装饰和吸声要求的影剧院、体育馆、饭店等公共场所,甚至可省去吸声板和拉毛墙,是一种环保、绿色的建筑装饰材料。

(二)人造石

人造石是一种新型的节能、节材、废物利用产品,应用时间较短,在工艺和技术方面还在不断的摸索和提高,不同企业间的工艺和质量差异很大,使用不同品牌和不同配方的胶粘剂也会有不同的产品性能,不同的产品和使用环境条件也会对应不同的问题。因此,在选择人造石时,一定要结合工程实际情况,合理选用,严格把关,方可避免许多问题。

由于人造大理石和人造石英石中主要的胶粘剂为不饱和树脂胶,对水较敏感,遇水容易出现变形,变形量与树脂胶含量和品质有直接关系,因此在有水的地方避免使用人造石,同时在人造石施工时不宜使用普通水泥砂浆粘结,应使用专用的胶粘剂。

碱性物质会破坏不饱和树脂胶粘剂,因此人造石避免使用在碱性条件下,避免使用水泥砂浆。不饱和树脂胶粘剂的耐紫外线老化能力差,因此人造石目前还不适用于室外。由于人造石热膨胀系数大,比天然石材大一个数量级,因此施工时要留出足够的伸缩缝,并填充弹性填缝剂。

由于相互竞争的影响,人造大理石和人造石英石的价格一直在下滑,一般每平方米的价格在 100 ~200 元,人造石英石台面板每张板价格在 2 500 元左右,文化石每平方米的价格在 100 元左右。

(三)复合石材

了解选用石材的理化性能和使用部位及功能,选择适当的基材。根据工程要求和墙地面使用状况,确定石材面层厚度。用于墙面的面层厚度一般在 3 mm 以上,用于地面的面层厚度不应低于 5 mm。胶粘剂一定要符合要求,要求提供全项质检报告,不能将不饱和树脂胶粘剂用于石材粘结。

石材 - 铝蜂窝复合板的平整度变形较大,要根据设计需要,从安全和外观装饰效果方面给出最大的变形系数,在试验的基础上,确定挂点布置和最大尺寸。保证在所处环境条件下,最大变形符合设计要求。面材有特殊要求时,一定要由供需双方协商后,列入设计要求。

复合板是一种新型的节材产品,应用时间较短,在工艺和技术方面还在不断摸索和提高,不同企业间的工艺和质量差异很大,使用不同品牌和不同配方的胶粘剂也会有不同的产品性能,不同的石材面材也会对应不同的问题。因此,在选择石材复合板时,一定要结合工程实际情况,合理选用,严格把关,方可避免许多问题。石材 - 陶瓷复合板、石材 - 石材复合板一般采用湿贴法安装,安装方法和注意事项参照湿贴石材;石材 - 玻璃复合板一般按照玻璃幕墙方法安装;石材 - 铝蜂窝复合板一般采用干挂法安装,相关事项参照干挂石材。复合工艺比较完善的是大理石面材的石材,质地致密细腻的黑色花岗石也可很好地进行复合。目前的工艺还解决不了大颗粒花岗石超薄板的加工和复合。产品应及时在现场抽样送检,以保证大量供货时使用了符合要求的胶粘剂。

石材复合板面材出材率是普通建筑板材(20 mm 厚)的 2 ~3 倍,可以大大节约石材资源。计算基材、胶粘剂和加工成本后,对于普通石材经济性不明显,甚至成本会增加;但对于高档进口石材,尤其是资源趋于枯竭的名贵石材,经济性是非常明显的,例如莎安娜米黄、西班牙米黄大理石等。复合石材对于颜色、花纹变化比较大的石材也可有效地提高应用质量,颜色、花纹基本一致的一颗或几颗荒料即可完成一个装饰面,大大降低色差等工程质量问题。对于高层或特殊环境要求质量轻的石材装修场合,软质基材的石材复合板是绝佳的选择,已经有成功的工程案例。

二、施工安装选择

建筑装饰工程中石材主要应用在地面、墙面、柱面和台阶等的装饰上,以粘结法和干挂法两种安装方式为主,各有不同的侧重点,从设计开始就应有不同考虑。台面板属于异型加工石材,一般多采用粘结法。

地面石材安装宜采用粘结法施工，室外墙面和柱面石材宜采用干挂法施工，板石在墙面和地面施工时应采用粘结法。板石具有很强的层理面，剥离性很强，干挂法安装容易出现层面脱落现象，湿贴法相对安全，但在较高位置施工时，应考虑留出足够的隔离区。

墙面石材采用粘结法施工时，应根据实际需要和胶粘剂的性能考虑安全性问题，必要时采用金属丝捆绑或斜插成对相互反向的钢销加固，尤其是较高位置。这是国外先进国家普遍采用的一种方式，一种安全措施。

当石材板材单件质量大于 40 kg 或单块板材面积超过 1 m^2 或室内建筑高度在 3.5 m 以上时，墙面和柱面应设计成干挂安装法。

对于超出施工规程一般范围且没有成功石材应用工程范例借鉴的设计项目，应组织建筑师、结构工程师、石材专家、材料供货商等进行现场论证后确定。专家意见的特殊性就是建议达到一个可靠的安装，有下列情况之一时应听取专家意见。

(1)复杂连接或未知的、有疑问性能记录需要考虑或确定。

(2)指定系统和材料的性能记录不知名或有疑问。

(3)多重的覆盖材料用在同一正面。

(4)如果挂件或支撑结构易弯曲变形在任何方向超过 $L/600$。

(5)如果地震、飓风、温度或安装和操作方法导致极限载荷。

(6)当盛行特殊建筑模式条件时。

(7)如果石材行业出版物或设计说明书的规定与本规范不同。

第三节　粘结法施工设计

一、石材的选择

选择石材品种及胶粘剂时应考虑石材的稳定性，某些石材在接触到水分时会变形，从而出现翘曲和空鼓等问题。湿贴法应避免使用这类石材，否则应采用树脂基胶粘剂或专用胶粘剂。

选择石材品种时应考虑石材的坚固性。比较易碎的石材，则在铺装前和铺装过程中都要对它们进行进一步的增强加工。大理石和石灰石在生产过程中一般会在背面粘贴玻璃纤维网布，简称背网，主要用于生产和运输工程中的加固作用，防止破损，在施工时一般要铲除背网。一般性的背网使用不饱和树脂胶，强度有限，不仅影响石材与水泥基胶粘剂的粘结力，而且易受到碱性物质的腐蚀造成石材的脱落，因此仅限于石材生产和运输中使用，施工时要铲除。坚固性差的大理石和石灰石背网施工时宜保留，但必须保证背网胶粘剂与石材的胶粘原强度不低于 1.0 MPa，并且与胶粘剂的粘结力满足要求。这种条件下要使用增强型背网，使用环氧树脂胶粘剂，否则达不到要求。剔除背网和背胶的石材，应补刷底面型防护剂且按规定进行养护。

选择的天然石材产品除要符合相关产品标准外，在地面设计时还应考虑表 4-4 的各种因素。湿贴法在刚度较小的墙体上和强震区应尽量避免使用。室内、外地面用湿贴石材对物理性能的主要要求见表 4-5。室外地面用天然石材和室内潮湿环境下用天然石材，对化学成分也有一定要求，如氧化铁、硫化铁、炭质成分、无机盐及黏土等可造成锈斑，应对这些成分的含量提出要求，或加强对石材的防护处理。

表 4-4　地面石材设计考虑因素

项目	要求	试验参照标准
材质一致性	石材的花纹、色调、纹理图案、质地结构的天然变化必须考虑，避免实际供货造成的明显色差	GB/T 19766 GB/T 18601
通行状况	轻负重区域指低密度的人行走通行，例如在家庭和办公室；重负重区域指那些高密度人行走通行的地方以及有重负荷出现的地方，如工业区和商业区	
耐磨性	花岗石的耐磨度高，因此在地面使用时，选择石材只限于选择硬度高的大理石和花岗石。选择地面石材时最小耐磨度宜为：公共场所（如客厅、楼梯和门口、商场和大型快运系统车站）为 10 ~ 12 cm^{-3}；行走少的住宅场所为 8 cm^{-3}。为了预防不均衡的磨损，如果同时使用不同的石材，它们之间的耐磨度差不能大于 5 cm^{-3}	GB/T 19766
防滑性能	石材地面防滑要求应符合 JC/T 1050《地面石材防滑性能等级划分及试验方法》的规定，防滑系数符合相应的规定。石材应根据使用场合和不同要求选择不同的表面工艺达到防滑规定，镜面、亚光面、细面板材若达不到防滑要求，应采取防滑材料进行必要的处理，以达到规定的要求	JC/T 1050
厚度	石材板材必须有充分的厚度才能承受住行走和冲击带来的负重。地面天然石材的最小设计厚度为 20 mm，墙面湿贴天然石材的最小设计厚度为 10 mm。同一品种的石材因为厚度不同也会出现色调的差别，因此同一装饰面宜采取同样的厚度	GB/T 19766 GB/T 18601
化学稳定性	避免使用含不稳定矿物的石材，以免影响石材的使用寿命，出现污染和病害。必要时进行岩矿鉴定和成分分析，以便确定潜在的不稳定的矿物，如云母和黄铁矿等	—
横向变形	在柔韧性基面上，需要考虑横向变形能力，弯曲弹性模量	—
耐久性	暴露于高湿地方，如浴室、室外和地面的石材必须在盐结晶破坏和风化方面评估它们的耐久性	—
放射性	放射性核素含量较高的石材，不宜大面积用在室内	GB 6566
供货企业	企业的石材供应组织能力、统筹使用能力、加工能力、产品加工质量和服务质量能满足工程需要	—

湿贴石材应做好六面防水处理，增强防水、防油污能力。尤其是底面，应采用专用底面型防护剂，避免粘结强度下降。一般来说，对深色石材，在防护处理时要特别注意泛碱

问题；对浅色石材的防护处理，必须注意防止锈斑。

表 4-5 室内、外地面用湿贴石材对物理性能的主要要求

使用场所	体积密度	吸水率	压缩强度	冻融抗压强度	弯曲强度	弹性模量	热膨胀系数	抗冲击强度	耐磨性	硬度	摩擦系数
室外地面	●●	●●	●●	●●●	●●	—	—	●●●	●●●	●●●	●●●
室内地面和楼梯	●●	●	●	—	●●	—	—	●●●	●●●	●●●	●●●

注：1. —表示不重要；●表示不太重要；●●表示重要；●●●表示很重要。

2. 选用时可依据其重要性，对石材性能要求适当调整。

应根据使用的场合确定选用的天然石材品种和表面处理工艺。在人流量大的场所，选用表面磨光的处理工艺比镜面抛光的处理工艺要经济合理。当用于磨损量大的场所，如车站、机场、大型百货公司等时，宜选用硅质石材，如花岗石。由于其耐磨度和硬度高，可选用镜面抛光处理工艺。也可选用密度较高、耐磨度较好的大理石、石灰石等，宜做磨光处理。如要求达到镜面抛光效果，宜对其表面进行结晶硬化处理，加光加硬。结晶硬化处理适用于大理石、石灰石等以碳酸钙为主要成分的石材，用于花岗石效果不显著，还有可能产生不同的化学反应。低酸值的表面处理剂会带来更佳效果，而劣质产品有可能对石材造成破坏。当用于中等磨损量的场所，如银行、公共建筑酒店大堂等时，优先选用耐磨度≥10 cm^{-3}的花岗石、大理石、石灰石等镜面抛光石板，但耐磨度不宜<8 cm^{-3}。不应选用软质石材或易碎的石材。在磨损量较小的场所，如家庭，可选用耐磨度较低的镜面抛光石板。

选择石材时应了解各种石材的特性和适用范围，各种加工工艺应用的场合，结合工程实际用量，从石材荒料开始选择。工程用量不大或无法从荒料开始选择时，应从毛光板选择开始。每个工程应以实物样板作为标准封样，供工程各方参考和鉴定。

选择石材时应要求生产企业提供相关产品的性能信息，包括稳定性，并对专业产品提供担保。同一品种较厚时石材变形较小，要根据具体变形选择相应的专用胶粘剂，以免发生铺装质量问题。许多大理石和水泥基或是树脂基的人造石稳定性都差。一些石材品种对潮湿具有很强的敏感性，尤其是薄板或大规格板材，遇到外界水或胶粘剂中的水会发生变形和翘曲，导致平面度发生变化，会引起铺装上的质量问题。选择石材品种及胶粘剂时应考虑石材的稳定性，石材变形和胶粘剂种类之间的关系参考表 4-6。

表 4-6 石材变形和胶粘剂种类之间的关系

类别	A 类	B 类	C 类
变形（在规定条件下 6 h 之内）	<0.3 mm	0.3～0.6 mm	>0.6 mm
相应的胶粘剂	标准胶粘剂	快干和高粘结力胶粘剂	无水反应型树脂胶粘剂

胶粘剂的种类以及选用原则参考本书附件 A 和附件 B 的要求。

二、粘结层

粘结层材料分为胶粘剂和砂浆,即粘结层和抹平打底层。

(一)胶粘剂

石材胶粘剂应选用专用胶粘剂,不宜使用普通水泥砂浆直接粘结石材。

胶粘剂的选择应考虑以下方面:

(1)石材的种类。对潮湿敏感的石材,胶粘剂就不能将潮湿释放给石材,应选择快干型或树脂基的材料。

(2)基面类型。考虑地面和墙面的各种基面类型和它们的特性以及工程实际要求确定装修体系材料的选择。

(3)胶粘剂的使用性能。晾置时间的要求要符合现场使用的需要,要考虑到现场条件和标准实验室之间的差别。

现场条件和工艺之间最差结合时粘结强度应保证能满足要求,应考虑坚固性、耐久性以及水浸后和热老化后的粘结强度,墙面和地面以及不同用途时对粘结强度的要求。胶粘剂层的厚度一般限制在 2 ~ 6 mm,随石材的尺寸大小而变化。胶粘剂层的厚度也取决于基面的平坦性和石材厚度的一致性,以保证石材装饰面的平整。轻负重地面粘结层的选择也要取决于基础条件,重负荷区域,要充分保证粘结性以及地面是非常密实的。

(二)抹平打底层

地面基础条件不能使用分层的水泥砂浆。钢筋混凝土地面要求抹平,现场配料的抹平层厚度一般为 40 mm,最低厚度不得低于 25 mm;抹平层厚度在 50 ~ 75 mm 时,应采用非氧化性网格增强。砖石墙体要求加固。钢筋混凝土墙体如果水平和垂直方向都能满足规定的条件,只需适当的底涂剂,就可直接粘贴石材,否则,就要求打底抹灰。特殊墙体应根据施工单位的推荐进行。现场配料打底的厚度应当不大于 20 mm,否则要增加非氧化性加筋金属板条筛网,并在抹灰之前锚固进基面。

三、填缝剂接缝

填缝剂选用水泥基填缝剂或反应型树脂填缝剂,石材地面宜采用反应型树脂填缝剂。水泥基填缝剂和反应型树脂填缝剂都有着适宜的细度和稠度,能够适应任何设计接缝宽度,很好地将接缝填满。石材地面采用反应型树脂填缝剂,可以有效地防止污染和黑缝的出现,便于清洁。

对于花岗石和大理石镜面板材,可以设计 1.5 mm 的窄接缝;对于质感粗或劈裂加工的石材,采用的最小接缝宽度为 6 mm。不允许采用对接接缝,避免引起石材病变并导致石材的剥落。

现场配料填缝剂中的砂子应符合使用要求。对于窄缝和大理石类石材,可以使用无砂填缝剂。选择填缝剂应参考表 4-7 的技术要求。

表 4-7　填缝剂选择要求

项目	要求	试验标准
使用特性	清洁时间，服务时间，适用期	JC/T 1004
抗缩性	能够预防本身或者与石材之间破裂	JC/T 1004
耐磨性	能承受地面重负重通行的磨损	JC/T 1004
压缩强度	足够承载作用在其上的最大压力	JC/T 1004
吸水率	吸水率低，易于清洁污迹	JC/T 1004
化学强度	特殊使用场所的耐化学性，如化工厂等	JC/T 1004
着色性	对石材的污染性能和相容性	—

四、伸缩缝

在大面积连续的范围内，或者在靠近建筑物构件之间（例如砖墙和混凝土柱子）和不同的基面之间，应该考虑伸缩缝，提供适当的活动范围。接缝有以下两种形式：

（1）在建造时和后来锯切形成的原位置接缝，被嵌条和背衬条填充，并且被适当的密封剂密封。

（2）预制伸缩缝，在铺装石材之前被安装好。

接缝中的背衬条材料和所使用的密封剂应该是相容的，具有柔韧性和可压缩性，并且不会被密封剂粘结的材料。

密封剂应当能够适应伸缩量而不会降低接缝边缘的粘结性能，能够经受得住安装现场的正常环境条件的考验，如憎水性和施工现场使用的紫外线灯光。

溶剂型有机密封剂不能用于天然石材装修工程，避免油污污染。沥青涂敷材料也属于此类，但有时可以用做接缝背衬。

设计时应当详细说明伸缩缝并指出在图纸上的位置和细节，以及具体规定。表 4-8 为一般伸缩缝的定位和接缝的适宜宽度。

表 4-8　一般伸缩缝的定位和接缝的适宜宽度

接缝的位置	最小接缝宽度
1. 结构性伸缩缝应贯穿抹平层/打底层、胶粘剂和石材铺装层。如果基础结构上的接缝不是直的和不是平行的，或者它们的设计方案和石材板材的设计方案不吻合，应当求助于设计师进行现场指导	应满足结构性接缝要求
2. 石材区域受限制的地方，如与柱子、桁条、路缘和天花板衔接的地方	室内为 5 mm 室外为 12 mm
3. 在基面改变定位线的连接处，如在凹面墙的拐角处；或基面改变材料的地方，例如在常规黏土砖和各种混凝土砌块之间的改变处	
4. 在连续宽大面积上装修石材时，室内每 50 m^2、室外每 25 m^2 处，跨度的长度不得超过相应宽度的两倍	室内为 3 ~ 5 mm 室外为 10 ~ 12 mm

五、防护

石材装修工程中,防护是对石材的正常保护措施,是防止水和有机物以及其他表面污染物进入石材造成各种损害的有效方法,天然石材宜采用中性石材防护剂。防护不当造成石材常见的问题主要有:各种水渗入石材后表面呈现的水斑;雨水和基层水挥发时产生的碱析使石材表面出现白华现象;石材内铁质元素在水的作用下进一步氧化和扩散产生的泛黄或黄斑;由于潮湿等原因使大理石产生胀裂而出现的孔洞和裂纹;油性物质、茶水、饮料等渗入石材产生的污染等。

不论是水剂型防护剂还是溶剂型防护剂,由于其主体结构或有效成分含量不同,形成的系列化产品,其功效也不同,有各自的适用范围。应根据防护剂性价比、功效比结合的原则,审慎选用防护剂的品种类型。

(1)应分清是饰面型还是底面型,不能用错部位。

(2)根据石材铺装的位置和可能出现的污染选择。

①湿铺石材:应选择防水性、耐酸性、耐碱性及渗透性好的防护剂。

②外部用石材:应选择防水性、耐紫外线老化性好的防护剂。

③厨房地面:应选择防水性、耐污性好的防油型防护剂。

④居室客厅、酒店大堂地面:应选用渗透型(切忌选用密封型)防水性、耐污性好、有害物质少的防护剂。

(3)根据石材的品种(花岗石、大理石、石灰石、砂岩、板石等)、化学成分(石材本身的含铁量、含硫量、含锰量和其他杂质的多少)、外表面(抛光面、粗磨面、火烧面、凿毛面、刨切面)、石材的吸水率大小、石材颜色的深浅,选择相宜的保护剂。

(4)由于天然石材的差异性很大,必须对选用的防护剂用小样测试,做效果验证,以确认防护效果和颜色变化是否可以接受,以及在某些致密的抛光板表面是否成膜,待了解清楚,再行决定是否采用。

(5)应根据天然石材吸水率的大小确定防护剂的用量,使石材表面的防护剂饱和并渗入材料内部。若用量不足或材料表面不干燥,形成渗透不足,会引发石材病症,达不到防护效果。

粘结法施工尤其应重视石材的防护,应保证表面、底面和侧面有充分有效的防护处理。粘结法施工石材将承受表面、侧面和底面的多重污染。表面主要有直接的水接触和各种污染物的侵蚀;侧面将承受来自接缝表面和地面的水侵蚀以及密封材料的污染;底面则主要承受来自基层、抹平层/打底层和胶粘剂中的碱性水的侵蚀。石材的防护分为表面、侧面和底面六面防护。表面和侧面防护要求有较高的防水效果和防污能力;底面则要求有较高的防碱性水能力,并且不得过多地削弱胶粘剂对石材的粘结性能。所用的石材防护剂应符合第二章的要求。

工作现场的石材防护剂产品应有出厂合格证和使用说明书,必须进行现场抽样或见证取样,并在其所使用的石材品种上进行各项性能复检,满足要求后方可进行施工。石材产品在全部生产加工程序完成后应进行全面清洁,烘干或晾晒至干燥后方可进行防护作业。作业方法应按照防护产品使用说明要求进行,可采用自动设备或手工方法进行防护。

粘结施工石材除在装饰面和四个侧面涂刷饰面型防护剂外,还需在石材的背面涂刷专用的底面型防护剂。石材涂刷完防护剂后应在阴凉、干燥、通风的地方养护 48 h(如果在养护完毕后发现石材表面有残留物,应及时清除),养护期间不得接触污染性物质,如水、油污等。

工程施工现场如能满足规定条件,防护作业也可以在工程施工现场完成,应按照上述程序进行。在工程施工现场对石材进行局部加工修整后,应按要求在加工处补刷相应防护剂,作业前保持石材板材的清洁,作业后保证养护期及条件,并且不受到污染。

防护剂绝非建筑防水材料,对石材的各种污染问题仅起到延缓和暂时的保护,不是一劳永逸的安全保障。石材防护剂的有效期一般不超过 5 年,石材工程正常使用 5 年或在防护剂保质期到期内应至少涂刷相同性质的防护剂一次。石材防护剂价格因石材品种、防护剂品牌、防护剂有效成分、厂家不同而相差较大,一般每平方米石材防护价格在 10 元以上基本可保证防护效果和质量。

在选择相关材料时应避免那些对石材有污染和损害的材料。例如现场浇筑的混凝土地面和墙面,应至少在这些构件养护 4 周后才能进行石材的施工,避免基层的潮湿传导给石材;凝聚胶粘剂的混合水必须严格按照要求进行配比,避免多余的水传导给石材。经常被水泡的地方在石材施工前应做好底层防水处理,防护剂应选用透气性好的材料,并且在试验的基础上选用。

六、防滑

地面防滑在国外均有相应的要求,安全系数为 0.5 得到许多国家的认可,特别是美国以法律的形式进行了规定。但是安全系数的试验方法却不统一,美国是以最大静摩擦系数来表示,鉴定工作指定以詹姆士机的结果为准;欧洲则以摆锤式试验机测定摩擦能量损失,给出了一个相对范围。还有其他的试验方法,均有各自的道理,相互间都不认可。

我国陶瓷行业的防滑试验方法参照采用了欧洲标准的方法,但未给出具体的防滑性能指标要求。我国的一些地方工程标准中也沿用了陶瓷行业的试验方法标准检验石材,并规定了防滑分级和应用场合及适用范围。

石材地面防滑性能标准在研究了各种试验方法的基础上,简化了美国 ASTM 防滑标准步骤和试验机内容,在大量试验的基础上确定了防滑分级和具体指标,规范了地面石材的防滑方面的要求。

镜面石材在干燥的条件下一般可以达到水平地面的安全防滑系数,但是在湿态条件下会低于水平地面安全防滑系数,这需要长期保持地面干燥的工作状态。长期存在湿态的环境下,不宜使用镜面石材。镜面石材在干态和湿态下均达不到非常安全的防滑性能指标,因此斜坡地面不能直接使用镜面石材,应采用适当防滑处理。室外石材地面不宜使用镜面石材。

现有的防滑处理剂一般都采用酸蚀,使表面粗糙,达到防滑效果。但对于重负荷的公共场所,这类处理以及粘贴防滑条、防滑线均不适用。直接的方法是设计成粗面石材或亚光面石材,或者在镜面石材上打磨出粗面(亚光面)条和带,以达到防滑目的。

对大理石、石灰石等进行的结晶硬化处理会提高地面石材的防滑性能。亚光面石材在经受长期的踩踏磨损后，防滑性能会下降，因此应定期检查防滑状况，必要时应重新进行打磨处理。

第四节　干挂施工设计

石材和它的支撑系统构成建筑物外层的一部分，因此要与其他连接系统的功能和性能相容，例如幕墙和龙骨。

一、材料选择

（一）石材

幕墙（外墙）石材宜采用花岗石类石材，可采用坚固性好的大理石、中密度以上的石灰石、强度高的砂岩。采用疏松和带孔洞石材时，应有可靠的技术依据。一般而言，二氧化硅（SiO_2）含量高的石材如花岗石，有较高的强度和耐酸性、耐久性，适用于外墙；含氧化钙较高的石材，如石灰石、大理石，当空气潮湿并有二氧化硫时，容易受到腐蚀，适宜用做内墙，用做外墙时表面应做可靠的防护处理。

室外使用的镜面板材依据优质工程经验推荐的最小厚度：花岗石不低于 25 mm，坚固性好的大理石、高密度石灰石以及洞石不低于 30 mm，有纹理的砂岩和中密度石灰石不低于 50 mm。建筑幕墙使用大理石或弯曲强度超过 8 MPa 的其他石材（非花岗石、大理石类）时，板材厚度不低于 35 mm；弯曲强度超过 4 MPa 的其他石材，板材厚度不低于 40 mm。室内使用的镜面石材最低厚度不得低于 20 mm。

粗面石材建筑板材的公称厚度在镜面板材厚度的基础上增加不少于 3 mm。圆柱采用圆弧板拼接时每圈不得少于 3 拼，弧面半径较小时应增加拼接板数量。当选用较大尺寸的板材时，在外力作用下的安全性，必须引起足够的重视。石材使用的环境（部位、场所）不同，对其物理性能和化学成分的要求也不相同。当建筑地点确定后，应确定其使用条件，如有无抗震要求、当地风力、施工季节、板材拼接后的应力是否过大、减小应力是通过缩小板材尺寸还是加大板材的厚度等，再合理地确定石材所应满足的性能。

内、外墙用干挂石材对物理性能的要求见表 4-9。外墙用的石材对化学成分也有一定要求，如氧化铁、硫化铁、炭质成分、无机盐及黏土等成分可造成泛黄、锈斑等问题，应对这些成分的含量提出要求，或加强对石材的防护处理。对致使热膨胀系数高、导热导电率高的物质含量，也应加以限制。

表 4-9　内、外墙用干挂石材对物理性能的要求

使用场所	体积密度	吸水率	压缩强度	抗冻系数	弯曲强度	弹性模量	热膨胀系数	抗冲击强度	耐磨性	硬度
外墙装饰	●●	●●	●●	●●●	●●●	●●	●●	—	—	—
内墙装饰	●●	●	●	—	●	—	—	●●●	—	—

注：1. —表示不重要；●表示不太重要；●●表示重要；●●●表示很重要。

2. 选用时可依据其重要性，对石材性能要求适当调整。

当某一花色品种的外饰面大型板材，虽强度较低，但其颜色、花纹为设计创意所追求，难以替代，在经济允许时，可采取在石材背面补强的办法，以达到设计使用要求。通常补强的办法有两种，一种是采用渗透性极强的树脂类化学分子注入石材结晶格子间隙补强（环氧树脂类适用于花岗石，聚酯树脂类适用于大理石），以增加石材的机械强度、表面硬度和修补板材缺陷；另一种是采用石材强力网（尼龙网或玻纤网）用胶粘剂贴于石材背面补强，提高石材的抗弯、抗拉强度，满足设计、使用的要求。特殊场合还可使用粘结角钢或石条作为增强筋。

干挂石材应做好表面、背面及侧面的防护，带有背网的石材背面不再进行防护。

石材组合件各部位均应设置单独的挂件连接点。过于小的部件无法安装干挂件时应采用金属件和环氧型胶粘剂与相邻主件连接，不得单独采用结构胶粘结连接。石材规格尺寸应根据需要采用适宜加工和安装的规格，宜采用相同规格或较少的规格，便于批量生产和安装更换。

（二）金属材料

与石材接触的金属挂件材料应使用不锈钢或铝合金，使用铝合金需要在加工完成后对表面进行防腐处理。对特殊应用的场合，例如设计暴露于沿海城市或类似环境条件应使用专用牌号的不锈钢。

金属转接件和金属骨架（支撑龙骨）不应直接与石材连接，材料应使用不锈钢、镀锌钢以及涂锌和环氧涂层的钢和铝。

干挂件类型和质量应符合 JC 830.2 标准的技术要求，金属转接件和金属骨架材料应符合 JGJ 133 规范的要求。

（三）连接密封材料

金属挂件和石材间密封与定位应采用环氧树脂结构密封胶，符合 JC 887 标准的技术要求；石材与石材间的接缝密封采用建筑密封胶，符合 JC/T 883 标准的技术要求。

石材使用的密封胶应该是生产企业推荐适用的类型，同时要满足设计要求的性能，如粘结力、剥离力、弹性、可压缩性、硬度、污染性和抗老化性、与可能接触到的其他密封剂的相容性。

应充分考虑密封材料适用温度范围、基础条件和地层需要。做相应的试验，避免一些密封胶渗到石材中，出现污染和破坏。

（四）衬垫材料

选择衬垫材料主要是为了满足位移和公差的需要。一些衬垫材料会渗入到石材中导致污染，应该遵循生产商的推荐，并进行相应的测试验证。衬垫有各种形状，如管状的、片状的，最常见的是蜂窝状的。

挤压衬垫通常使用氯丁橡胶或乙烯橡胶。蜂窝状衬垫通常用丁基合成橡胶、聚乙烯发泡。

（五）防护剂

干挂石材应使用饰面型防护剂。干挂花岗石、大理石和石灰石宜采用渗透型防护剂，并且透气性要好；干挂砂岩应根据实际需要在试验的基础上确定适宜的防护剂。应选择防水性、耐紫外线老化性好的防护剂。

二、设计要素

(一)干挂安装方式

采用金属挂件和挂装系统将石材安装在室内外墙面和柱面的主要形式有:

(1)石材通过挂件直接连接在主体结构上。

(2)石材通过挂件连接在金属框架上或幕墙结构上,再附着在主体结构上。

(3)石材通过挂件连接在金属框架上或幕墙结构上组成单元式幕墙,再安装在主体结构上。

石材挂件通常有侧面固定石材的短槽和通槽挂件,背面固定石材的背栓、锚栓和各种背卡式、背槽式挂件。挂件的尺寸和数量应通过分析和测试来确定。挂件通常要和与石材兼容的胶粘剂一起使用,不宜单独使用胶粘剂来支撑石材。

使用锚栓固定石材时,锚栓与石材通常呈45°角,并且在同一块板上至少使用彼此反向的两个锚栓。背面挂件应最少嵌入石材厚度的2/3,背面开孔的底部与石材表面距离不得小于9.5 mm。嵌入预制的混凝土墙面部分的金属件不得小于64 mm。

挂件的数量应保证每个板上至少两个,使用GB/T 9966.7方法测试挂件或板材挠度,分析确定需要的挂件数量。宜使挂件承受垂直方向的重力载荷。用挂件固定拱形下端的石材时应特别注意,确保所有的挂件都张开并且有效地抵消垂直和横向的负载。

在选择石材、挂装系统、支撑框架系统时应考虑如下要素:

(1)选用的石材在相同环境条件下的实际工程范例。

(2)不同的挂件和支撑框架系统在相同的环境条件下的工程范例。

(3)挂件与石材的接合经过安装和操作程序的性能表现。

(4)支撑结构、挂件与框架的连接以及框架与建筑结构的连接经微位移后性能和外观变化。

(5)石材按照标准试验方法得出的物理性能说明材料可能有结构的局限性,对应用比较重要的物理性能项目,以及测量这些性能和它们的可变性的试验方法。

(6)影响这种材料寿命的标准测试项目以外的其他理化性能,例如耐化学性、耐气候性、尺寸变化以及其他性能,需要由专业的实验室通过模拟实际条件测试获得数据来评价。

(7)工程的位置或形状导致了特殊的风载荷或地震载荷,或者石材要求比其他常规工程有更高的安全系数。

(8)挂件和支撑系统适应由风和地震运动、温度和弹性变形、伸缩和连接引起的建筑物尺寸变化。

(9)相邻的建筑单元如窗户、窗框、窗刷或其他幕墙以及墙的维护设备等对石材挂件、挂装和支撑系统的影响。

(10)挂件或支撑系统穿透了防水层,使内部潮气易于集结,或者穿透墙面的绝缘层和保温层。

(11)材料耐腐蚀和耐电化腐蚀性。

设计挂件和连接时应遵循下面惯例:

(1)在满足安全要求的前提下选用最简单的连接。

(2)使用尽量少的部件进行连接。

(3)在任何特殊的工程中使用尽可能少的挂件连接类型。

(4)连接可调以适应材料和建筑物的公差。

(5)石材或镶嵌系统的重量宜分配在不超过两个连接点上。

(6)挂件连接位置应满足施工要求。

(7)转接件宜紧靠石材或金属框架,避免截流幕墙空腔内潮气。

(8)摩擦连接应带平行于受力方向的孔槽,确定合适的螺钉、垫片、孔槽尺寸和螺钉安装程序。

(二)幕墙安全系数

应清楚所选材料的可变性并应有相应措施,选择适当的安全系数应用于石材、挂件和支撑系统的设计。表4-10列出了不同类型石材幕墙通常可接受的安全系数。这些安全系数是经国内外行业专家公认和权威发布的,并基于以前成功的实践。

表4-10　不同类型石材幕墙推荐的安全系数

石材类型	安全系数	规范
花岗石	3	JC 830
石灰石	6	JC 830
大理石	5	JC 830
洞石	8	JC 830
砂岩	6	JC 830

当工程中使用了厚度为50 mm或更厚的沉积岩类石材,并且按照GB/T 9966.3的试验方法进行工程检验时,则安全系数最大有20%的变化范围。

如果设计的石材、挂件和支撑系统的耐久性无法通过优质工程范例进行验证,则安全系数可以被修正,由有实际经验的石材专家论证后对安全系数进行适当的调整。

如果工程中存在特殊的条件,安全系数可以在表4-7的基础上被修正,但需由专家论证。特殊条件是:

(1)待定材料力学测试结果更加表明可变性。

(2)工程设计使用寿命超过25年。

(3)石材随着时间的推移丧失了主要的承载力。

(4)在挂件的基础上设计石材。

(5)挂件性能测试结果表现出了不确定性。

(6)不检查挂件在最终的建筑物安装位置。

(7)挂件要求各式各样的安装方法和不同的安装位置。

(8)石材板材使用在高风险的位置,例如腹面、悬垂、垫块、竖起来的组合件或者其他类似位置。

(三)密封剂接缝

密封石材接缝时应考虑以下方面:

(1)石材尺寸偏差。

(2)安装公差。

(3)由于温度变化、蠕变、潮气等原因造成的石材尺寸变化。

(4)建筑物的运动,如柱的伸长与缩短、结构漂移和扭曲以及拱肩的偏斜。

(5)蔓延或塑性流动导致的长期影响。

(6)挂件。

(7)密封剂与各种接触材料的相容性。

水平连接通常比垂直连接适应更多的尺寸变化。应采用具有弹性的、结构上开放式的连接,避免抑制幕墙系统的移动导致应力和破坏。连接密封剂的性能应该能保证弹性连接和移动自由的性能,尽量避免硬材料用在开放式连接上。

通常将连接宽度尺寸设定为预期位移的2~4倍。若石材是叠加传递重力载荷,在未涉及墙体的条件下,如果叠加区域高度超过了9 m,应该在9 m的垂直高度上间隔不超过3.6 m设置水平支撑。

(四)背部支撑结构

支撑结构是指将作用在石材和挂件上的负载传递到建筑主体结构的支撑系统。支撑结构可以是建筑结构、石墙、金属框架系统或预制的集合。无论选择什么支撑系统,先决条件是了解这种结构的性能,再去设计幕墙系统。支撑系统的设计要进行相关的计算。

1. 石材安装在砌筑支撑墙上

(1)石材通过挂件固定在支撑结构上,在石材背面与支撑墙之间形成空腔,挂件应被设计成能适应风载。石材连接处被非刚性的材料填充,如衬垫或密封剂。这种系统不适用于不规则的、小的或碎石组成的幕墙,也不宜安装较大区域面积的石材幕墙。

(2)挂件应设计成带有足够的弹性以补偿结构上微小的位移。

(3)挂件安装在支撑墙上有几种方式:膨胀螺栓可以使用在有75%固体混凝土的砌体上;对于中空的混凝土砌体支撑墙,应使用带接合板的穿透式螺栓;挂件也可以固定在一个中间的结构上,例如一个角钢、管道或通道,被反向固定到建筑物里面。

(4)膨胀螺栓有局限性,在使用中应注意。挂件生产企业应对产品进行测试,并得到专业质检部门出具的检验报告。

在砌筑墙上安装石材通常可以采用粘贴法和干挂法,砌筑支撑墙适用于:

(1)支撑墙是建筑物设计的一部分,例如地基、剪力墙或连接墙。

(2)需要更密实的砌筑墙来隔音,或起安全保护。

(3)石材的尺寸或图案导致砌筑墙就是一个实际的支撑墙。

2. 石材安装在混凝土和砌块支撑墙上

(1)现浇混凝土支撑墙受水平和垂直方向上的收缩和膨胀影响较大,尺寸变化量取决于相关因素,如周围环境温度、湿度、质量、含水率、水泥聚合率和建筑物高度等。这些影响因素应该考虑并通过详细记录确定。现浇混凝土支撑墙最大的尺寸收缩变化量通常发生在水泥施工后18个月内。

(2)混凝土砌块墙既有水平方向收缩影响，也有垂直方向收缩影响。钢筋应该均匀地分布和收缩。尺寸变化通常发生在安装砌块后1个月内。

(3)用标准灰泥砌筑的砖墙通常在起初尺寸是比较稳定的，但是砖存在不可逆的湿膨胀和冻膨胀以及可逆的热膨胀现象。

(4)空心砖支撑墙有湿膨胀和干收缩的现象，重复变湿会继续膨胀。如果这种膨胀存在，墙的表面会横向变形。

3. 石材安装在预浇混凝土支撑墙上

(1)预浇混凝土支撑系统使用在快速安装工程中，允许在早期进行各种相关处理。

(2)与石材和建筑物连接的系统和附件也可以完全独立地在地面上完成，实现快速安装过程。

4. 石材安装在由立柱和横梁组成的金属骨架上

(1)立柱通常用在每层高度比较大的地方，正常情况长度不宜超过4.6 m。

(2)系统可以设计成工程记录允许的最大值。

(3)当立柱从一层垂直延伸到另一层时，要考虑采取一种适当的方法适应膨胀和偏斜，使得立柱能独立于上面或下面立柱而移动。满足这样的需要，一般将石材和支撑墙之间的水平膨胀连接放在或接近层与层分隔线上。

(4)对于层线上面和下面的拱肩墙伸展，或层线上面窗台下面之间的墙，膨胀连接通常需要放在窗台部分，并且与窗台构成一个整体。

(5)拱肩和层与层立柱系统的接触面，需要的膨胀连接应能适应微位移。

(6)立柱设计应考虑相邻窗户构件之间导致的负载。负载数据应由窗户生产商提供，并且包括横向位移导致的量，这些横向位移允许存在于窗户集合的前面、窗台和连接部位。

(7)设计层与层的立柱时，必须认真考虑由于风载荷导致的立柱变形。横向的支撑可以选在最高限度线上，缩短立柱的无支撑高度。

(8)拱肩立柱情况下，应该用偏转检查来考虑立柱旋转。

(9)立柱和横梁安装、布置、锚固应符合 JGJ 133 规范要求，应进行锚固位置和立柱布置优化的结构分析。

有两种类型的金属骨架支撑系统：一种是石材单个固定在由立柱和横梁组成的金属龙骨结构上；另一种为大范围预制在结构中的组合件，通常形成单元式幕墙。金属支撑系统既可以用标准轧制的建筑构件组成，也可以用加强的、镀锌的冷轧钢或铝预制成适合锚固点和建筑结构连接的构件。

5. 石材安装在预制的金属构架上

(1)预制的金属构架系统使建筑物能早期封闭，并提供一个良好的绝缘性能。当必须考虑地震载荷时，重量更轻是高层建筑主要的考虑事项。这种石材支撑可以预制几乎任何一种复杂的表面结构。

(2)构架的制作应符合 JGJ 133 规范要求，并进行有效防腐处理，石材在构架制作时可以被安装在构架上。

(3)构架被设计用在高楼层和(或)宽大尺寸的结构单元时，应与每个层到层的立柱设计相似,除非从传递和分配载荷以及建筑物结构位移方面规定不适用构架安装。在单元幕墙宽度设计中,由于板材边缘弹性变形、支撑拱肩梁的扭曲或混凝土结构蠕变的长期影响,可能会遇到更复杂的情况。

(4)在分析风载作用下装配的结构变形时,应考虑金属构架在风载作用下与所支撑的石材相比横向更加具有柔韧性。

(5)在柱上悬挂构架时,圆柱结构应该限制偏斜。

(6)任何来自窗户或其他可能传递给构架集合载荷的相邻建筑单元上的负载,都要满足构架的设计。

(7)构架集合被设计用在大面积的区域,会产生巨大的重量,应考虑多余的建筑连接,避免在首要的构架连接失败后导致整个构架集合灾难性的失灵。这些多余的建筑连接可以是构架横向支撑的一部分,或者单独连接。

(8)应在模拟样板上进行负载测试,按设计负载的若干倍保持要求时间,以达到预期的效果。挂件也要进行负载测试以确定计算出的预期性能。这样的负载测试和保持时间由建筑师或工程技术人员确定。在构架上的每一个连接必须在这种条件下达到预期的效果,没有持久性限制。

(五)渗水

应该采取一般性的防水处理,避免水的浸入,预防水进一步渗入建筑物内部。最好的方法是采用防水板和滴水槽。

考虑到防火要求,每一层或每隔几层就应该设置防水板和滴水槽。建议最大隔层为2层或7.6 m。防水板上的滴水位置应该水平间隔,一般在40.6~61.0 cm间隔。通常滴水位置被选在连接点上,这个位置不受挂件干涉且滴水管能很容易地用密封剂填充。

在石材幕墙背面与支撑结构间形成的空腔应该通风以便利用气流带走水蒸气。通风孔的尺寸和数量应该由设计工程师决定。

(1)滴水和通风管应该有一定的外形尺寸以适应连接宽度。绳索或毡芯可以完成这样的滴水功能。

(2)水汽排出管道系统应该在石材后面垂直地走到一定高度,在这个高度上面可有效防止风将雨水浸入到空腔中。

采用适当的水蒸气屏障作为外墙支撑系统的一部分,从地面延伸到墙面或结构,从一个窗户单元到另一个窗户单元,彻底隔绝外墙空腔和内部。石材幕墙后面形成的大多数水蒸气来源于建筑物内部高湿度的气体。水蒸气屏障做不好的话,将在石材的内侧形成凝结水珠,水进入锯痕和孔中,在冻融循环条件下可能会破坏石材在锚固区域的完整性。此外,凝结水通过密封剂表面下的液化能导致密封剂失效,并且腐蚀钢铁。即使结构上没出现问题,凝结水也能渗到石材表面造成石材变色。

应做好石材接缝密封处理。接缝密封胶是防水的主要措施,但是不能完全依赖其提供不透水的屏障。密封胶必须谨慎选择和指定。有几种类型是可以利用的,每一种都具有关于粘结力、聚合力、延展性、使用寿命、颜色等特有的特性。油性的或非表层的密封剂不可以使用,原因是可能污染石材或者本身褪色。适当选择粘结力和适用的密封剂通常不是个问题,然而与相邻表面的粘结力却是个问题。在使用前,要从密封胶生产商那里获得有关这种产品和具体应用目标的合格证明。关于这些材料可能需要的表面处理应采纳生产商的建议。强烈建议在具体施工前，将一个测试板材竖立在室外至少1个月，3个月或更长时间则更适宜，作为确定性能的一步。

干挂石材在安装前应进行防护处理，防护剂的选择宜采用高效防水型产品。干挂石材在安装前做好防护可以防止雨水渗入石材进而进入到空腔中，同时有效地保证石材的结构安全，避免石材因各种污染出现的损害。

三、设计方法

在设计幕墙系统时石材饰面有五个主要的相互关联部分应该明确：

(1)干挂石材，用来装饰表面。

(2)连接，石材之间。

(3)挂件，连接石材幕墙与支撑结构。

(4)支撑结构，连接挂件与建筑物结构。

(5)原有建筑物结构。

通过选择和设计挂件与挂装系统，完成一个性能可靠、经久耐用的幕墙系统。这个过程从评价初步设计方案开始，然后通过结构分析和适当的物理测试从工程角度确定系统的适用性。工程评价首先从系统的单个部分开始，然后评价每一部分的关键装配，再评价全部建筑系统。

按照设计过程中考虑的初步原理，评估工程范例以及相应的分析和测试结果，出台一个好的初步方案，建立其可靠性和耐久性并随工程的类型、尺寸、位置和范例的适用性而变化。工程范例(exemplar)是指建筑实例，与所涉及的系统具有相似的局部、装配、工序或方位。如果工程需要，应聘请一个在石材、挂件、支撑和建筑结构方面有经验的专家完成工程适当的评价、分析和测试计划。

初步方案中石材的厚度、板材尺寸、挂件和支撑结构若都与相同气候条件下的优质工程范例相似，可以减少部分测试程序。优质工程(well - performing)，是指范例在其全部设计寿命期间是耐用的。耐用的石材幕墙系统不需要太多的常规维修费用就能保持其原始最初的完整性，范例耐用多久是随着建筑类型、拥有者、使用者、建设者或设计者而变化的，耐久性保持得越久，其越可靠、越耐用。一个性能良好的工程范例只需幕墙系统在其预期寿命和范围内表现可靠和耐用就够了。

初步方案如果没有足够年限运行的优质工程范例参考，其相同气候条件下相似的石材厚度、板材尺寸、挂件和支撑结构在初期设计阶段需要相应的分析和测试。没有相同气候条件下相似优质工程范例参考的系统要求广泛的测试程序和分析用来预知系统在实际应用和气候条件下的可靠性和耐久性。初步方案与优质的工程范例相似则可以参照，以减少部分程序。初步方案若使用了非常规使用的材料或常规材料用在非传统的系统中缺乏优质工程范例借鉴则会要求更严格的分析和测试。

评估工程范例建立幕墙系统初步方案并完成初步的设计和测试，然后决定预期的石材或建议的幕墙支撑是否适当。不应仅仅从外观表现来选择石材而没有验证其是否适合工程条件，也不应选择一个幕墙支撑系统而不考虑是否与工程条件、石材挂件要求以及建筑上的幕墙惯例相匹配。

评价工程范例得出初步方案并逐步形成高可靠性和耐久性的初步设计。不仅要评价优质工程,也要评价劣质工程。劣质工程(poor - performing),是指石材幕墙系统完整性出乎意料地比原来下降。当有看得见的缺陷时,说明工程范例的一些部分是劣质的,没有看得见的问题又没通过检查隐蔽条件或测试则不能说明是性能良好的工程范例。

评价工程范例应包含以下四个方面:

(1)建筑物使用了相同的石材品种,与新项目的位置有相似的环境条件。

(2)用相似挂件或支撑结构的建筑物被视为新工程,不依赖于石材品种。

(3)建筑物特征被仔细研究过并符合建筑学原理和程序,不依赖于石材、挂件或支撑结构类型。

(4)石材最小厚度应随着石材种类、板材尺寸、板材在建筑物中的位置和方向、外露和使用寿命、挂件类型和排列、加工和运输事项、建筑特征而变化。

若初步设计包含了优质工程的优点,避免了劣质工程的缺点,则达到最高的可靠性和耐久性。

建筑物应使用相同的石材品种,与新项目的位置有相似的环境条件。

可能的话,检查石材板材的尺寸、厚度和支撑点。研究现在矿山工作领域的产品是否与10年、20年、50年前类似,近期加工制作材料的测试是否与以前一致。这类检查有利于帮助保持建筑设计与使用石材结构特性的一致性并建议需要的新测试。

通过检查连接的宽度、板材尺寸、板材形状、材料数量、外观和色差、脉纹、标识、抛光类型、建筑使用位置的清洁度,确定实际石材加工的要求。有可能或有必要时通过参观矿山和加工厂进行调研,确定当前的加工能力和开采位置是否与样板工程的石材一致。

有条件时通过参观矿山和生产厂研究当前石材产品的性能,拿以前的测试报告或生产商提供的文字声明与样板工程的石材进行比较。

获得这样的信息需要与挂件生产方和石材安装人员接触以确定样板工程,一旦样板工程被确定,就需要和建筑结构工程师接触,一个富有经验的幕墙专家可以帮助解释这些信息。应结合所选的材料配置适当的支撑。

尽可能近地检查板材正面,确定像色差、裂纹、碎片、开缝、移位等内部缺陷的征兆,必要的时候使用望远镜和手摸检查,检查棱、窗台、顶部、建筑拐角和平面变化,幕墙与窗户、帘墙和顶部连接的条件是否与设计的工程类似。

尽可能近地检查板面,确定影响安装的迹象,如剪口、翘曲面、不平的拐角以及尖细连接。尽力去搞清是否是建筑结构、支撑墙、石材加工或安装导致的问题。

当工程中出现下列条件时应考虑改变设计厚度:

(1)建筑上的尺寸和位置——如果板材的面积小于0.75 m^2,设计厚度可以减小;如果超过1.5 m^2 或高风压时厚度应增加。

(2)建筑上的方位和气候影响——如果板材承受了更重的气候风蚀作用则应增加厚度,尤其在顶部、拱腹、檐口、窗台、悬挂或连接部件处。

(3)预期的使用寿命——如果期待比样板工程使用更长、更便利,则应增加厚度。

(4)挂件的布置和固定——如果连接石材板材的挂件尺寸、支撑和排列不能精确地确定降低应力到规定值以下,则可以增加厚度。槽口位置、槽口、偏差、开孔或其他隐面加工需要干挂件安装石材等影响着全部板材厚度。排列挂件遵循相关原则。

(5)加工和运输考虑——如果加工者对工程条件有特殊的考虑或行业标准推荐这样去从事加工、运输或其他加工考虑,则可以增加厚度。

(6)建筑特征——如果装饰面工艺或加工过程中错误的连接减少了板材有效的结构能力或潜在的耐久力,则可以增加厚度。

使用常规结构工程分析方法加上系统样本的适当物理测试来预测石材幕墙系统的结构能力。设计和测试应包含以下程序:

(1)按照标准要求进行的样品测试确定石材性能超过设计要求的最小值。

(2)结构分析石材板材,比较测试数据与设计允许应力。

(3)测试用石材样品使用实际挂件按照 GB/T 9966.7 的测试方法,结构分析石材和挂件组合单元确定挂装强度超过设计最低要求。如果需要模拟工程使用条件,应根据要求修改测试程序。验证挂件安全系数必须孤立每个挂件和石材组合单元,幕墙系统的这部分安全系数要高于其他部分。

(4)按照 GB/T 9966.8 的测试方法测试实际规格板材挂装系统结构强度,确定结构强度超过设计的最低要求。必须测试组合系统以验证板材的实际状态,确保各部分正常工作。同样,需要将实际规格板材从支撑结构孤立出来以验证系统的安全系数,板材挂件组合单元的安全系数要高于幕墙系统。

(5)支撑结构不是建筑设计的重要内容,结构性地分析支撑结构有助于确定适应石材挂件的位移和偏差。确定支撑结构与建筑物连接能调节适合的结构公差,而不需要更改挂件。

(6)用 GB/T 9966.7 和 GB/T 9966.8 测试样品强度弱的区域,并按 GB/T 9966.2 样品要求制备,与最初按 GB/T 9966.2 检验的数据进行比较,得出不同强度测试结果的关联结果。在确定挂件和系统强度前要考虑差异、可变性和实际状态。

(7)当无法得到优质工程范例确切的使用寿命时,耐久性测试应通过制定一个详细项目程序来完成。

(8)全部工程施工过程中每隔适当时间都要从工程石材的原料中按照 GB/T 9966.2 要求制作样品,以确保石材强度保持一致性且超过设计最低要求。

性能测试对怎样使用石材有重要意义,在以下条件下需要进行新的性能测试:

(1)现有的数据是一年以前的。

(2)现有的数据与工程准备选取的矿山坑口不同。

(3)工程用量过大需要更详细更精确的测试或更多的样品。

(4)石材使用条件不同于现有模拟测试条件。

(5)材料性能变化过大以至于不能依赖现有的数据。

(6)石材在系统中的使用引起了特殊的性能,需要通过结构分析靠近最大设计允许应力,测试这些性能。

(7)如果选用的石材在相同的气候条件下没有可借鉴的优质工程范例。

由于实际材料和应用存在适当的安全系数,要对最终的测试强度做简化处理。

如果有以下条件则需要新的模拟测试：

(1)结构计算不能最终模拟挂件实际状态。

(2)通过计算作用在挂件上的负载接近允许最大值而没有通过测试。

(3)挂件同时承受横向负载和重力作用。

(4)通槽挂件硬度不够导致不能提供全部长度的有效支撑。

(5)板材正面系统由于公差、位移等原因导致挂件位置变化。

(6)修正标准测试方法——如果有以下条件，应模拟工程条件修正挂件测试程序：①一个挂件承受着重力和横向负载。在施加横向载荷前，在挂件测试装置内按设计安全系数和实际作用方向预加载重力载荷。②一个挂件能承受层与层之间的微小位移或建立与支撑结构的膨胀连接。在挂件测试装置中设置相应的极端位置，确定导致最小能力的条件。③一个挂件抵御反方向的横向负载。按照设计负载在两个方向上各施加一次相应载荷，重复两次设计载荷，然后三次，继续直到安全系数在每个方向上达到。通过将板材从建筑物拉下来的方向施加载荷直到断裂找出破坏承载力。

有以下两个条件时，性能测试是必需的：

(1)板材很大且在两个方向上承受弯曲应力。

(2)通槽干挂件在全部板材长度上不是很有效。

测试应详述结构设计不会危及温度、湿气和密封材料完整性的安全。

测试应评价出现在实际工程气候条件下的所有下面的因素：

(1)冻融循环。

(2)极限温度以及有或没有湿气。

(3)化学污染。

(4)耐相邻建筑物材料的化学腐蚀。

(5)暴露于外界的自然作用或连接作用下的强度降低和出现变形趋势。

测试这些样品必须在生产期间立即进行，以免造成工程延误。生产测试应包括：

(1)工程使用大量的石材。

(2)石材性能变化大，或兼有设计要求，建议强度必须被监控并保持一致性。

(3)地质层或矿山条件或兼有，不能保证提供给工程的全部材料与以前测试的一致性。

(4)负载接近允许最大值。

第五节　设计文件和技术要求

石材的生产和安装工艺直接影响建筑物的外观效果和结构性能，同时会影响价格和工期。应有明确的考虑和规定，并通过法律文件生效。

设计形成文档材料中应该制定标准的工艺过程用来描述、规范或调控建筑物。这些文件可以由建筑师、工程师、建筑物设计权威方、承包方或其他应用法律和规范的权威人士发布。应确定石材品种、加工方法、厚度、尺寸等详细资料以及与其他建筑单元和建筑结构的关系，确定工作范围和材料要求，具体是：

(1)确定各方满意的性能指标。

(2)指定会议讨论这些指标时的执行标准。

(3)提供建筑物材料和施工方法足够安全的担保。

(4)列出选用材料和系统满足设计要求的详细资料。

(5)确定石材加工和安装的允许公差,可以直接引用材料标准中的推荐公差,并写在说明书中。

明确材料标准中控制石材的使用和确定分类等级。材料加工图应明确所有加工步骤的细节,包括材料类型、规格尺寸、表面处理、排板和所有其他与加工、干挂以及安装有关的信息。图纸应标明相邻材料或根据具体公差范围确定的装配位置。

加工和安装偏差及要求一旦确定,应通过合同约束加工方和安装承包方,在规定的偏差范围内履行操作。设计文件应该要求安装承包方不断地检查正在施工或完成的工程部位,向第一承包方报告任何可能导致超出标准要求的情况。

应明确石材的生产和安装工艺,并通过合同约束供需各方。

第五章　石材加工制作要求

第一节　选料控制

石材品种按设计要求选定后应封存各方认可的标准样板，作为工程中石材材质、花色选择和验收的标准协议板。供货应以样板的花色为基准，并保证同一装饰面及相邻部位花色基本一致。

工程需要石材量较大时，应从矿山或荒料开始选择控制；工程用量较少或无法实现从荒料选材时，应从毛光板开始控制。宜选择在相邻的同一层面上开采的荒料和加工出的毛光板；同一装饰面上的石材宜选择同一块荒料或花色尽可能接近的板材加工，以保证整体色差的基本一致性。

不同采矿点、不同层面或不同开采时间的荒料和加工出来的毛光板在选择时应综合各方面的因素考虑。如通过用清水打湿表面、局部抛光，通过不同的切割方向、不同的加工面，以及对比通过太阳暴晒前后的颜色变化等办法，反复对照比较，需要有经验的专业技术人员完成。

装饰用天然石材产品不能使用矿山表层风化料进行加工制作。干挂石材不能使用爆破法开采出的石材荒料加工制作。

生产企业按设计要求和以上原则选择加工，具体选料程序为：制定总体用料计划—根据工程用料部位和数量制定局部用料计划—根据标准协议板选择荒料与板材。

对比花色时所选荒料和板材应与标准协议板为相同加工面，切割加工时一般要求以每块荒料或同一装饰面为单位留存小样以备补做；安装工地要求补做石材时应提供选料样板给生产企业，以保证与原石材花色基本一致。

第二节　生产加工

一、石材加工工艺

按照设计要求和供货时间顺序，生产企业应将设计图纸转化为工厂产品加工图，标明每批或每个装饰面产品的规格、数量、纹路、等级和工艺要求以及必要的图示。设计装饰面的平面排板图，不同的装饰面要有不同的标志，不同的加工面要有不同的标志，同一装饰面的不同位置应有不同的编号且具唯一性。

石材生产的正常顺序为：荒料—毛板—毛光板—规格板。

荒料（quarry stone）是由毛料经加工而成的或由矿山直接分离，具有一定规格符合加工要求的石料，从矿山运输到加工企业现场。经过砂锯、圆盘锯、框架锯等加工手段的初加工,形成毛板。砂锯加工目前精度最高,产量高,成本较高,适合大块荒料。圆盘锯适合于中小体积的荒料,成本低,加工方便,厚度一致性差,现多采用组合锯形式加工。框架锯一般适用于大理石加工,成本较高,现在使用较少。其他的加工方式使用量比较少,例如金刚石绳锯、金刚石带锯、金刚石圆筒锯。金刚石绳锯多用于圆弧板等异型石材加工,由于成本较高,只有少数大型石材企业在使用。金刚石带锯主要用于超薄石材的加工,厚度可达 3 ~ 8 mm。金刚石圆筒锯主要用于石材圆弧板的加工,成本较低,缺点是每个圆筒只能加工出一种直径的圆弧板,互换性差。

毛板经粗磨、细磨、精磨、抛光等工序,加工形成毛光板(original gloss bat slab),即有一面经抛光具有镜面效果的毛板。此过程一般经过自动抛光线完成,平面度和光泽度均有保障;也有一些中小企业采用手扶抛光,平面度不易控制。异型石材大部分采用手扶抛光加工。坚固性较差的大理石和石灰石在抛光前要对毛板进行加固处理,即使用溶胶、细木工蜡和某些聚合物填补石材小面积缺陷,如孔隙、砂眼等的工作,背面粘结加固型玻璃纤维网布。其他形式的表面处理工艺,如火烧、喷砂、仿古等,均在此阶段处理。

毛光板曾经是一种石材的半成品,但是随着石材行业的快速发展,石材产业分工越来越细,石材毛光板已经成为一种产品。许多企业是以大板(毛光板)加工和批发为主营业务的,主要表现在一些进口大理石和花岗石产品。下游则是一些中小企业,主要承担工程项目,根据需要采购毛光板后,加工成各种规格的工程板,用于工程安装。也有部分工程项目由于用量较大,在工程供货过程中,在不同企业之间进行材料调配,均采用毛光板的形式。

毛光板再经切割,便形成工程使用的各种规格和形状的工程板。工程板为了便于包装和运输,减少磕棱碰角等损耗,一般要进行磨棱处理,将棱打磨成 45°斜面的工艺过程,俗称倒角。用于地面铺装的石材不进行倒角,原因是会造成接缝过大,因此地面用石材包装和搬运要求会更高。

由于天然石材存在颜色和花纹方面的差异,因此在同一工程中连续装饰面使用的同一品种石材,在出厂前应进行排板。天然石材中的花纹,如果任其自然地排列,会呈现杂乱无章的效果,导致明显的色差,是石材装饰中的败笔。如果有意地对天然花纹进行有序排列,会呈现一种天然的艺术效果,此过程称为石材追纹,一般采用石材花纹首尾连接。排板是为了达到追纹效果或使装饰面花纹色调整体协调而进行的地面预铺装。排板后的石材,按照位置进行编号,便可包装运输。工程安装时则严格按照排板顺序进行安装,方可达到预期的艺术效果。

二、石材生产中注意事项

按照计划好的材料组织开料生产,注意同一批货中不同装饰面所需材料加工应遵循以下原则:

(1)应保证每个装饰面尽可能用同一块荒料,或与同一层面相邻采出的荒料或花色近似的材料;

(2)按设计要求优先保证主要区域或重点区域装饰面。

主要产品加工技术应控制以下细节:

(1)带有明显纹理特征的石材，切割规格板材时宜进行追纹调整，保持石材原有花纹特征。石材挨片加工能保证石材的追纹效果，体现天然的石材纹理图案。

(2)石材应按照整个装饰面在生产企业进行排板，以确保每个装饰面花色基本一致或过渡自然，并与相邻部位色差基本调和，按排板图的位置和编号对每块石材进行唯一标记，确保施工时按照对应位置安装。

(3)装饰面面积过大无法实现整面排板时或要与其他装饰面衔接时，可以分段分区域进行小范围排板，每次排板时应保留与该区域相邻的一排已排好的石材作为对照。

(4)坚固性较差的大理石、石灰石在加工的全过程中应进行修补、渗胶、粘结玻璃纤维网等加固工序，保证其有足够的强度适应生产、加工、运输、安装和使用。胶粘剂应有相应的性能和与石材相容性的检验报告。较大的孔洞需要用材质本身的石粒和胶粘剂填充；较小的孔洞需要用材质本身的石粉和胶粘剂填充；微裂纹应采用大面积渗胶的方法加固；裂纹和缝合线等较大缺陷应沿缺陷打开，清除断裂面上松散部分，在两个面上涂敷环氧树脂胶粘剂，压紧进行粘结固化。

(5)石材表面的天然小孔洞按设计要求可以进行填充，例如使用水泥、合成树脂、本身石粉混胶等。最典型的石材是洞石，存在多种孔洞，室外安装时必须进行填充，避免雨水侵蚀和冻融循环造成对石材内部的破坏；室内安装时孔洞会有特殊的装饰效果，但容易集灰又无法清除，造成污染，应根据设计要求处理。

(6)板材与异型石材在开料时应留有足够余量，保证经造型、磨抛、火烧等工艺处理后成品厚度能满足规定要求。砂锯加工出的板材厚度比较均匀，镜面板一般要留出3～5 mm的磨损余量；圆盘锯加工出的板材容易出现较大厚度差，应根据加工设备情况留有足够的余量，保证最薄的一边在经磨抛或火烧等工艺处理后能达到规定要求。

(7)石材侧面同时为装饰面时应按设计要求进行磨抛或其他工艺处理，保证与主饰面效果基本一致。干抛容易操作，可减少工序，但是会灼伤石材，使花岗石出现白茬等外观缺陷，应明确加工方法。

(8)特殊工艺的装饰面如亚光面、喷砂面、水喷面、火烧面、仿古面等在原有基础上再进行特殊的工艺处理也应符合设计要求。

(9)石材在不影响安装效果的条件下装饰面的边棱应进行倒角处理(地面除外)，倒角尺寸应符合设计要求。倒角可以有效地保护棱角不受搬运过程中的损害，同时可以弥补小的棱角缺陷，采用抛光大倒角更能体现石材立体感的装饰效果。地面石材拼装时不宜进行倒角。

(10)组合件是由两块以上板材连接组合而成的异型装饰石材，通过不锈钢销或不锈钢片连接后，再用环氧型胶粘剂填充粘结；不得单独使用胶粘剂粘结，也不得仅用小石块作背衬粘结。

(11)石材属贵重易碎物品，在加工过程中应轻拿轻放，规范操作，应严格控制崩边、爆角与断裂现象。切割板材时出现的崩边、爆角等问题是由于金刚石圆锯片和切割机使用不当造成的石材加工质量问题，应由专业技术人员协助解决。石材搬运时磕棱、碰角造成的外观缺陷应符合产品标准的技术要求。

(12)石材的规格尺寸偏差、平面度公差、角度公差、外观质量、镜向光泽度应符合规定要求;组合件粘结、磨边、开槽、钻孔等均应满足设计要求。设计如无特殊要求,应尽可能采用国家标准规定。设计时应参照国家标准中石材加工等级的要求确定石材的实际加工质量允许偏差,也可直接规定执行标准中相应等级。同一装饰面上不同石材板材的长度、宽度极差越小,越能保证接缝的均匀性,厚度极差越小,越容易保证装饰面的平整并减小调整范围。板材规格尺寸设计时应尽可能采用相同规格,以便于调换。

第三节 防 护

保证现场产品性能的可靠性。到达工作现场的石材防护剂产品应有出厂合格证和使用说明书,必须进行现场抽样或见证取样并在其所使用的石材品种上进行各项性能复检,满足要求后方可进行施工。

保证石材防护的有效性。石材产品在全部生产加工程序完成后应进行全面清洁,烘干或晾晒至干燥后方可进行防护作业。

保证石材防护操作的规范性。作业方法应按照防护产品使用说明要求进行,可采用自动设备或手工方法进行防护。

干挂石材应采用饰面型防护剂,粘结施工石材除在装饰面和四个侧面涂刷饰面型防护剂外,还需在石材的背面涂刷专用的底面型防护剂。

石材涂刷完防护剂后应在阴凉、干燥、通风的地方养护 48 h(如果在养护完毕后发现石材表面有残留物,应及时清除),养护期间不得接触污染性物质,如水、油污等。部分石材防护剂的养护期会超过 48 h,应按照说明要求养护到规定的时间。

工程施工现场如能满足规定条件,防护作业也可以在工程施工现场完成,应按照上述程序进行。工程施工现场对石材进行局部加工修整后,应按要求在加工处补刷相应防护剂,作业前保持石材板材的清洁,作业后保证养护期及条件,并且不受到污染。

石材生产企业在完成石材防护和养护后,即可装箱发运到工程工地现场进行施工安装。包装储运条件应符合相应产品标准的要求,并且在包装箱上注明使用石材的装饰面和具体位置以及其他相关信息,以便于货物直接运抵安装区域,减少搬运次数,降低损耗。

第四节 包装储存

对所有加工产品应制定详尽的装箱单,内容应包括工程名称、工程单号、品名材料、规格数量、安装位置、箱号等标记,同部位石材应放置在同一箱内,同区域石材应尽可能同步完成加工、包装以方便工地安装。

每箱质量不超过 1 t 或由供需双方商定。石材产品宜采用木质包装。

板材装箱时光面对光面,板材与板材之间加柔性材料;异型产品装箱时应将箱内所有空隙填充塞实,确保包装安全稳固。

对照装箱单核对箱内产品准确无误,木箱上“装箱单”、“安装排板图”、“贵重易碎物品,小心轻放”等安全警示标识完整齐全。

石材成品宜在室内储存,室外储存应严加遮盖。

第六章　石材施工与安装要求

第一节　概　述

石材工程安装施工应单独编制现场施工组织设计方案，应包含下列内容：

(1)工程概况、组织机构、责任和权利、进货顺序和进度、施工进度计划安排。

(2)与主体结构施工、设备安装、装饰装修的协调配合方案。

(3)材料质量标准及技术要求，现场验收和复检方案。

(4)成品及辅助材料的现场保护方法。

(5)搬运、吊装方法及注意事项。

(6)安装方法及允许偏差要求，关键部位和重点、难点施工部位安装方法应单独标注。

(7)安装顺序及嵌缝收口要求。

(8)质量要求及检查验收计划。

(9)安全措施及劳动保护计划。

(10)特殊条件下的方案。

单元式幕墙的安装施工组织设计方案还应包括以下内容：

(1)吊具的类型和吊具的移动方法，吊具的安装位置和对主体结构的荷载影响，单元组件起吊地点、垂直运输与楼层上水平运输方法和机具。

(2)收口单元位置、收口闭口工艺及操作方法。

(3)单元组件吊装顺序及吊装、调整、定位固定等方法和措施。

(4)幕墙施工组织设计应与主体工程施工组织设计相互衔接，单元幕墙收口部位应与总施工平面图中施工机具的布置协调。

现场进行防护和施工安装时，安装施工组织设计方案还应包括以下内容：

(1)石材现场防护方法和验收计划。

(2)石材开槽、开孔深度和宽度、直径要求，加工位置和误差以及现场验收计划。

石材到达工地现场应组织对产品进行验收，详细查看每块石材的外观质量和运输中的损坏情况，特别要注意石材上的一些微裂纹或隐裂纹经过运输颠簸会明显地表现出来，应剔除所有带缺陷和损坏的石材。用于干挂幕墙的石材，应保证无任何影响工程安全的缺陷存在，如裂纹、缝合线等。

验收时应对石材产品的加工质量进行抽检，重要的控制项目和强制性标准规定的检验项目应委托有资质的专业产品质检机构抽样检验或有见证送检，检验达到规定要求后方能验收通过。

损坏、有缺陷以及检验所缺损的石材产品应及时补加工,选用色泽相近的材料加工,保证与原产品花纹、色调基本一致。

根据需要,有条件时可以在施工现场进行部分或全部石材排板、加工和防护等工作,应保证满足所需要求,并在业主代表的监督下进行工作。

石材胶粘剂、填缝材料、密封材料、干挂件等相关产品应有现场抽检报告或有见证送检报告,保证所有产品质量符合规定要求。必须保证石材胶粘剂与石材和基面是相容的,填缝材料也要与石材和胶粘剂是相容的。

胶粘剂和填缝材料应当以原包装交货和储存,以保证其密封和标签完整无缺地保留到使用时间。材料应当防止被水、潮湿、过热、外来物质或其他原因造成的损坏和污染,保证储存条件。包装或是托盘绝不能直接放在混凝土和泥土地面上,应该从地面上托起,以保证不被可能在包装和托盘周围的外来物污染或是染色。现场必须提供干燥和通风的储存设施,保持能在材料生产商所推荐的一个适当的温度范围内。

工程在大面积施工前,宜选择适当尺寸的样板地面和墙体面进行安装施工。样板工程应能代表设计师的设计思想和可能的装修工作,并且要被保留下来作为石材整个工作过程的标准。

工程各方的代表(建设单位、设计师、供货方、承包方以及有关的分包方)应在整个样板工程施工时间内全员在场,在石材工程大面积施工前,应以文字或标画项目细节的形式通报正式批准的样板工程。有关分包方应当通过样板工程知道他们所应做到的、被期待的质量水平;承包方也应当保证客户的质量要求,理解项目可接受的公差;建设单位和设计师应能接受天然石材内在颜色变化和天然纹理与预期的差异。

第二节　粘结法施工

一、预备工作

(一)表面的准备

结构基层的表面应满足设计和施工要求。基面应当是完好和稳定的,应没有任何可能降低或抑制下一层材料粘结性能的附着物(如灰尘、碎片、突起)或有害物质(如油或油脂)。在基面表面的任何强酸和强碱,要在使用下一层材料之前将它们中和。表面宜使用扫帚清扫,然后用水喷洗。

基面不应当处于水静压或上升的潮湿环境之中。基面应当保持干燥,尤其是当使用一些树脂基的胶粘剂产品时。当使用一些对潮湿特别敏感的石材产品时,基面内的潮湿度应当在铺装之前进行检查,以保证达到规定要求。现场的环境条件应当符合规定要求,例如阳光、雨水和温度等。

各种基面的表面准备见表 6-1。

表 6-1　各种基面的表面准备

基面种类	表面的准备	说明
石材表面	1. 在普通等级或低等级的基面上，要使用有效的防水膜 2. 要求打底	例如沥青基液态膜 打底前要检查防水工作
钢筋混凝土表面	1. 混凝土养护 28 d 以上 2. 地面应使用稀砂浆覆盖层。降低稀砂浆覆盖层厚度应使用匀泥尺 3. 墙体应使用喷溅覆盖层。如果水平度满足了规定的条件，可以使用适当的胶粘剂直接铺装石材，否则需要打底 4. 喷溅覆盖层要在打底之前 24 h 内干燥 5. 当一些覆盖层起着粘结破碎作用时，要使用脱膜剂	稀砂浆由水泥与聚合物乳胶以质量比 1∶1搅拌成 喷溅覆盖层由水泥、沙子与聚合物乳胶以质量比 1∶1∶1搅拌成
高精密混凝土砌块表面	如果水平度满足了规定的条件，可以使用适当的胶粘剂直接铺装石材，否则需要打底	要保证打底混合料与砌块的相容性
非承载隔墙	1. 要确定这些建筑用板粘贴石材的适用性。必须按照建筑板制造商的指导进行安装，特别要按照支撑金属立筋定位和等级要求以保证基面的刚性 2. 这些建筑板材必须用适当的底涂剂涂布以在铺装石材之前调节潮湿度。应该严格按照板材生产商的要求去做	

（二）找平层/打底层的施工

在使用水泥基材料之前，非常干燥的多孔性表面应用清洁水浇湿，清干净表面多余的水，使基面处于内部饱和、外部干燥的状态。为了获得均匀性良好的水泥砂浆，应该使用干拌水泥砂浆，并搅拌均匀。

墙体第一道打底层，厚度不超过 15 mm。用木抹子使其粗糙，以便能咬合下一层，至少在 24 h 内干燥。随后的覆盖层应当使用同样的方式直至达到要求的厚度。打底层的全部厚度应不超过 30 mm，否则要在打底之前将非氧化带肋金属板的板条锚固在基面上。

地面铺装石材使用水泥基胶粘剂，使用木抹子做成找平层。找平砂浆主要使用增强聚合物乳胶。对于大于 50 mm 的找平层厚度，要将非氧化金属丝网放在中间作为增强材料。

找平层和打底层要在空气中至少养护 7 d。在开始的 2 d，要喷洒混合水保养以便保证质量。养护后，使用金属棒彻底检查找平层和打底层粘结性，对裂纹进行适当的修补。

墙体中重要的隐蔽件（特别是煤气管道）应在打底层表面明显地标出其位置，避免随后的铺装工作对隐蔽管线造成损坏。

（三）石材的准备

石材在安装前应按设计要求做好防护，并保证在规定的条件下有充分的时间进行养护。石材背面应涂刷底面型防护剂，对石材粘结强度的影响应符合规定。

坚固性差的大理石和石灰石背网宜保留，但必须保证背网胶粘剂与石材的胶粘原强度不低于 1.0 MPa，并且与胶粘剂的粘结力满足要求，否则应剔除背网和背胶，补刷底面型防护剂按规定进行养护。大理石和石灰石易损坏。

石材背面应保持清洁,清除生产、加工、运输、搬运过程中可能留下的粉尘和渣子。应了解所用石材对潮湿的敏感性以及防护剂的适用范围,确保基面的含湿量满足石材的要求。每个装饰面的石材板材在正式安装前应备齐,缺损石材应及时更换,石材板材应按预先编排好的位置和顺序分别码放,便于安装时取用。

二、铺装

(一)管理控制

在装修过程中,必须加强监督管理。为了使建筑物达到全面高质量,通过现场管理加强质量监督是非常重要的,只有这样才能保证工程有符合要求的工艺质量。现场监督员一定要经过严格的培训并能胜任工作。

质量监督检验要有严密的计划和程序。要准备一份好的检查和试验计划以及查验清单,这个计划应概述项目监督、接受标准、检查频度和查验清单等,保证各个工序能正确进行。

(二)胶粘剂的准备

水泥基胶粘剂应以稳定的比例混合,以防止低性能和失效。当使用指定产品时,必须严格按照生产方的要求去做,特别是混合比例、工艺程序和熟化时间。

混合胶粘剂应使用机械式搅拌器,限量搅拌,保证搅拌出的胶粘剂砂浆在产品规定有效时间内被使用。胶粘剂搅拌好后,不得再用水或者溶剂回拌。需要用洁净容器,以及自来水,以保证搅拌均匀且浆中无结块。为了防止太多的空气进入胶粘剂中,应使用推荐的砂浆鼓轮搅拌器。搅拌好的胶粘剂再用水或者溶剂回拌会导致胶粘剂失效。

膏状乳液胶粘剂按照使用要求可以直接使用。反应型树脂胶粘剂应严格按照使用说明进行混合,确保混合均匀。

(三)铺装石材

用平抹刀在已经验收的表面上抹胶粘剂混合料的薄涂层,全部盖上即可。随后,立即用齿口抹刀将所要求量的混合料铺在薄涂层上,铺时要求连续铺层,中间不得有中断。应将胶粘剂直线抹开,以使凸凹口平行,只能使很少量的空气积存在石材板下面。

摊抹胶粘剂混合料时,不宜将料铺得太宽,一般限制在 1 m^2 之内或一臂长之内。若在一个面上铺装工人将料铺得太宽,有可能在专用胶粘剂产品的晾置时间内来不及铺石材,导致粘结失败。

在泡湿的地方或经常行驶车辆的地方铺装石材板材时,应在石材背面抹混合料背衬。在石材背面抹混合料背衬,会降低空鼓率,提高粘结密实度和粘结力,但也同时加大了混合料用量,成本增加。

铺装石材之前,要保证胶粘剂表面不能起皮,如果发生意外,胶粘剂必须重抹。

石材以稳定的压力铺到胶粘剂上,并只能在胶粘剂生产商规定的时间内进行调整。

按照排板编号将石材铺到指定位置上,要均匀敲打以使石材能完好地与胶粘剂表面接触。使用水平尺测量以保证铺装的石材是水平的。

使用适当的塑料隔缝条和隔缝杆以保证接缝宽度均匀。

反过来观察一些调整好的石材背面，确保胶粘剂覆盖完全。

使用反应型树脂胶粘剂粘结室内墙面石材时，允许采用局部粘结或点粘，但应符合设计要求，确保安全，通常情况下有效粘结面不应低于50%。

在石材表面遗留下来的胶粘剂一定要在硬化前清除掉，剩余的胶粘剂则在施工时就应当清除掉。装修完的表面要保护起来，胶粘剂要有充分的时间固化，具体时间应遵循产品使用说明和生产方的建议。

(四)填缝(勾缝)

按照规定的混合方法和程序准备填缝浆，不应使用干的或半干的混合浆填缝。同一装饰面应使用同样比例一次作业完成，以保证勾缝颜色一致。

清除接缝内的杂物，确保石材侧面清洁。应准备好充分的湿的硬的纤维素海绵和清洁水，海绵要经常在清洁水中清洗，直到石材表面完全清洁。使用软的抹子将填缝剂完全填满石材接缝。按照填缝剂使用说明和生产方推荐的使用时间完成填缝工作，清除在石材表面遗留下来的填缝剂，并且将剩余的料用适当的工具和溶剂清理干净。

在地面上，填缝剂施工完应予以保护，在允许行走之前应有充分的时间凝固和硬化。

(五)伸缩缝的安装

按照设计要求使用适当的填充材料(例如聚乙烯泡沫板)和可压缩的封闭条填充伸缩缝。

在宽大地面和墙体上连续分割石材装修的伸缩缝，应当延伸到底下的找平层和打底层。防止从表面到石材铺装层的收缩裂缝。

接缝要用有适当耐久性和伸缩适应系数的密封剂填充好。任何情况下，都应严格按照密封剂生产方的要求去做。

(六)保护

石材安装工作全部完成后，现场环境条件应控制好，直至材料长时间养护结束，相关保护材料不得对石材造成污染。

地面完成铺装后的4 d之内不能在上面行走，4 d之后至10 d之内，只可以轻度行走。石材地面铺装完成后，立即擦净上面的粉尘、污垢和颗粒，并且用波纹板、聚乙烯板、木板(重度行走时用)等将石材地面保护起来。使用保护材料时应注意，某些材料可能会对石材造成污染，例如锯末、彩色纸板等。

墙体完成铺装后，应立即对墙体进行保护，避免邻近墙体或墙体背面在整个要求的养护期内受到冲击振动和锤打。

各个建筑行业的承包方应将确切工作计划列成进度表，在施工现场统一并严格遵守，防止工作相互冲突，造成损坏和返工。建筑行业之间的良好配合是预防损坏和工程返工非常关键的一环，施工现场应统一协调，严格遵守规定。

(七)工作检查

粘结法安装工作完成后要进行全方位的检查，以保证工作符合设计和客户的要求及标准。

接缝应满足如下要求：

(1)石材板材的规格尺寸应该是稳定的，接缝宽度应均匀一致。

(2)接缝排列要和墙裙脚及墙体板材平行并呈直线。

(3)裙脚厚度要一致。

(4)勾缝要一致并整洁。

铺装装修应满足如下要求:

(1)不能看到砂浆污渍和染料滴落。

(2)花纹、色调应基本一致或过渡自然。

平整度应满足如下要求:

(1)装饰面表面应当是平整的,在 2 m 的长度上平整度应低于 4 mm。

(2)两块板材之间的高低落差(剪口)应低于 1 mm。

在 1.5 m 范围内不会明显看到碎裂、裂纹和其他外观缺陷。用硬物敲击时没有空洞声音。

(八)整体研磨

对地面石材做整体研磨工艺应包含如下过程:

(1)施工前应做好成品保护。

(2)施工前应对已铺装石材地面进行检查。

(3)对地面石材进行裁缝处理。

(4)对地面石材进行防护处理。

(5)对地面石材进行嵌缝、修补处理。

(6)对地面石材整体研磨的粗磨处理。

(7)对地面石材整体研磨的细磨处理。

(8)对地面石材整体研磨的抛光处理。

(9)对研磨后的地面石材进行再次修补处理。

(10)对地面石材的再结晶加硬处理。

(11)拆除成品保护、清场。

(12)报验及消项等相关后期工作。

整体研磨后地面应达到设计要求。

(九)容易出现的问题

良好的石材铺装质量,最终需要在铺装过程中由熟练的操作技术工人来实现,但反映出的问题却是整个石材流程中的综合结果。设计师和现场检查人员应懂得有关石材铺装经常发生的问题,以及如何才能预防它们。附件 C 是粘结法石材安装工程中常遇到的问题以及可能的原因和解决措施。

第三节　干挂法安装

一、安装前准备

(一)主体结构

安装石材幕墙的主体结构应符合有关结构施工质量验收规范的要求。

幕墙与主体结构连接的预埋件,应在主体结构施工时按设计要求埋设。预埋件的施工应符合现行国家标准 GB 50204 及设计要求。

(二)支撑龙骨结构

石材幕墙的支撑结构系统应符合设计要求,其构件及附件的材料应符合要求。

幕墙构件或组件的验收、存放、搬运、吊装以及安装施工等过程应符合 JGJ 133 标准的要求。

石材幕墙的支撑结构系统安装偏差应符合设计和 JGJ 133 标准的要求。

(三)辅助结构

防火、保温材料铺设应符合设计要求,且铺设平整、可靠固定,拼接处不应留缝隙。

冷凝水排出管及其附件的安装应符合设计和 JGJ 133 标准的要求。

其他通气槽、孔及雨水排出口等应符合设计要求,不得遗漏。

(四)石材与挂件及密封剂

到达工地现场的干挂石材应进行全面的质量检验和验收,符合 JC 830.1 标准的要求。

干挂石材的物理性能应委托专业质检机构按批量进行现场抽样检验或有见证送检。

不符合标准要求的花岗石、砂岩装饰石材应报废处理;大理石和石灰石可以进行现场粘结修补,但不得影响外观和降低强度,否则应报废处理。

每个装饰面或部位的石材应按规定备齐,按排板顺序号进行码放,便于拿取并严格按排板位置进行安装,现场停放储存时不得污染或损坏石材。

施工现场进行的加工应严格按照设计要求进行,不得随意更改开槽位置和扩大偏差范围;现场加工后应及时清洁加工面并补涂相同牌号的防护剂,并养护到规定时间。现场再加工和再养护应有相应的监督和验收程序,防护剂应符合要求。

工程中石材干挂件应按批量提供抽检报告或见证取样送检报告,其性能达到强制性标准的要求时方可使用。

背栓连接的石材幕墙,应提前将背栓装入石材背孔中,并达到规定深度,确保背栓胀管有效胀开。安装有抗震塑料环的背栓不宜再添加环氧树脂胶粘剂在内部进行粘结密封,只准在表面进行密封。

干挂幕墙使用的密封胶在批量供货时应抽样复检,各项性能应达到规定要求。

(五)单元式幕墙准备

单元式幕墙单元组件应在工厂中加工制作。

幕墙单元中石材应按照排板位置安装,并对每个单元编号,应注明加工、运输、安装顺序和方向。

幕墙单元中石材的安装应参照构件式幕墙安装方法,并应符合设计要求。

幕墙单元板块的吊挂件、支撑件应具备可调整范围,并在搬动、运输、吊装过程中有防止变形的措施。

单元式幕墙混合板块应按设计要求将玻璃、石材板或金属板、防火板及防火材料等按设计要求组装在金属框架上。

幕墙单元板块的加工工艺孔洞应进行封堵,通气孔及排水孔应畅通。

单元板块偏差和连接件应符合 JGJ 133 标准的要求。

二、构件式幕墙安装

幕墙安装应采用预先排板的编号按规定顺序逐层安装。

短槽、通槽、背斜槽等安装时应清洁槽缝，填满环氧树脂胶粘剂，安装挂件并固定在支撑结构上，所有紧固件应保持可调节状态。

背栓直接通过连接组件固定在支撑结构上，保持紧固件在可调节状态。

按照规定的平面度、垂直度、水平度、直线度、缝隙宽度等调整石材，调整石材位置时应主要调整挂件和支撑结构的相对位置，挂件和石材的间隙仅适用于微调，调好石材位置后方可紧固全部紧固件，严禁采用固定挂件后靠扩槽来满足调整石材位置的需要。

构件式幕墙密封宜采用石材专用密封胶，施工环境条件应符合密封胶产品的要求。

三、单元式幕墙安装

单元式幕墙吊装机具应具有足够的承载能力和安全保护措施。

在吊装过程中不得损坏单元板块，应有相应的防磨损、撞击和挤压措施。

单元板块就位时，应先将其挂到主体结构的挂点上，再进行其他的工序。板块未固定前，吊具不得拆除。

连接件安装调整完毕后，应及时进行防腐处理。

板块间应安装防水装置，并进行密封处理。

连接件安装允许偏差和单元式幕墙安装允许偏差应符合设计要求和 JGJ 133 标准。

要求安装的防雷装置、保温层、防火层应按照设计要求提前进行安装，完成后进行隐蔽工程验收。

幕墙工程安装完毕后，应及时清洁幕墙；清洗剂不得腐蚀和污染幕墙与支撑框架。

四、容易出现的问题

良好的石材装饰效果，需要从设计、选料、生产、排板到安装共同来完成，反映出的问题是整个石材流程中的综合结果。设计师和现场检查人员应了解有关石材安装经常发生的问题，以及如何才能预防它们。附件 D 是干挂法石材安装工程中常遇到的问题以及可能的原因和解决措施。

第七章　石材工程检验与验收

第一节　概　述

天然石材工程验收时应包括硬件和软件的检查。

软件检查应包括设计、施工中涉及的文件，未涉及的技术文件可不必提交。对工程质量和安全有特别重要意义的资料，如验收记录、性能检验报告等必须提交。

隐蔽工程对施工质量、安全至关重要，必须在安装过程中完成隐蔽验收。验收时应对隐蔽工程验收文件进行认真的审核与验收。

天然石材装饰工程在验收前应将其表面清洗、擦拭干净。工程验收时，应根据工程实际情况提交下列资料：

(1)工程的竣工图或施工图、结构计算书、设计变更文件及其他设计文件。

(2)石材工程所使用到的各种材料，包括辅助材料以及各种构件和组件、紧固件和其他附件的产品合格证书、性能检验报告、进场验收记录，由国家授权的专业质检机构出具的抽样复检报告。

干挂天然石材幕墙工程验收时，特别应提交下列资料：

(1)国家认可的检测机构出具的结构密封胶相容性和剥离粘结试验报告，干挂件的外观、尺寸、拉拔强度检验报告，胶粘剂和石材密封胶性能检验报告，石材抗冻系数检验报告，石材挂件组合单元挂装强度检验报告以及挂装系统结构强度检验报告。

(2)后置埋件的现场拉拔检验报告。

(3)幕墙的气密性能、水密性能、风压变形性能检测报告及设计要求的其他性能检验报告。

(4)注胶环境温度、湿度记录及养护记录，双组分硅酮结构密封胶的混匀性试验记录及拉断试验记录。

(5)防雷装置测试记录。

(6)隐蔽工程验收文件。

(7)幕墙安装施工记录。

(8)其他质量保证资料。

幕墙工程验收前，应在安装施工过程中完成下列隐蔽项目的现场验收：

(1)预埋件或后置锚栓连接件。

(2)幕墙构件与主体结构的连接节点。

(3)幕墙四周、幕墙内表面与主体结构之间的封堵构造。

(4)幕墙变形缝及转角节点。

(5)幕墙防雷系统节点构造。

(6)幕墙防火、隔烟节点构造。

(7)单元式幕墙的封口节点。

石材装饰工程现场验收应进行外观质量检验和抽样检验,检验批的划分应符合下列规定:

(1)设计、材料、工艺和施工条件相同的石材装饰工程,每 500 ~ 1 000 m^2 为一个检验批,不足 500 m^2 应划分为一个独立检验批。每个检验批每 100 m^2 应至少抽查一处,每处不得少于 10 m^2。

(2)同一工程中不连续的石材工程应单独划分检验批。

(3)对于异型或有特殊要求的石材工程,检验批的划分应根据工程的结构、工艺特点及规模,由监理单位、建设单位和施工单位协商确定。

第二节　检验与验收

一、外观质量检验

天然石材装饰工程整体外观效果应达到设计要求,同一工程部位或连续性的装饰面色调应基本保持一致或过渡自然,装饰面上的花纹应整体调和。

每块石材表面应符合规定等级的产品标准外观要求,且不得有明显划伤和打磨的痕迹。安装好的镜面板材边缘不应有为降低剪口而达到平整度目的的现场打磨痕迹。

接缝宽度应均匀一致,勾缝要一致并整洁。

地面接缝排列要和墙裙脚及墙体板材平行并呈直线,裙脚厚度要一致。

粘结法施工用硬物敲击应没有空鼓声音。

二、抽样检验

粘结法施工地面应满足规定的技术要求。

墙面、柱面石材工程应符合以下规定:

(1)墙面、柱体、外部拐角、接缝以及其他明显线条的垂直度变化在每段或最大 6 m 范围内不超过 6 mm。

(2)水平接缝和其他明显线条的水平度变化在 6 m 范围内不超过 6 mm,或 12 m 以上范围内不超过 19 mm。

(3)建筑物轮廓线与设计图要求以及与饰面墙关联部分的线性变化,在任何区域内或最大 6 m 范围内不超过 12 mm,或在 12 m 以上范围内不超过 19 mm。

(4)装饰面拼接的平面度变化在 1 m 的长度上不超过拼接缝宽度的 1/4,最大不超过 1.5 mm,粗面除外。

整体打磨工艺的工程验收应符合设计要求。

第八章　石材工程维护保养

一、概述

天然石材涂刷了石材防护剂后对石材的污染和病害只能起到缓解作用,但不能从根本上杜绝污染和病害的发生。石材使用防护剂后仍应定期进行护理,避免水、油污和其他各种污染物长时间侵蚀石材,对发生了污染或病害的局部应随时清洗,然后重新涂刷防护剂。

石材防水性不是越高越好,还要考虑粘结强度。石材的性能千差万别,不是一两种防护剂就能解决所有问题,应有针对性地进行试验。

物理清洗,使用一些物理方法来清除石材表面上的污染、污物和其他附着物,它通常是借助于一些专用设备和工具来进行的。例如,使用铲刀剥离石材表面上的胶泥和油漆等污物;使高压水枪冲刷石材表面上的灰尘。

化学清洗,借助一些化学药剂或化学合成材料,通过化学反应过程来清除石材表面上的一些污染和污迹。例如,使用酸性的清洗剂清除花岗石上的锈迹;使用一些氧化剂清除石材上的霉变物;使用一些含有离子表面活性剂的材料来清除石材上的一些常见污染。

天然石材装饰工程安装使用后应定期进行检查、维护、保洁和保养,保持天然石材的装饰效果。日常维护和保养时应对破损的板材及时更换,对脱落或损坏的密封胶或密封胶条及时进行修补与更换,对石材幕墙的干挂件、连接部件松动或脱落的及时修补或更换。尽可能避免天然石材遭受各种污染和处于恶劣的环境中。石材遭受污染或出现各种病害时,应及时进行清洗。

二、石材的一般清洗

石材地面或墙面上有未变干的液体污物时要及时用吸水性较好的纸和棉布擦吸。如果这些污物在擦拭后还留有渗透性污迹,那么就要视污物性质或成分使用相应的清洗剂清洗。日常清洗除非一些特殊环境和场合没有必要天天擦洗。

石材大面积清洗应选用相应的石材清洗剂,配合扶柄式擦地机和吸水机可以大大提高工作效率和清洗效果,避免使用一些强酸性或强碱性的清洗液,以免石材过早丧失光泽和导致一些病变产生以及环境污染。

花岗石上油漆和颜料的清洗,宜用薄刀片剥离石材表面上的污染薄层,然后选择一些挥发时间长的或能够溶于水的溶剂类清洗剂开始清洗。建议先在小面积区域试用,在确定效果和用量后再大范围使用,切忌滥用和用乱。

花岗石上日常污染和斑迹的清洗,使用一些碱性较大或弱碱性或中性的含有表面活性剂配方的清洗剂清洗,积灰和一些不明污垢则可以通过使用一些弱酸性的含有表面活性剂配方的清洗材料来清洗。

花岗石上锈斑的清除，表面锈迹污染使用一些弱酸性的去锈剂就能得到理想的效果；花岗石材质里铁的化合物进一步氧化扩散产生的锈斑要选择一些性能较好的复合配方去锈剂，不仅要去掉锈斑，还应将铁的氧化物转化成一些惰性成分，防止它们以后再次发生锈变。锈斑清除后应及时对石材进行防水处理，避免过多的水导致石材再次发生锈变。

大理石与花岗石是两种成分完全不同的矿物体。因此，即使同一种化学产品（或清洗剂）对其产生的副作用也是不同的。大理石清洗时切忌使用酸性清洗剂，即使万不得已非用不可，也要用水稀释，以降低其腐蚀性。

大理石地面和墙面在潮湿的情况下会出现黄斑，但是这种黄斑在多数情况下和花岗石上的黄斑成因是不同的，不能简单地使用花岗石去锈剂去清洗，应综合考虑选择适当的方法。

石材安装过程中或整体结束后应进行安装施工清洗。施工清洗要物理方法和化学方法相结合，清洗作业要先从墙面开始，最后到地面。应经常性地对石材应用场合进行清理或清洗，以维护石材的装饰效果，避免造成污染。幕墙石材应根据积灰污染程度，确定其清洗次数，正常情况下每年不少于一次。

日常保洁或清理使用的尘推、拖布和毛巾切忌在带水和带有较大的湿度时使用，避免石材产生病变、湿滑、脚印和灰蒙感等。花岗石类石材污染物可以采用一些弱酸性的去锈剂或弱酸性的含有表面活性剂配方的清洗材料来清洗。大理石的清洗不宜使用酸性清洗剂，宜采用弱碱性或中性的含有表面活性剂配方的清洗剂清洗。

三、常规石材保养

石材整体打磨翻新抛光，可以解决剪口大和地面不平的问题，适合于花岗石地面或大理石地面。复合石材和超薄型石材不宜进行打磨处理。石材整体打磨翻新抛光，光泽度不易达到石材产品出厂水平，地面水平度也不易保证。

打磨处理后的石材应及时涂刷相应的石材防护剂，石材工程正常使用 5 年或在防护剂保质期内应至少涂刷相同性质的防护剂一次。打磨会造成石材防护层的破坏，应及时弥补防护层。

石材再结晶硬化处理是近几年由欧洲传入我国的且比较流行的一种石材保养方法，其使用了一种被称为“石材再结晶系统”的材料和机械来对石材进行保养处理。这个系统有机械工具和专用化学材料两部分。化学材料也分为花岗石再结晶系统和大理石再结晶系统两类。这类保养可以使石材地面得到光亮、清新、自然的效果。对于大理石还能提高其表面的耐磨程度，使其光泽更持久地保持。花岗石地面一般两年做一次这样的保养就可以了，大理石地面由于其质地上的差异，而且要视人流量和表面磨损程度，一般 2 ~ 6 个月做一次这样的保养。

四、地面石材防滑处理

地面石材应符合防滑技术要求，未达到防滑技术要求的应进行表面处理后方可使用。定期检查地面石材的防滑性能，磨损后达不到要求时及时进行防滑处理。

石材可以通过粗面、亚光面进行防滑处理，镜面石材应采用表面防滑处理或增加防滑带等相应措施。

五、幕墙石材工程安全性能的检查评估

幕墙石材工程竣工验收后 1 年时，应进行一次全面的检查，此后每 5 年应检查一次。检查的项目应包括：

（1）幕墙整体有无变形、错位、松动，如有其一则应对该部位对应的隐蔽结构进行进一步检查；幕墙的主要受力构件、连接件和连接螺栓等是否损坏、连接是否可靠、有无锈蚀等。

（2）石材板材有无开裂、损坏或松动等问题。

（3）密封胶有无脱胶、开裂、起泡，密封胶条有无脱落、老化等损坏现象。

（4）幕墙排水系统是否通畅，开放式幕墙的防水系统是否损坏或失效。

（5）背部连接的石材幕墙，其连接装置是否松动、损坏。

每两年应对幕墙石材的防护层进行检查，通过在雨后对幕墙石材的防水性能做出评估，防水能力下降时应及时按规定进行重新涂刷。

幕墙工程使用 10 年后，应对不同部位的硅酮结构密封胶和环氧树脂胶粘剂进行粘结性能的抽样检查；此后宜 3 年至少检查一次。

石材幕墙遭遇强风袭击后，应及时进行全面的检查，修复或更换损坏的构件。

石材幕墙遭遇地震、火灾后，应由专业技术人员进行全面的检查，并根据损毁程度制定处理方案，及时处理。

检查发现局部少量的问题应及时进行维修或更换，问题普遍或严重时应聘请有关专家进行论证，评估石材工程的安全性能和采取相应措施。

附件 A

表 A1　胶粘剂一般选用原则参照表

胶粘剂类型	地面								墙面							
	室内				室外				室内				室外			
	C	D	K	M	C	D	K	M	C	D	K	M	C	D	K	M
普通型 – 水泥基胶粘剂	●				●											
快速硬化 – 普通型 – 水泥基胶粘剂	●		●		●		●									
抗滑移 – 普通型 – 水泥基胶粘剂									●							
抗滑移 – 快速硬化 – 普通型 – 水泥基胶粘剂							●◢		●◢		●					
增强型 – 水泥基胶粘剂									●				●			
加长晾晒时间 – 增强型 – 水泥基胶粘剂						●		●				●	●		●	
增强型 – 快速硬化 – 水泥基胶粘剂									●	●	●		●			
抗滑移 – 增强型 – 水泥基胶粘剂	●◢								●◢							

续表 A1

胶粘剂类型	地面								墙面							
	室内				室外				室内				室外			
	C	D	K	M	C	D	K	M	C	D	K	M	C	D	K	M
加长晾晒时间－抗滑移－增强型－水泥基胶粘剂						●		●◢				●				
抗滑移－增强型－快速硬化－水泥基胶粘剂							●◢		●	●	●		●		●	
普通型－膏状乳液胶粘剂	●															
抗滑移－普通型－膏状乳液胶粘剂	●◢								●							
增强型－膏状乳液胶粘剂					●				●							
抗滑移－增强型－膏状乳液胶粘剂					●◢				●							
加长晾晒时间－抗滑移－增强型－膏状乳液胶粘剂								●◢	●			●				
普通型－反应型树脂胶粘剂	●				●				●							
抗滑移－普通型－反应型树脂胶粘剂	●◢								●							
增强型－反应型树脂胶粘剂					●				●				●			
抗滑移－增强型－反应型树脂胶粘剂					●◢								●			

注：C：表示常温状态下；D：表示低温状态下；K：表示快固型；M：表示慢固型；●：表示宜采用；◢：表示带有坡度时。

附件 B

表 B1　胶粘剂按照石材主要矿物成分一般选用原则

名称	普通型	快固型	快干型	白色	灰色	说明
花岗石	√	√		√	√	
沙质石灰石		√	√			
石灰石			√			不宜室外
凝灰石大理石		√	√			
敏感水晶质大理石			√	√		不宜室外
非敏感大理石		√	√			
白云石大理石			√	√		不宜室外
板石		√	√			
蛇纹石大理石			√			不宜室外
石英岩		√	√			

附件 C

表 C1 粘结法石材安装工程中常遇到的问题以及可能的原因和解决措施

容易出现的问题	表现	可能的原因	解决措施
接缝	接缝没对齐，宽窄明显不一致	1. 石材板材规格尺寸不一致，不同板材之间的极差过大 2. 施工工艺技能不强，铺装时石材没排列整齐	加强对板材加工质量的监控 选择熟练的操作技术工人 加强对操作工人的培训和监督管理
外观	水斑	1. 防护没有做好 2. 底层或表面接触了过多的水分	选择适合的防护剂，保证质量 正确防护并保证足够的养护时间 粘结层和打底/找平层应严格按照对比配水，不应有多余的水分 普通石材表面应避免长期过多接触水分
	白华	1. 石材内的盐或胶粘剂 2. 从地板地下或通过接缝给胶粘剂带来的潮湿	对石材做好防护，不要过分水泡 使用适当的防水层
	花纹色调不一致	1. 选择了颜色变化太大的材料 2. 没有进行排板和追纹调整 3. 由于进水而长期处于潮湿中	选择合适的石材 进行排板或预铺装 使用专用防水层和石材防护剂
	砂眼	1. 使用了没有经过适当处理的多孔性石材 2. 石材本身内在的性质	工厂中进行修补 注意选材
	污染	1. 溢出物质和吃剩的食物以及化妆品、其他污染物等 2. 酸类清洁剂和强碱清洁剂造成的 3. 填缝剂材料不合适 4. 风化 5. 接触的相关材料 6. 石材内在性质	避免与污染物接触，快速清洁 使用合适的清洁剂 使用相容的填缝剂 做好防护，避免过分浸泡 选与石材相容的材料 注意选材
粘结	空鼓	1. 铺装胶粘剂或板材层进入了空气或是空的 2. 底面未使用专用底面防护剂 3. 胶粘剂不合适 4. 背网胶未清理干净 5. 背网胶与石材胶粘剂不相容	严格按照规定方法进行施工 使用专用底面防护剂 使用合适的胶粘剂 清理干净并涂刷底面防护剂 通过试验选用适合的材料

续表 C1

容易出现的问题	表现	可能的原因	解决措施
平整度	不平坦表面或凸缘	1. 弯曲的石材板材 2. 石材板材厚度变化过大 3. 基面或是水泥/砂找平层不平坦 4. 胶粘剂厚度不一致 5. 胶粘剂缺乏养护 6. 每一块板材都不是完全水平 7. 板材没完全敲击到位 8. 提前加负荷到刚铺的石材上	使规格有完全的稳定性 板材厚度一致 正确的表面准备 使用好使的工具 保证充分的养护时间 使用水平尺保证石材平坦度和水平度 均匀敲击保证石材完全到位 正确保护现场
裂纹和损坏	裂纹	1. 不适当的膨胀和抑制接缝 2. 板材铺在裂纹上 3. 切断和缺乏处理 4. 直接撞击 5. 如果没被保护起来,铺装后受到其他工作的损坏 6. 由于天然纹理,如缝合岩面而形成的内在性质 7. 过分的外部震动	使用伸缩缝 需要特殊处理 切实保护 注意选材 不要碰撞接缝
	碎裂/凸缘边	1. 直接撞击 2 如果没被保护起来,铺装后受到其他工作的损坏 3. 切割和处理不到位 4. 对接接缝/不充分伸缩缝	切实保护 加强监督管理 使用伸缩缝
	粘结失败	1. 不适当的膨胀和抑制接缝 2. 性质不同的石材和胶粘剂 3. 混凝土或水泥/砂的找平层没养护好,以及铺装好后出现干收缩裂纹 4. 表面没切实准备好和清洁好 5. 由于粉尘和污垢给石材板材背面造成的污染 6. 石材板材不正确的铺装,如没充分敲击到位,或是对板材使用了"晾置时间"已经过期的胶粘剂 7. 将性质不合格的树脂使用到了增强背网上 8. 使用了性质不合格的胶粘剂	使用伸缩缝 使用合适的材料 充分养护 表面正确做好准备 铺装前清洁好石材的背面 根据规定的要求铺装 检查所用树脂的兼容性 检查所用的胶粘剂的兼容性

附件 D

表 D1　干挂法石材安装工程中常遇到的问题以及可能的原因和解决措施

容易出现的问题	表现	可能的原因	解决措施
接缝	接缝没对齐，宽窄明显不一致	1. 石材板材规格尺寸不一致，不同板材之间的极差过大 2. 施工工艺技能不强，安装时石材没排列整齐	加强对板材加工质量的监控 选择熟练的操作技术工人 加强对操作工人的培训和监督管理
外观	水斑	1. 防护没有做好 2. 表面接触了过多的水分	选择适合的防护剂，保证质量 正确防护并保证足够的养护时间 主体结构应有防潮处理 普通石材表面应避免长期过多接触水分
	变黄	石材内部铁元素接触酸性气体或水发生氧化现象	不要过多接触酸性气体或溶液 使用适当的防护剂
	花纹色调不一致	1. 选择了颜色变化太大的材料 2. 没有进行适当的排板 3. 由于进水而长期处于潮湿中	选择合适的石材 进行排板或预铺装 使用专用防水层
	砂眼	1. 使用了没有经过适当处理的多孔性石材 2. 石材本身内在的性质	工厂中进行修补 注意选材
	污染	1. 溢出物质或接触了污染性物质等 2. 酸类清洁剂和强碱清洁剂造成的 3. 密封胶或结构胶不适合 4. 风化 5. 石材内在性质	避免溢出/快速清洁 使用合适的清洁剂 使用合适的填缝剂、结构胶 做好防护 注意选材
	裂纹	1. 板材断裂未更换 2. 切断和缺乏处理 3. 保护没做好 4. 由于天然纹理，如缝合岩面而形成的内在性质 5. 过分的外部震动	及时更换 需要特殊处理 切实保护 加固 不要碰撞接缝
平整度	不平坦表面或凸缘	1. 弯曲的石材板材 2. 石材板材厚度变化过大 3. 安装不到位	板材厚度一致 使用水平尺保证石材平坦度和水平度 使用有技术的工人安装

参考文献

[1] 罗星民.再谈石材的分类与命名[J].石材,2002(2).

[2] 全国石材标准化技术委员会.天然石材国家标准实施指南[S].北京:中国标准出版社,2010.

[3] JCG/T 60001—2007 天然石材装饰工程技术规程[S].

[4] ASTM C97—02 Standard Test Method for Absorption and Bulk Specific Gravity of Dimension Stone[S].

[5] ASTM C99—87(R2006) Standard Test Method for Modulus of Rupture of Dimension Stone[S].

[6] ASTM C119—05 Standard Terminology Relating to Dimension Stone[S].

[7] ASTM C170/170M—09 Standard Test Method for Compressive Strength of Dimension Stone[S].

[8] ASTM C241—90(R2005) Standard Test Method for Abrasion Resistance of Stone Subjected to Foot Traffic[S].

[9] ASTM C503—05 Standard Specification for Marble Dimension Stone[S].

[10] ASTM C568—03 Standard Specification for Limestone Dimension Stone[S].

[11] ASTM C615—03 Standard Specification for Granite Dimension Stone[S].

[12] ASTM C616—03 Standard Specification for Quartz - Based Dimension Stone[S].

[13] ASTM C629—03 Standard Specification for Slate Dimension Stone[S].

[14] ASTM C880/C880M—09 Standard Test Method for Flexural Strength of Dimension Stone[S].

[15] ASTM C1242—05 Standard Guide for Selection, Design, and Installation of Dimension Stone Anchoring Systems[S].

[16] ASTM C1526—03 Standard Specification for Serpentine Dimension Stone[S].

[17] ASTM C1527—03 Standard Specification for Travertine Dimension Stone[S].

[18] GB/T 699 优质碳素结构钢[S].

[19] GB/T 700 碳素结构钢[S].

[20] GB/T 818 十字槽盘头螺钉[S].

[21] GB/T 912 碳素结构钢和低合金结构钢热轧薄钢板及钢带[S].

[22] GB/T 983 不锈钢焊条[S].

[23] GB/T 1220 不锈钢棒[S].

[24] GB/T 1591 低合金高强度结构钢[S].

[25] GB/T 3077 合金结构钢[S].

[26] GB/T 3098.1 紧固件机械性能 螺栓 螺钉和螺柱[S].

[27] GB/T 3098.2 紧固件机械性能 螺母 粗牙螺纹[S].

[28] GB/T 3098.4 紧固件机械性能 螺母 细牙螺纹[S].

[29] GB/T 3098.5 紧固件机械性能 螺栓 自攻螺钉[S].

[30] GB/T 3098.6 紧固件机械性能 不锈钢螺栓、螺钉和螺柱[S].

[31] GB/T 3098.15 紧固件机械性能 不锈钢螺母[S].

[32] GB/T 3190 变形铝及铝合金化学成分[S].

[33] GB/T 3274 碳素结构钢和低合金结构钢热轧厚钢板及钢带[S].

[34] GB/T 3280 不锈钢冷轧钢板[S].

[35] GB/T 4171 高耐候结构钢[S].

[36] GB/T 4172　焊接结构用耐候钢[S].
[37] GB/T 4226　不锈钢冷加工钢棒[S].
[38] GB/T 4237　不锈钢热轧钢板[S].
[39] GB/T 4239　不锈钢和耐热钢冷轧钢带[S].
[40] GB/T 4240　不锈钢丝[S].
[41] GB/T 5117　碳钢焊条[S].
[42] GB/T 5118　低合金钢焊条[S].
[43] GB/T 5237.1　铝合金建筑型材 第1部分:基材[S].
[44] GB/T 5237.2　铝合金建筑型材 第2部分:阳极氧化、着色型材[S].
[45] GB/T 5237.3　铝合金建筑型材 第3部分:电泳涂漆型材[S].
[46] GB/T 5237.4　铝合金建筑型材 第4部分:粉末喷涂型材[S].
[47] GB/T 5237.5　铝合金建筑型材 第5部分:氟碳漆喷涂型材[S].
[48] GB/T 5237.6　铝合金建筑型材 第6部分:隔热型材[S].
[49] GB/T 5277　紧固件 螺栓和螺钉通孔[S].
[50] GB 6566　建筑材料放射性核素限量[S].
[51] GB/T 8162　结构用无缝钢管[S].
[52] GB/T 9966.1—2001　天然饰面石材试验方法 第1部分:干燥、水饱和、冻融循环后压缩强度试验方法[S].
[53] GB/T 9966.2—2001　天然饰面石材试验方法 第2部分:干燥、水饱和弯曲强度试验方法[S].
[54] GB/T 9966.3—2001　天然饰面石材试验方法 第3部分:体积密度、真密度、真气孔率、吸水率试验方法[S].
[55] GB/T 9966.7—2001　天然饰面石材试验方法 第7部分:检测板材挂件组合单元挂装强度试验方法[S].
[56] GB/T 9966.8—2001　天然饰面石材试验方法 第8部分:用均匀静态压差检测石材挂装系统结构强度试验方法[S].
[57] GB/T 13890　天然石材术语[S].
[58] GB/T 13912　金属覆盖层 钢铁制件热浸镀锌层技术要求及试验方法[S].
[59] GB/T 14683　硅酮建筑密封胶[S].
[60] GB 16776　建筑用硅酮结构密封胶[S].
[61] GB/T 17670　天然石材统一编号[S].
[62] GB/T 18600　天然板石[S].
[63] GB/T 18601　天然花岗石建筑板材[S].
[64] GB/T 19766　天然大理石建筑板材[S].
[65] GB/T 23261—2009　石材用建筑密封胶[S].
[66] GB 24264—2009　饰面石材用胶粘剂[S].
[67] GB/T 23452—2009　天然砂岩建筑板材[S].
[68] GB/T 23453—2009　天然石灰石建筑板材[S].
[69] GB/T 23454—2009　卫生间用天然石材台面板[S].
[70] GB 50204　混凝土结构工程施工质量验收规范[S].
[71] YB/T 5090　不锈钢热轧钢带[S].
[72] JC/T 547　陶瓷墙地砖胶粘剂[S].
[73] JC 830.1　干挂饰面石材及其金属挂件 第1部分:干挂饰面石材[S].

[74] JC 830.2　干挂饰面石材及其金属挂件 第2部分:金属挂件[S].
[75] JC/T 847.2　异型装饰石材 第2部分:花线[S].
[76] JC/T 847.3　异型装饰石材 第3部分:实心柱体[S].
[77] JC/T 872　建筑装饰用微晶玻璃[S].
[78] JC/T 887　干挂石材幕墙用环氧胶粘剂[S].
[79] JC/T 973　建筑装饰用天然石材防护剂[S].
[80] JC/T 989　非结构承载用石材胶粘剂[S].
[81] JC/T 1004　陶瓷墙地砖填缝剂[S].
[82] JC/T 1050　地面石材防滑性能等级划分及试验方法[S].
[83] JC 908—2002　实体面材[S].
[84] JC/T 507—1993　建筑水磨石制品[S].
[85] JGJ 81　建筑钢结构焊接技术规程[S].
[86] JGJ 133　金属与石材幕墙工程技术规范[S].
[87] JTG E 41—2005　公路工程岩石试验规程[S].
[88] 建筑装饰用仿自然面艺术石(报批稿)[S].
[89] 广场路面用天然石材(报批稿)[S].
[90] 石材马赛克(报批稿)[S].